"十四五"职业教育国家规划教材

SQL Server 数据库技术及应用

第四版

新世纪高职高专教材编审委员会 组编
主　编　吴伶琳　杨正校
副主编　史桂红　俞国红　王明珠
主　审　眭碧霞

大连理工大学出版社

图书在版编目(CIP)数据

SQL Server 数据库技术及应用 / 吴伶琳,杨正校主编. -- 4版. -- 大连：大连理工大学出版社,2022.1(2025.7重印)
新世纪高职高专计算机应用技术专业系列规划教材
ISBN 978-7-5685-3295-2

Ⅰ. ①S… Ⅱ. ①吴… ②杨… Ⅲ. ①关系数据库系统－高等职业教育－教材 Ⅳ. ①TP311.132.3

中国版本图书馆 CIP 数据核字(2021)第 220812 号

大连理工大学出版社出版

地址：大连市软件园路 80 号　邮政编码：116023
营销中心：0411-84707410　84708842　邮购及零售：0411-84706041
E-mail：dutp@dutp.cn　URL：https://www.dutp.cn
辽宁星海彩色印刷有限公司印刷　　大连理工大学出版社发行

幅面尺寸：185mm×260mm　　印张：16.5　　字数：421 千字
2010 年 2 月第 1 版　　　　　　　　　　　2022 年 1 月第 4 版
2025 年 7 月第 7 次印刷

责任编辑：高智银　　　　　　　　　　　责任校对：李　红
　　　　　　　　封面设计：张　莹

ISBN 978-7-5685-3295-2　　　　　　　　　定　价：52.80 元

本书如有印装质量问题,请与我社营销中心联系更换。

前　言

《SQL Server 数据库技术及应用》(第四版)是"十四五"职业教育国家规划教材、"十三五"职业教育国家规划教材、"十二五"职业教育国家规划教材、高职高专计算机教指委优秀教材、江苏省精品课程的配套教材,也是新世纪高职高专教材编审委员会组编的计算机应用技术专业系列规划教材之一。该教材是苏州健雄职业技术学院与江苏(无锡)微软技术中心、上海博为峰软件技术股份有限公司等知名企业专业共建及课程开发的成果。

本教材全面贯彻党的二十大和全国职业教育大会精神,落实立德树人的根本要求,通过"教学管理系统"的设计、开发与实施的完整过程,以典型工作任务为知识的载体,将信息技术领域的编程规范、行业标准嵌入其中,并有机融入爱国、敬业、诚信等社会主义核心价值观,"中华人民共和国数据安全法"法律法规等课程思政元素,加强学习者的爱国主义、集体主义、社会主义教育,从而更好地满足培养高素质技能型人才的需要。

当前随着大数据、人工智能、区块链等新技术的蓬勃发展,各行各业都在加速进行数字化、智能化的转型升级,而数字化转型中更迫切的需要对大量的数据进行组织与管理,数据库技术作为信息处理中的核心技术之一,是加快建设数字中国的坚实底座。SQL Server 数据库管理系统目前在企业中被广泛应用,它是一个可信任、高智能的数据平台。

一、教材组成

本教材以数据库工程师的四大核心任务"建库、用库、管库、开发"为编写基础,分为四篇。

第一篇,学习者通过体验数据库,对数据库建立感性的认识,了解并掌握数据库的基础知识,并在此基础上学习 SQL Server 数据库管理系统的安装及配置;使用图形化工具、T-SQL 语句两种方式创建数据库和数据表,学会创建主键、检查等各类约束来保证数据的完整性。

第二篇,包括数据库的主要应用,即数据查询和数据的增加、修改和删除。

第三篇,从管理者的角度对数据库的安全机制、数据库的备份与还原及不同数据源的转换进行介绍,如 SQL Server 与 Excel 数据表、XML 数据的转换等。

第四篇,以开发者的视角介绍了如何使用 T-SQL 语句实现编程,涉及数据库的一些常用对象的运用,如存储过程、触发器等;还介绍了如何运用微软的 Microsoft Visual Studio 开发平台设计、开发、部署数据库应用系统的整个流程。

二、教材的特色与创新

1. 坚持校企双元紧密合作开发,融入行业、企业规范

企业数据库应用工程师全程参与课程设计和教材编写,依据数据库开发工程师岗位中的典型工作任务,并参照劳动和社会保障部职业技能鉴定中心颁发的 SQL Server 职业资格证书、工信部信息技术水平考试 SQL Server 以及微软认证考试的要求,规划课程的工作项目和任务,创新教材内容的组织体系;在教材中融入了数据库设计、编程的国家规范与标准,并强调工匠精神,突出学生数据库职业素养和实践技能的融合培养。

2. 以工作过程为主线,组织教材内容体系

改革传统数据库教程章节式的编写体例,依据数据库应用软件开发的工作过程体系来设计教材结构,全书分为创建数据库、使用数据库、管理数据库和开发教学管理系统四个篇章,共8个项目。按照项目、任务来组织课程内容,突出在软件开发与应用中的数据库应用技术和管理技术,体现了"教、学、做合一"的编写思路。内容排列遵循由易到难,由简到繁的原则。

3. 配套资源丰富,满足学习者个性化学习的需求

本教材是江苏省精品课程"SQL Server 数据库技术"的配套教材,在课程网站(https://mooc1.chaoxing.com/course/203416134.html)上建有课程标准、授课计划、课程微课、电子教案、国家职业技能鉴定题库、代码库、习题库、在线测试、实训指导等教学资源,并且有教师定期发布学习内容,在课程平台上指导学习者的学习进度以及答疑解惑。

4. 及时跟踪技术动态,建立教材共建共享机制

本版教材中融入了技术的发展和最新的课程改革的成果,构建了"课内实训任务围绕课程项目,课外实训任务巩固课程项目,外包项目补充课程项目"的实训体系,并注重学生自主学习能力的培养。吸收兄弟院校、优秀学生加入课程资源建设,形成共建共享的课程建设机制,扩大资源的受益面。

本教材由苏州健雄职业技术学院吴伶琳、杨正校任主编,苏州健雄职业技术学院史桂红、俞国红、王明珠任副主编。具体编写分工为:项目1由杨正校编写;项目2由王明珠编写;项目3、项目4、项目5和项目7由吴伶琳编写;项目6由俞国红编写;项目8由史桂红编写;上海博为峰软件技术股份有限公司姜伟、上海泽众软件科技有限公司钟惠民提供了企业案例以及参与了项目资源、源代码和课后实训资源的整理,并参与了部分项目内容的编写。吴伶琳、王明珠、史桂红和姚远远承担了本书微课的制作工作。全书由吴伶琳和杨正校确定编写大纲并负责统稿,并由常州信息职业技术学院眭碧霞教授进行审核。在编写本教材的过程中,得到了学校领导、同事、朋友和家人的帮助和支持,在此表示最衷心的感谢!

由于编者的水平有限,书中难免有疏漏和错误之处,恳请广大读者批评指正,联系邮箱为 wulinglin@foxmail.com。

编 者

所有意见和建议请发往:dutpgz@163.com
欢迎访问职教数字化服务平台:https://www.dutp.cn/sve/
联系电话:0411-84706671　84707492

目　录

第一篇　创建数据库

项目1　安装和体验数据库 ·· 3
 学习导航 ·· 3
 情境描述 ·· 3
 任务实施 ·· 4
  任务1　认识数据库 ·· 4
   子任务1.1　使用数据库应用系统 ··· 5
   子任务1.2　查看数据库中存放的数据 ··· 6
   子任务1.3　使用SQL Server联机丛书 ··· 8
  任务2　安装并启动SQL Server数据库管理系统 ·· 9
   子任务2.1　安装SQL Server 2008企业版 ··· 10
   子任务2.2　启动SQL Server数据库管理系统 ·· 16
  任务3　使用SQL Server配置管理器 ·· 17
 项目小结 ·· 20
 同步练习与实训 ·· 21

项目2　创建教学管理系统数据库及数据表 ·· 23
 学习导航 ·· 23
 情境描述 ·· 23
 任务实施 ·· 24
  任务1　创建数据库 ·· 24
   子任务1.1　使用图形化工具创建数据库 ·· 26
   子任务1.2　使用CREATE DATABASE语句创建数据库 ··································· 29
   子任务1.3　修改数据库的属性 ·· 32
   子任务1.4　分离与附加数据库 ·· 33
  任务2　创建与管理数据表 ··· 34
   子任务2.1　使用图形化工具创建数据表 ·· 40
   子任务2.2　使用CREATE TABLE语句创建数据表 ·· 42
   子任务2.3　使用图形化工具修改数据表结构 ·· 44
   子任务2.4　使用ALTER TABLE语句修改数据表结构 ···································· 45
   子任务2.5　管理数据表 ··· 46
   子任务2.6　为数据表增加记录 ·· 47
  任务3　设置数据表的完整性 ·· 49
   子任务3.1　创建主键约束 ·· 50
   子任务3.2　创建检查约束 ·· 52

子任务 3.3　创建唯一约束 …………………………………………………………… 53
　　子任务 3.4　创建默认约束 …………………………………………………………… 55
　　子任务 3.5　创建外键约束 …………………………………………………………… 56
项目小结 …………………………………………………………………………………………… 59
同步练习与实训 …………………………………………………………………………………… 59

第二篇　使用数据库

项目 3　数据简单查询 ………………………………………………………………………… 65
学习导航 …………………………………………………………………………………………… 65
情境描述 …………………………………………………………………………………………… 65
任务实施 …………………………………………………………………………………………… 65
　任务 1　对数据进行简单查询 ………………………………………………………………… 65
　　子任务 1.1　对查询的字段进行筛选 ………………………………………………………… 68
　　子任务 1.2　对查询的行进行筛选 …………………………………………………………… 70
　　子任务 1.3　对查询结果进行排序 …………………………………………………………… 72
　　子任务 1.4　进行模糊查询 …………………………………………………………………… 73
　任务 2　运用函数进行数据查询 ……………………………………………………………… 75
　　子任务 2.1　使用字符函数进行查询 ………………………………………………………… 80
　　子任务 2.2　使用日期函数进行查询 ………………………………………………………… 82
　　子任务 2.3　使用聚合函数进行查询 ………………………………………………………… 84
　　子任务 2.4　使用 GROUP BY 对数据进行分类汇总 ……………………………………… 84
　任务 3　创建并管理索引 ……………………………………………………………………… 86
　　子任务 3.1　使用图形化工具创建索引 ……………………………………………………… 88
　　子任务 3.2　使用 CREATE INDEX 语句创建索引 ………………………………………… 91
　　子任务 3.3　管理索引 ………………………………………………………………………… 92
项目小结 …………………………………………………………………………………………… 93
同步练习与实训 …………………………………………………………………………………… 93

项目 4　数据复杂查询 ………………………………………………………………………… 95
学习导航 …………………………………………………………………………………………… 95
情境描述 …………………………………………………………………………………………… 95
任务实施 …………………………………………………………………………………………… 95
　任务 1　使用连接查询进行多表查询 ………………………………………………………… 95
　　子任务 1.1　使用 INNER JOIN 进行内连接查询 …………………………………………… 99
　　子任务 1.2　使用 LEFT JOIN 进行左连接查询 …………………………………………… 102
　任务 2　使用子查询进行多表查询 …………………………………………………………… 103
　　子任务 2.1　使用 IN 子查询进行数据的复杂查询 ………………………………………… 106
　　子任务 2.2　使用 EXISTS 子查询进行数据的复杂查询 …………………………………… 107
　任务 3　使用 UNION 进行联合查询 ………………………………………………………… 109
　任务 4　创建并应用视图 ……………………………………………………………………… 110
　　子任务 4.1　创建视图 ………………………………………………………………………… 113
　　子任务 4.2　应用视图 ………………………………………………………………………… 116

项目小结 …………………………………………………………………………………… 117
同步练习与实训 …………………………………………………………………………… 117

项目 5 数据管理 …………………………………………………………………………… 119
学习导航 …………………………………………………………………………………… 119
情境描述 …………………………………………………………………………………… 119
任务实施 …………………………………………………………………………………… 119
 任务 1 增加数据 ……………………………………………………………………… 119
  子任务 1.1 使用 INSERT 语句增加记录 ………………………………………… 121
  子任务 1.2 使用 INSERT 语句和 SELECT 查询增加记录 ……………………… 123
  子任务 1.3 使用 SELECT…INTO 语句增加记录 ………………………………… 124
 任务 2 修改数据 ……………………………………………………………………… 125
  子任务 2.1 修改所有记录 ………………………………………………………… 125
  子任务 2.2 修改符合条件的记录 ………………………………………………… 125
 任务 3 删除数据 ……………………………………………………………………… 126
  子任务 3.1 删除所有记录 ………………………………………………………… 127
  子任务 3.2 删除符合条件的记录 ………………………………………………… 128
项目小结 …………………………………………………………………………………… 128
同步练习与实训 …………………………………………………………………………… 129

第三篇 管理数据库

项目 6 管理教学管理系统数据库 ………………………………………………………… 133
学习导航 …………………………………………………………………………………… 133
情境描述 …………………………………………………………………………………… 133
任务实施 …………………………………………………………………………………… 133
 任务 1 数据库的安全管理 …………………………………………………………… 133
  子任务 1.1 创建数据库的登录名 ………………………………………………… 136
  子任务 1.2 创建和管理数据库用户及角色 ……………………………………… 138
  子任务 1.3 管理数据库用户权限 ………………………………………………… 139
 任务 2 备份数据库 …………………………………………………………………… 141
  子任务 2.1 使用操作备份数据库 ………………………………………………… 142
  子任务 2.2 使用 T-SQL 语句备份数据库 ………………………………………… 145
  子任务 2.3 制订数据库的维护计划 ……………………………………………… 146
 任务 3 还原数据库 …………………………………………………………………… 150
  子任务 3.1 使用操作还原数据库 ………………………………………………… 151
  子任务 3.2 使用 T-SQL 语句还原数据库 ………………………………………… 153
 任务 4 导入导出数据 ………………………………………………………………… 155
  子任务 4.1 将 Excel 数据导入 SQL Server 数据库 ……………………………… 155
  子任务 4.2 将 SQL Server 数据导出到 Access 数据库 ………………………… 160
  子任务 4.3 将 SQL Server 数据导出到 XML 文档 ……………………………… 165
项目小结 …………………………………………………………………………………… 167
同步练习与实训 …………………………………………………………………………… 167

第四篇　开发教学管理系统

项目 7　数据库高级应用 …………………………………………………………………… 171
　学习导航 ……………………………………………………………………………………… 171
　情境描述 ……………………………………………………………………………………… 171
　任务实施 ……………………………………………………………………………………… 171
　　任务 1　认识 T-SQL 语言的编程要素 …………………………………………………… 171
　　　子任务 1.1　使用全局和局部变量 ……………………………………………………… 176
　　　子任务 1.2　使用程序控制语句 IF…ELSE …………………………………………… 176
　　　子任务 1.3　使用程序控制语句 CASE…END ………………………………………… 178
　　　子任务 1.4　使用程序控制语句 WHILE ……………………………………………… 179
　　任务 2　创建存储过程 …………………………………………………………………… 181
　　　子任务 2.1　调用存储过程 ……………………………………………………………… 184
　　　子任务 2.2　创建无参的存储过程 ……………………………………………………… 186
　　　子任务 2.3　创建带输入参数的存储过程 ……………………………………………… 188
　　　子任务 2.4　创建带输出参数的存储过程 ……………………………………………… 190
　　任务 3　创建触发器 ……………………………………………………………………… 192
　　　子任务 3.1　创建 UPDATE 触发器 …………………………………………………… 194
　　　子任务 3.2　创建 DELETE 触发器 …………………………………………………… 196
　项目小结 ……………………………………………………………………………………… 197
　同步练习与实训 ……………………………………………………………………………… 198

项目 8　使用 C♯ 开发教学管理数据库应用程序 ………………………………………… 200
　学习导航 ……………………………………………………………………………………… 200
　情境描述 ……………………………………………………………………………………… 200
　任务实施 ……………………………………………………………………………………… 200
　　任务 1　系统需求分析与功能结构设计 ………………………………………………… 200
　　任务 2　系统数据库设计 ………………………………………………………………… 204
　　任务 3　系统实现 ………………………………………………………………………… 213
　　　子任务 3.1　界面原型逻辑关系设计 …………………………………………………… 216
　　　子任务 3.2　数据库操作类设计 ………………………………………………………… 216
　　　子任务 3.3　系统登录模块设计与实现 ………………………………………………… 217
　　　子任务 3.4　管理员之教师管理模块设计与实现 ……………………………………… 220
　　　子任务 3.5　教师之学生管理模块设计与实现 ………………………………………… 226
　　　子任务 3.6　学生成绩查询模块设计与实现 …………………………………………… 230
　　任务 4　系统部署与安装 ………………………………………………………………… 232
　项目小结 ……………………………………………………………………………………… 241
　同步练习与实训 ……………………………………………………………………………… 241

参考文献 ……………………………………………………………………………………… 244
附　　录 ……………………………………………………………………………………… 245
　附录 1　数据库设计说明书 ………………………………………………………………… 245
　附录 2　习题参考答案 ……………………………………………………………………… 247

本书微课视频列表

序号	微课名称	所属项目	页码
1	数据库基本概念	项目 1 安装和体验数据库	4
2	安装 SQL Server 2019	项目 1 安装和体验数据库	22
3	安装 SQL Server Management Studio	项目 1 安装和体验数据库	22
4	使用图形化工具创建数据库	项目 1 安装和体验数据库	26
5	使用 CREATE DATABASE 语句创建数据库	项目 2 创建教学管理系统数据库及数据表	29
6	修改数据库的属性	项目 2 创建教学管理系统数据库及数据表	32
7	使用图形化工具创建数据表	项目 2 创建教学管理系统数据库及数据表	40
8	使用 CREATE TABLE 语句创建数据表	项目 2 创建教学管理系统数据库及数据表	42
9	使用图形化工具修改数据表结构	项目 2 创建教学管理系统数据库及数据表	44
10	创建主键约束	项目 2 创建教学管理系统数据库及数据表	50
11	创建检查约束	项目 2 创建教学管理系统数据库及数据表	52
12	创建唯一约束	项目 2 创建教学管理系统数据库及数据表	53
13	创建默认约束	项目 2 创建教学管理系统数据库及数据表	55
14	创建外键约束	项目 2 创建教学管理系统数据库及数据表	56
15	关系数据库的基本运算	项目 3 数据简单查询	65
16	对查询的字段进行筛选	项目 3 数据简单查询	68
17	对查询的行进行筛选	项目 3 数据简单查询	70
18	对查询结果进行排序	项目 3 数据简单查询	72
19	进行模糊查询	项目 3 数据简单查询	73
20	使用字符函数进行查询	项目 3 数据简单查询	80
21	使用日期函数进行查询	项目 3 数据简单查询	82
22	使用聚合函数进行查询	项目 3 数据简单查询	84

（续表）

序号	微课名称	所属项目	页码
23	使用 GROUP BY 对数据进行分类汇总	项目 3 数据简单查询	84
24	使用图形化工具创建索引	项目 3 数据简单查询	88
25	使用 CREATE INSDEX 语句创建索引	项目 3 数据简单查询	91
26	管理索引	项目 3 数据简单查询	92
27	连接查询的概念和分类	项目 4 数据复杂查询	96
28	使用 INNER JOIN 进行内连接查询	项目 4 数据复杂查询	99
29	使用 LEFT JOIN 进行左连接查询	项目 4 数据复杂查询	102
30	使用 IN 子查询进行数据的复杂查询	项目 4 数据复杂查询	106
31	使用 UNION 进行联合查询	项目 4 数据复杂查询	109
32	创建视图	项目 4 数据复杂查询	113
33	使用 INSERT 语句增加记录	项目 5 数据管理	121
34	修改符合条件的记录	项目 5 数据管理	125
35	删除符合条件的记录	项目 5 数据管理	128
36	SQL Server 数据库的安全机制	项目 6 管理教学管理系统数据库	134
37	创建数据库的登录名	项目 6 管理教学管理系统数据库	136
38	管理数据库用户权限	项目 6 管理教学管理系统数据库	139
39	使用操作备份数据库	项目 6 管理教学管理系统数据库	142
40	使用 T－SQL 语句备份数据库	项目 6 管理教学管理系统数据库	145
41	将 Excel 数据导入 SQL Server 数据库	项目 6 管理教学管理系统数据库	155
42	使用程序控制语句 IF…ELSE	项目 7 数据库高级应用	176
43	使用程序控制语句 CASE…END	项目 7 数据库高级应用	178
44	调用存储过程	项目 7 数据库高级应用	184
45	创建无参的存储过程	项目 7 数据库高级应用	186

第一篇

创建数据库

项目 1　安装和体验数据库

学习导航

知识目标：

(1) 理解数据库的基本概念。

(2) 了解 SQL Server 数据库安装的软、硬件要求。

(3) 熟悉 SQL Server 的管理组件。

(4) 掌握数据库服务器的基本功能。

技能目标：

(1) 会启动和配置 SQL Server 服务器。

(2) 能够安装 SQL Server 数据库。

(3) 能够熟练使用数据库的主要工具。

(4) 会使用 SQL Server 联机丛书的帮助文档。

素质目标：

(1) 培养民族自信，锻造爱国情怀。

(2) 具有一定的团队合作意识。

(3) 养成良好的自主学习习惯。

情境描述

使用数据库管理系统，归纳起来有如下四方面的优势：

(1) 能够存储大量数据。文字、图片、音频等多媒体信息都可以使用数据库进行海量存储。

(2) 管理操作方便快捷。可以进行数据信息的添加、修改、删除等操作，方便快捷。

(3) 数据检索统计高效。可以按关键词对数据进行检索、统计等操作，速度快捷高效。

(4) 数据集成应用共享。对数据进行集中管理，使得数据应用能够共享，数据使用效率高。

教学管理系统存储了关于学生、班级、专业、系部、成绩、课程等教学管理所需的各类信息，对这些信息既可以进行增加、修改、删除等操作，也能进行日常的检索，并能对不同用户设置不同的访问权限，确保信息的安全。本项目中我们要体验数据库的基本应用，并初步认识数据库的各种管理工具。

任务实施

任务1　认识数据库

预备知识

1. 数据库基本概念

（1）信息

信息（information）是现实世界客观事物的存在方式或运动状态的反映，它具有被感知、存储、加工、传递和再生的属性。

（2）数据

数据（data）是对客观事物的符号表示，用于表示客观事物的未经加工的原始素材，如图形符号、数字、字母等。

（3）数据库

数据库是由文件管理系统发展起来的，是依照某种数据模型组织起来的数据集合。这种数据集合具有如下特点：尽可能不重复，以最优方式为某个特定组织的多种应用服务，其数据结构独立于使用它的应用程序，对数据的增、删、改和检索由统一软件进行管理和控制。数据库的特点：数据的结构化和完整性好；数据的共享性好；数据的独立性好；数据存储粒度小；数据的冗余度低。

（4）数据库管理系统

数据库管理系统（DBMS）是一种操纵和管理数据库的软件，用于建立、使用和维护数据库。它对数据库进行统一的管理和控制，以保证数据库的安全性和完整性。

（5）数据库系统

数据库系统是存储介质、处理对象和管理系统的集合体，通常由软件、数据库和数据库管理员组成。软件主要包括操作系统、宿主语言、实用程序以及数据库管理系统。数据库管理系统统一管理数据库中数据的增加、修改和检索；数据库管理员负责创建、监控和维护整个数据库，使数据能被任何有权使用的人有效使用。

2. SQL Server 2008 概述

SQL Server 2008 是微软公司于 2008 年推出的一款数据库产品，是 SQL Server 2005 的延续与发展，它在性能、可靠性、可用性、可编程性等方面都比 SQL Server 2005 有了较大的改善。其中 SQL 是 Structured Query Language 三个英文单词的缩写，中文含义是结构化查询语言。

3. 联机丛书

联机丛书是 SQL Server 2008 的主要文档，对于初学者来说，会使用联机丛书，可以达到事半功倍的效果。使用联机丛书的搜索功能，可以了解 SQL Server 数据库的特点及功能，解决使用 SQL Server 过程中遇到的问题。

【职业素养】

由于 IT 技术的迅猛发展，软件更新迭代周期短，自主学习能力也逐渐成为 IT 从业人员的必备能力之一。企业开发的软件项目越来越复杂，以网站开发为例，需要网页美工、网页设计制作、数据库设计开发、软件编程、软件测试、软件运维等多人协作才能完成,一个稍具规模的软件项目想通过单打独斗的方式完成几乎不可能,因此许多企业在招聘数据库开发人员的时候,都会在职位描述中加上"有良好的学习能力、团队协作沟通能力"的要求,希望大家在学习知识、技能的同时,也注重这些个人软实力的提高。

国产数据库于 20 世纪七八十年代开始萌芽,近年来中美贸易摩擦的不断升级,在给国产数据库发展带来挑战的同时也带来了机遇,我国数据库研究人员在国家的大力支持下正在奋起直追,涌现出阿里云智能数据库产品、达梦数据库管理系统等一大批国产数据库。请读者通过网络查询并了解目前市场上流行的国产数据库系统。

子任务 1.1　使用数据库应用系统

【任务需求】

分别以学生和管理员两种身份登录教学管理系统,进行数据的查找、修改操作,体验数据库应用系统使用的便捷和高效。

【任务分析】

以学生的身份查询本学期所上课程的学分,并进行数据查找和统计操作。

以管理员的身份查找教师信息,并对数据进行修改操作。

【任务实现】

(1)以学生的身份输入用户名和密码,登录教学管理系统,如图 1-1 所示。

图 1-1　登录教学管理系统

(2)设置查询条件,查询 2012—2013 学年第 2 学期"平面设计"这门课程的学生成绩,如图 1-2 所示。

(3)以管理员的身份重新登录系统,可以修改教师的个人信息,如图 1-3 所示。

思考:

1. 教学管理系统中看到的这些数据来自哪里?
2. 管理员在教学管理系统中修改的数据提交到了哪里?

图 1-2　查询"平面设计"课程的成绩

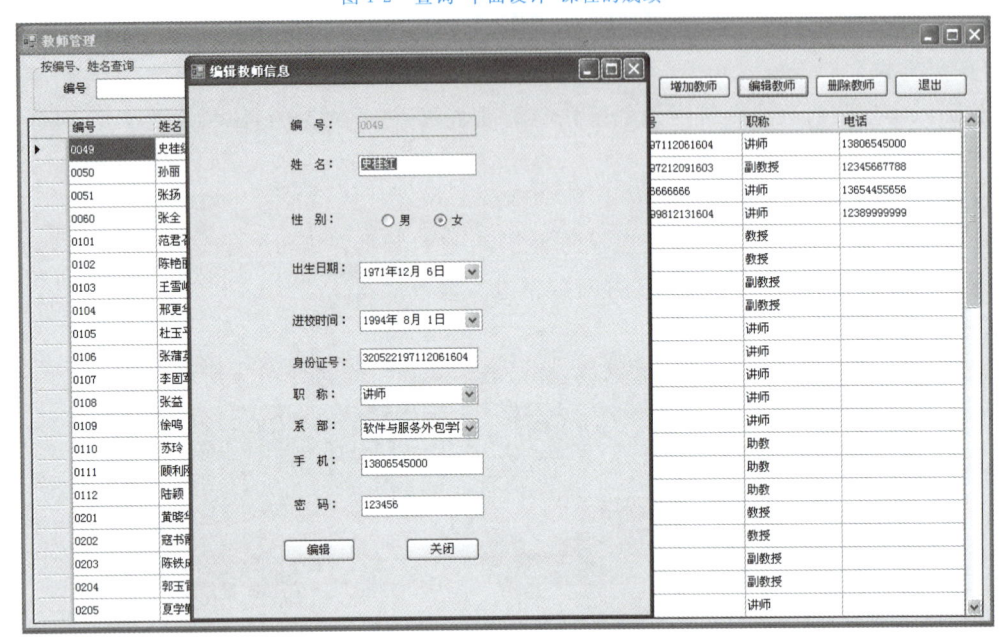

图 1-3　修改教师的个人信息

子任务 1.2　查看数据库中存放的数据

【任务需求】

启动 SQL Server 2008 数据库管理系统,查看数据库中的数据表及表中的数据。

【任务分析】

教学管理系统中的数据存储在数据库的数据表中,要查看数据表中的数据,必须先登录 SQL Server 数据库管理系统,通过 SQL Server Management Studio 这个集成开发环境,可以访问、配置、管理 SQL Server 数据库。

【任务实现】

(1)单击【开始】按钮,在弹出的菜单中依次选择"Microsoft SQL Server 2008"→"SQL Server Management Studio",如图 1-4 所示。

(2)进入"连接到服务器"对话框,在"服务器名称"下拉列表框中选择相应的服务器,在"身份验证"下拉列表框中选择"Windows 身份验证",如图 1-5 所示。单击【连接】按钮,可以进入"Microsoft SQL Server Management Studio"的主界面,可以对数据库进行管理。

图 1-4　通过开始菜单启动 SQL Server

图 1-5　"连接到服务器"对话框

(3) 在"Microsoft SQL Server Management Studio"窗口的左窗格"对象资源管理器"中，依次展开"数据库"→"StudentDB"→"表"→"dbo.Student"。选中数据表"Student"并右击，在弹出的快捷菜单中单击"选择前 1 000 行"，可以查看数据表中的信息，如图 1-6 所示。

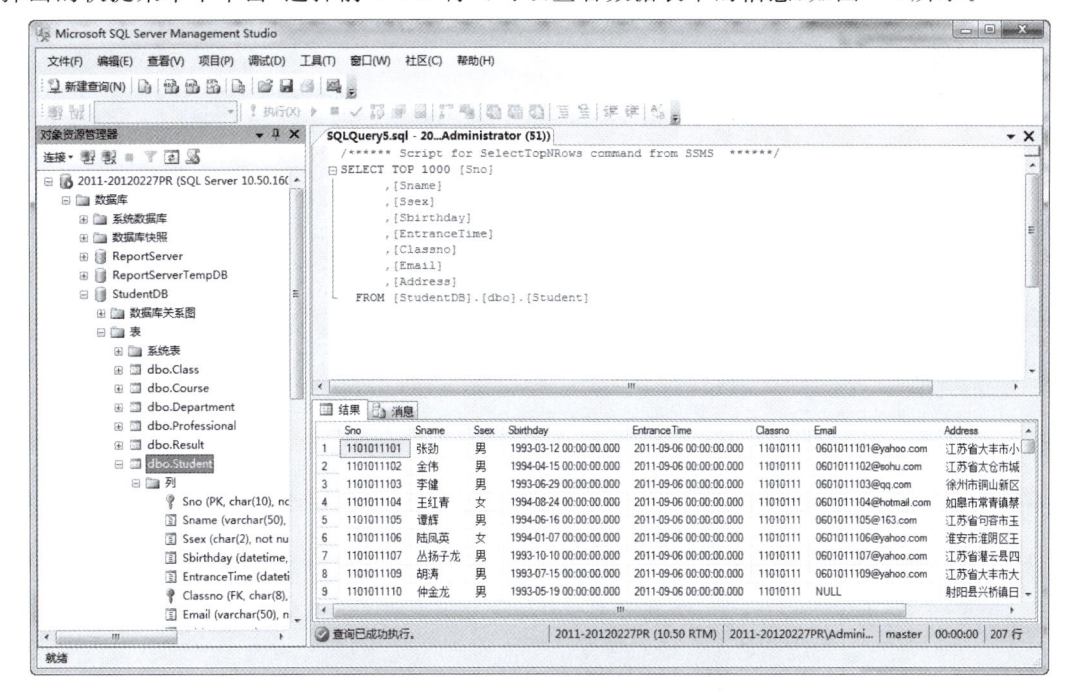

图 1-6　查看 Student 数据表中的信息

子任务 1.3　使用 SQL Server 联机丛书

【任务需求】

使用联机丛书查看创建数据库的语句 CREATE DATABASE 的语句格式。

【任务分析】

打开联机丛书的方法很多，可以从安装目录上打开，也可以使用快捷键打开。如果对查询的主题非常清楚，也可以直接通过索引来查看联机丛书中的内容。本任务的主题非常明确，因此可以直接使用索引。

【任务实现】

（1）依次选择"Microsoft SQL Server Management Studio"窗口中的"帮助"→"目录"，或者使用快捷键 Ctrl＋Alt＋F1，可以打开联机丛书。在控制台树中，可以查看 SQL Server 联机丛书的组织结构，如图 1-7 所示。

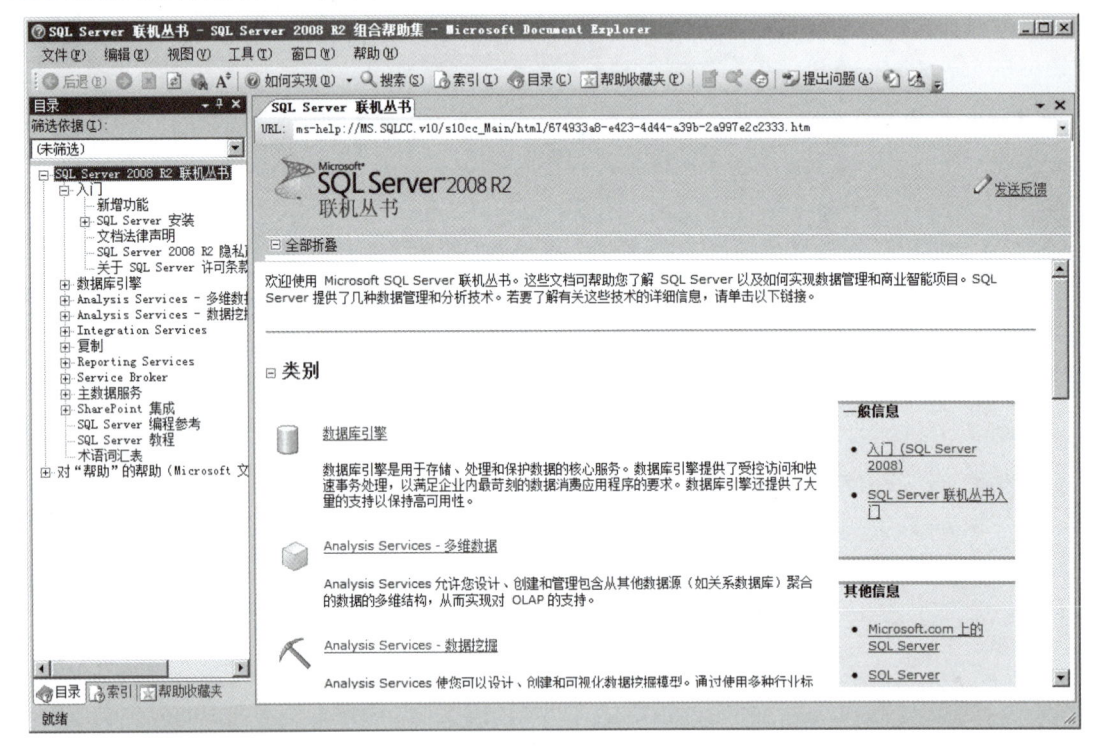

图 1-7　数据库联机丛书的目录树结构

（2）使用 SQL Server 联机丛书的索引。单击目录树下方的"索引"选项卡，在"查找"文本框中输入"CREATE DATABASE"并按回车键，在右侧细节窗格中会出现相应的信息，如图 1-8 所示。

【小技巧】

使用快捷键 Ctrl＋Alt＋F1 可以快速打开联机丛书的目录，使用快捷键 Ctrl＋Alt＋F2 可以快速打开联机丛书的索引，使用快捷键 Ctrl＋Alt＋F3 可以快速打开联机丛书的搜索。

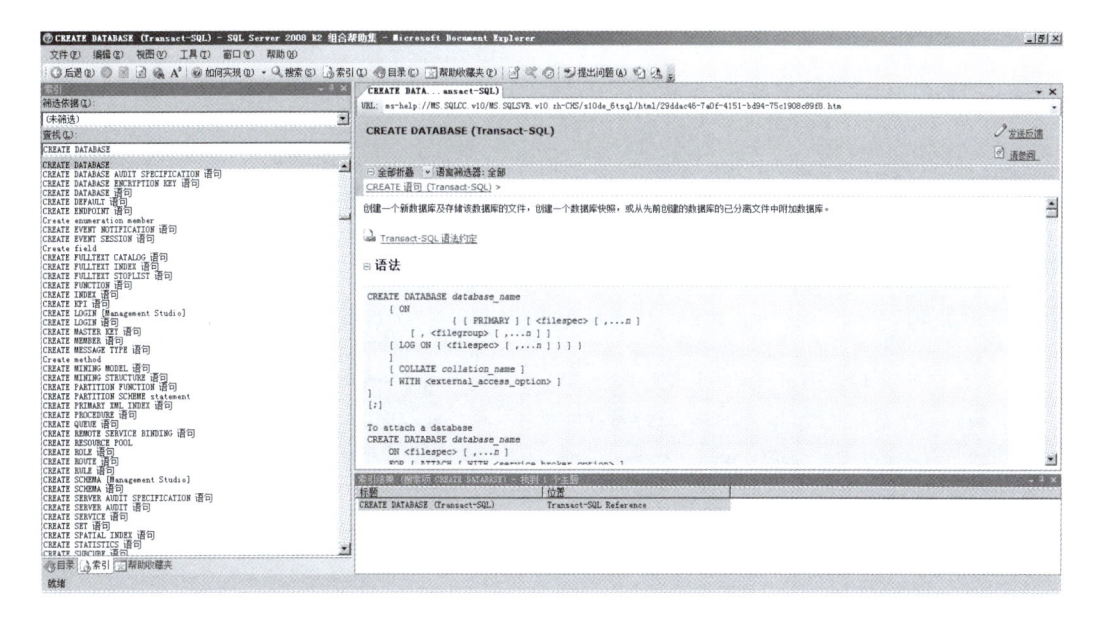

图 1-8　SQL Server 联机丛书索引的使用

任务 2　安装并启动 SQL Server 数据库管理系统

预备知识

1. SQL Server 2008 的主要版本

SQL Server 2008 有五种主要的版本,具体如下:

(1) 企业版(enterprise edition)

企业版是功能最齐全、性能最优的数据库系统,它支持超大型企业的联机事务处理(OLTP)环境、高度复杂的数据分析需求、数据仓库系统和活跃的 Web 站点,是大型企业首选的数据库产品。

(2) 标准版(standard edition)

标准版包括大多数中小型企业使用的电子商务、数据仓库等应用所需的基础功能。该版本比较适合需要全面的数据管理,但不需要企业版全部功能的中小型企业。

(3) 工作组版(workgroup edition)

工作组版适用于小型公司的数据管理解决方案,在小型服务器上操作少量数据的数据库管理员可以考虑使用工作组版。

(4) 开发人员版(developer edition)

开发人员版包括企业版的全部功能,但它被授权用作一个开发和测试系统,而不是作为一个生产服务器。开发人员版适合于大型公司中需要使用企业版本开发和测试应用程序的开发人员。

(5) 精简版(express edition)

精简版是一个免费、易用、易于管理的数据库,通常只适合于非常小的数据集。它是低端 ISV、低端服务器用户、创建 Web 应用程序的非专业开发人员以及创建客户端应用程序的编程爱好者的理想选择。

2. SQL Server 2008 安装的要求

安装前的软件和硬件要求见表 1-1。

表 1-1　　　　　　　　SQL Server 2008 安装前的软件和硬件要求

组　件	要　求
框架	SQL Server 2008 安装程序安装该产品所需的软件组件：.NET Framework 3.5 SP11、SQL Server Native Client、SQL Server 安装程序支持文件
操作系统支持的网络协议	SQL Server 2008 64 位版本的网络软件要求与 32 位版本的要求相同。支持的操作系统都具有内置网络软件。独立的命名实例和默认实例支持网络协议：共享内存（Shared Memory）、命名管道（Named Pipes）、TCP/IP、虚拟接口适配器（Virtual Interface Adapter）VIA 协议
Internet 软件	所有的 SQL Server 2008 安装都需要使用 Microsoft Internet Explorer 6 SP1 或更高版本
操作系统	Windows Server 2008 R2 Itanium IA642； Windows Server 2008 64 位 Itanium1； Windows Server 2003 SP2 64 位 Itanium Datacenter1； Windows Server 2003 SP2 64 位 Itanium Enterprise1
CPU 处理器	最小值：x86 架构的 CPU 要求 1.0 GHz 以上，x64 架构的 CPU 要求 1.4 GHz 以上。建议：2.0 GHz 或更快
内存	建议：2.0 GB 或更大
硬盘	建议：100 GB 以上

3. SQL Server 2008 的身份验证模式

由于数据库中存放了大量数据，任何非法的访问对于数据库都可能会造成重大的损害，因此安全性对于数据库系统非常重要。这里先简略介绍一下 SQL Server 2008 的身份验证模式，即是否具有连接数据库服务器的权限，具体的安全管理策略会在后续项目中具体介绍。

（1）Windows 验证模式

SQL Server 2008 使用 Windows 操作系统中的用户名和密码登录，由操作系统完成对账户的验证，而不需要提供 SQL Server 的登录账号和密码，这种登录模式就是 Windows 验证模式。

（2）SQL Server 和 Windows 混合验证模式

混合验证模式是指既允许使用 SQL Server 的登录账号和密码进行验证，也允许使用 Windows 登录模式进行验证。

子任务 2.1　安装 SQL Server 2008 企业版

【任务需求】

在个人电脑上安装 SQL Server 2008 企业版。

【任务分析】

SQL Server 2008 是微软公司开发的一种高性能的关系型数据库系统，根据任务要求，安装软件前我们首先需要明确 SQL Server 2008 企业版安装的软件和硬件要求。比如，需要安装 .NET Framework，它是支撑 SQL Server 的底层框架。从 SQL Server 2005 开始，数据库的部分功能也是必须基于 .NET 框架的。

【任务实现】

(1)运行 SQL Server 2008 安装程序,进入安装主界面开始安装,选择"全新 SQL Server 独立安装或向现有安装添加功能",如图 1-9 所示。

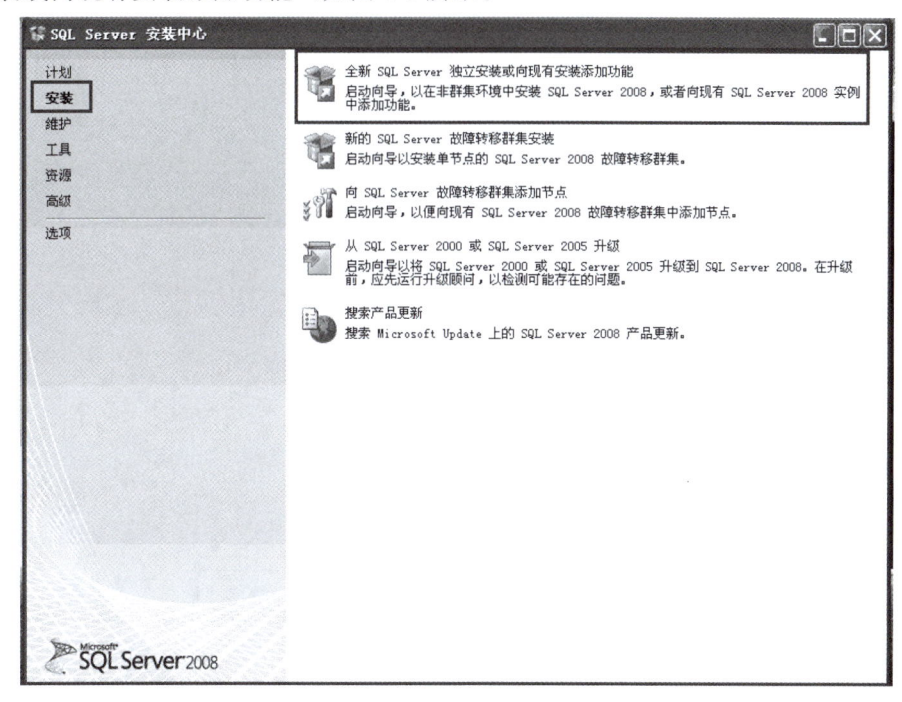

图 1-9 选择全新安装模式

(2)在"许可条款"窗口中勾选"我接受许可条款",如图 1-10 所示。

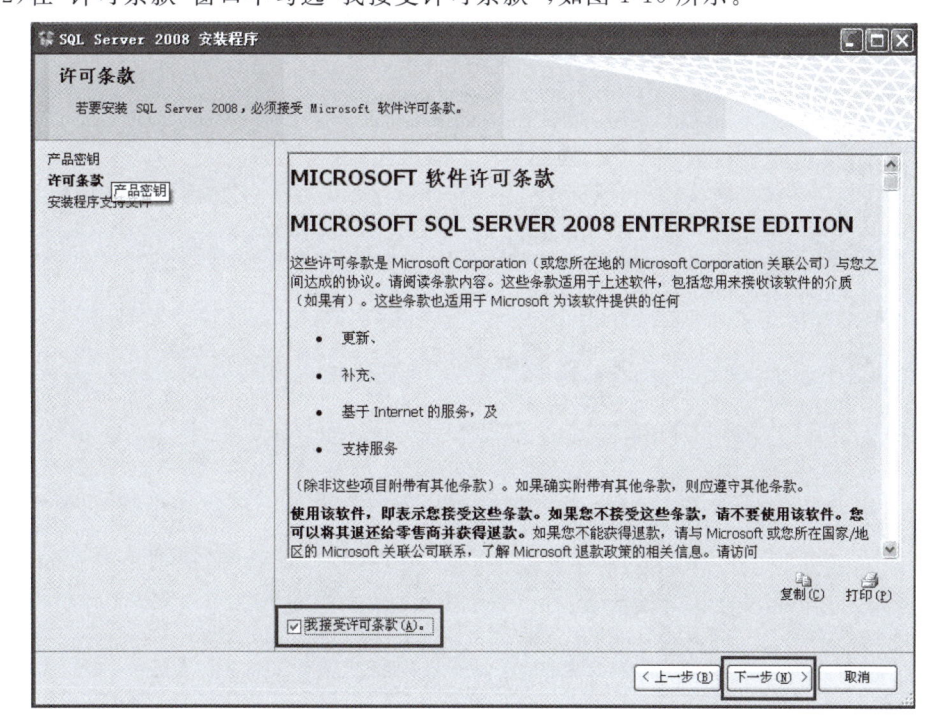

图 1-10 "许可条款"窗口

(3)单击【下一步】按钮,进入"安装程序支持规则"窗口,如图 1-11 所示。

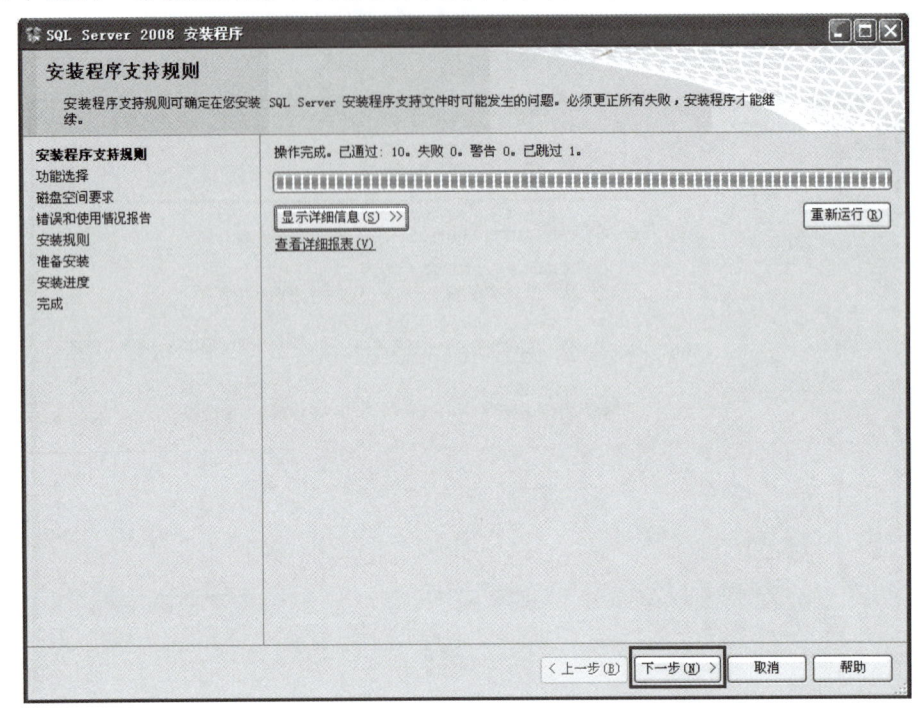

图 1-11 "安装程序支持规则"窗口

(4)单击【下一步】按钮,进入"功能选择"窗口,根据需要选择要安装的功能,如图 1-12 所示。

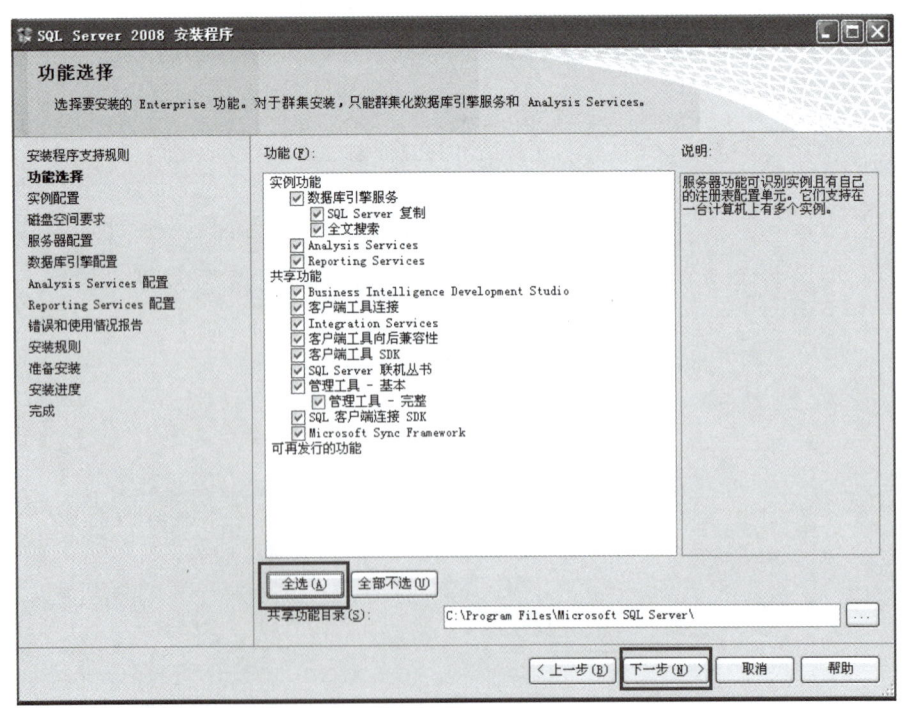

图 1-12 "功能选择"窗口

（5）单击【下一步】按钮，进入"实例配置"窗口，可以进行实例名称和实例路径的配置，如图 1-13 所示。

图 1-13　"实例配置"窗口

（6）单击【下一步】按钮，进行磁盘空间检测后，进入"服务器配置"窗口，可以配置服务的账户名和密码，以及排序规则，如图 1-14 所示。

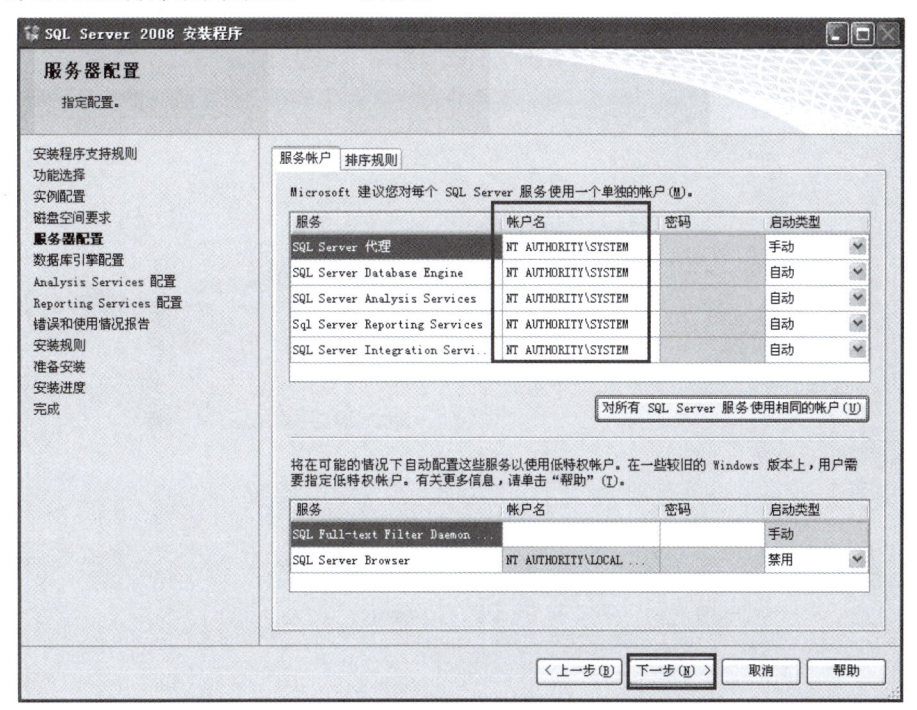

图 1-14　"服务器配置"窗口

(7)单击【下一步】按钮,进入"数据库引擎配置"窗口,可以配置身份验证模式,选择"混合模式"并设置系统管理员 sa 的密码。需要注意的是,当其他计算机需要远程连接到该数据库时,就要选择混合模式。系统安装完毕后,还可进入系统修改身份验证模式。密码设置需要符合 SQL Server 密码策略,密码长度大于或等于 6 位,最好是大小写字母、特殊字符、数字的组合,否则会报错,如图 1-15 所示。

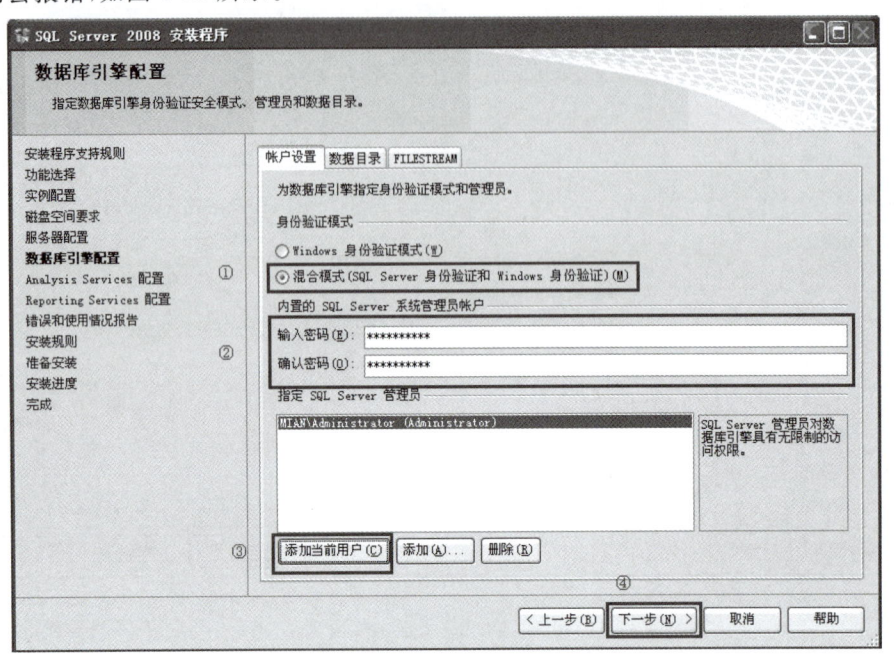

图 1-15 "数据库引擎配置"窗口

(8)单击【添加当前用户】按钮,并单击【下一步】按钮,进入"Analysis Services 配置"窗口,可以指定 Analysis Services 管理员和数据文件夹,如图 1-16 所示。

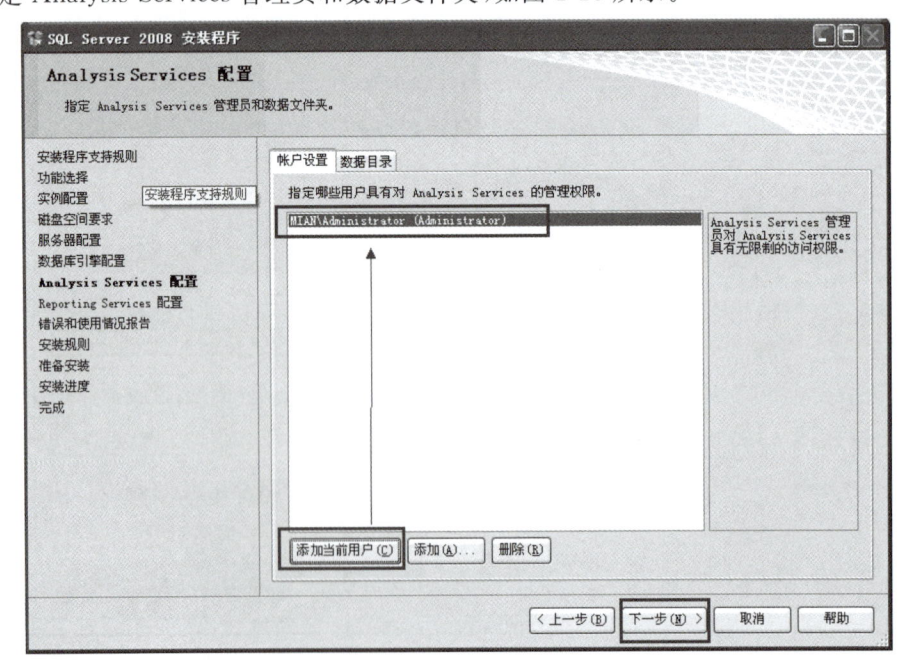

图 1-16 "Analysis Services 配置"窗口

(9)单击【下一步】按钮,进入"Reporting Services 配置"窗口,选择"安装本机模式默认配置"单选按钮,如图 1-17 所示。

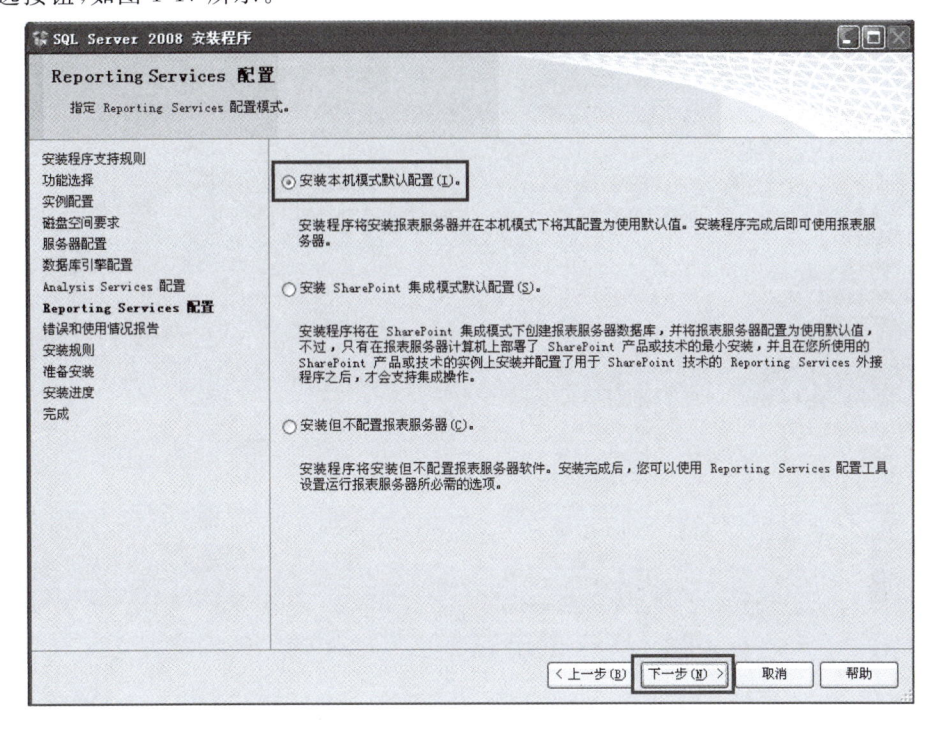

图 1-17 "Reporting Services 配置"窗口

(10)单击【下一步】按钮,进入"安装规则"窗口,如图 1-18 所示,单击【显示详细信息】按钮,可以查看安装规则。

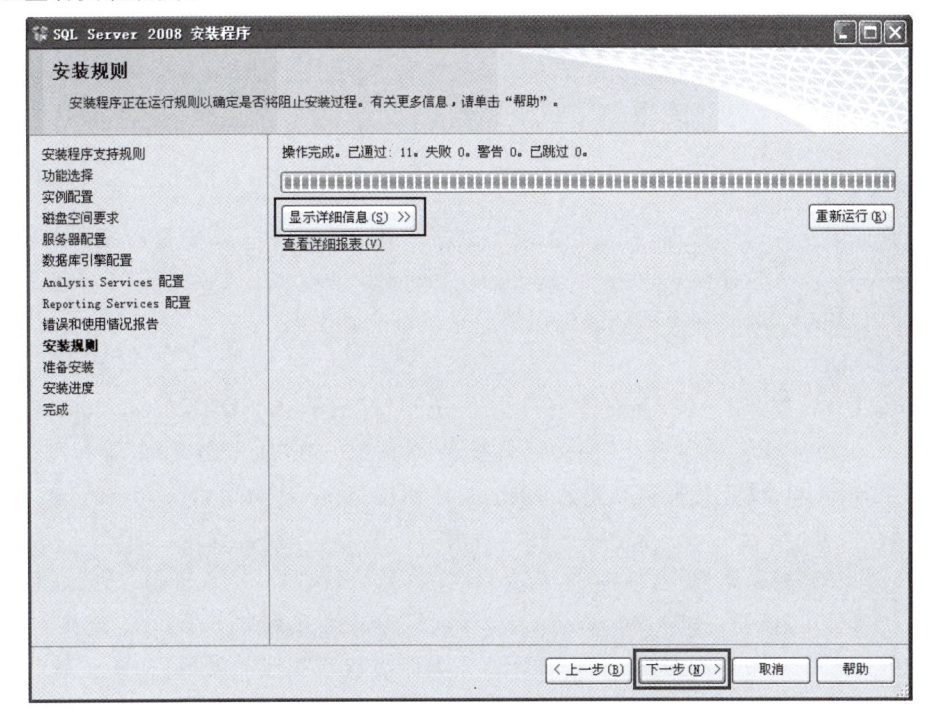

图 1-18 "安装规则"窗口

(11)单击【下一步】按钮,进入"准备安装"窗口,检验要安装的组件,如果没错,单击【下一步】按钮进行安装,"安装进度"窗口如图 1-19 所示。待安装完成后,单击【关闭】按钮完成安装,就可以从"开始"→"程序"菜单启动 MS SQL Server 2008 的各项服务了。

图 1-19 "安装进度"窗口

子任务 2.2 启动 SQL Server 数据库管理系统

【任务需求】

启动 SQL Server Management Studio,使用 Windows 身份验证模式登录 SQL Server 服务器,修改 sa 密码并验证密码是否修改成功。

【任务分析】

要对数据库系统进行管理,必须要登录到数据库管理系统中。其中身份验证的模式有两种,一种是 Windows 验证模式,另一种是 SQL Server 验证模式。如果忘记了系统管理员密码,可以使用 Windows 验证模式登录到数据库系统修改其密码。

【任务实现】

(1)单击【开始】按钮,在弹出的菜单中依次选择"Microsoft SQL Server 2008 "→"SQL Server Management Studio",弹出"连接到服务器"对话框。在"服务器名称"下拉列表框中选择相应的服务器,单击【连接】按钮,进入 Microsoft SQL Server Management Studio。

(2)依次展开"安全性"→"登录名"节点,右击"sa"并选择"属性"命令,如图 1-20 所示。

(3)在弹出的"登录属性"对话框中,为登录名 sa(系统管理员)修改密码,如图 1-21 所示。

(4)单击【确定】按钮,并以 SQL Server 身份验证方式连接到服务器,在"连接到服务器"对话框中的"登录名"文本框内输入 sa,"密码"文本框内输入相应的密码,如图 1-22 所示。单击【连接】按钮,即可成功连接上 SQL Server 服务器。

项目 1　安装和体验数据库　17

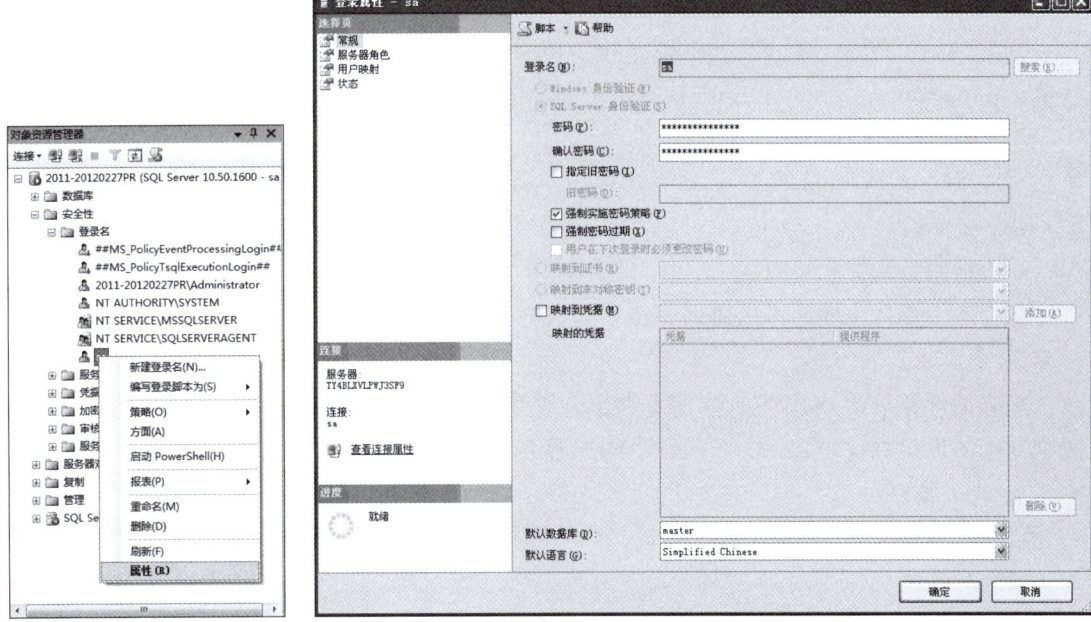

图 1-20　"对象资源管理器"对话框

图 1-21　"登录属性"对话框

图 1-22　"连接到服务器"对话框

任务 3　使用 SQL Server 配置管理器

预备知识

1. SQL Server 2008 配置管理器

SQL Server 2008 配置管理器,可以用来管理与 SQL Server 相关联的服务,也可以用来配置 SQL Server 所使用的网络协议,还可以用来配置客户端计算机的网络连接。SQL Server 配置管理器是 SQL Server 2008 中的服务器网络实用工具、客户端网络实用工具和服务器管理器的集合。

2. SQL Server Management Studio

SQL Server Management Studio 是用于访问、配置、管理和开发 SQL Server 组件的集成环境。Management Studio 使各种技术水平的开发人员和管理员都能使用 SQL Server。

3. SQL Server Profiler

SQL Server Profiler 提供了一个图形用户界面,用于监视数据库引擎实例或 Analysis Services 实例。

4. 数据库引擎优化顾问

数据库引擎优化顾问可以协助创建索引、索引视图和分区的最佳组合。

【任务需求】

在本地计算机的 SQL Server 服务器上配置数据库引擎服务的启动类型和服务状态,配置远程连接的通信协议,实现另外一台计算机的客户端能通过网络远程访问本地计算机上的 SQL Server 服务器。

【任务分析】

要远程连接到本地计算机的 SQL Server 数据库引擎,必须启用网络协议。Microsoft SQL Server 可同时通过多种协议处理请求。如果客户端程序不知道 SQL Server 服务器正在侦听哪个协议,可以配置客户端按顺序尝试多个协议。

在 SQL Server 2008 中有四种网络配置协议,它们分别是:Shared Memory、TCP/IP、Named Pipes 和 VIA。默认情况下,SQL Server 使用"Shared Memory"协议连接到 SQL Server 的本地实例,使用"TCP/IP"或"Named Pipes"连接到其他计算机上的 SQL Server 实例。

此任务使用 SQL Server 配置管理器来启用、禁用以及配置网络协议。

【任务实现】

(1)单击【开始】按钮,在弹出的菜单中依次选择"Microsoft SQL Server 2008"→"配置工具"→"SQL Server 配置管理器",如图 1-23 所示。

图 1-23 启动 SQL Server 配置管理器

(2)其他计算机可以使用"Named Pipes"连接到本地计算机 SQL 服务器引擎上的 SQL Server 实例,该协议默认是"禁用",在"协议名称"列表中,右击"Named Pipes",选择"属性"命令,设置其属性,如图 1-24 所示。

(3)打开"Named Pipes 属性"对话框,在"已启用"下拉列表框中选择"是",单击【确定】按钮完成设置,如图 1-25 所示。

项目1　安装和体验数据库　19

图 1-24　设置"Named Pipes"属性

图 1-25　启用"Named Pipes"

（4）在"协议名称"列表框中，右击"TCP/IP"，选择"属性"命令，可以设置"TCP/IP"属性，该协议默认是"禁用"，如图 1-26 所示。

图 1-26　"TCP/IP"属性设置

（5）在打开的"TCP/IP 属性"对话框中，切换到"IP 地址"选项卡，其中 IP1 是远程 IP 地址，IP2 是本地 IP 地址，IPALL 中的端口号是连接 SQL 的端口号，默认是 1433。IP1 中显示安装 SQL Server 时可用的 IP 地址，在 IP1 中可重新编辑设置 IP 地址，并在"已启用"下拉列表框中，选择"是"进行设置，然后重新启动 SQL Server，如图 1-27 所示。

注意：如果安装了多个实例，则需要使用哪个实例，就配置哪个实例的端口，如果两个实例的 IPALL 的 TCP 端口都是 1433，则其中一个实例会无法启动。

（6）完成以上操作后，重启 SQL Server 服务，此时就可以使用远程连接。还需要确认防火墙没有拦截 1433 端口。打开防火墙设置，将 sqlservr.exe(C:\Program Files\Microsoft SQL Server\MSSQL10.SQLEXPRESS\MSSQL\Binn\sqlservr.exe)添加到允许的列表中，如图 1-28 所示。

【小技巧】

除了使用配置服务器进行 SQL Server 服务的启动、停止和重新启动等操作外，也可以通过 Windows 操作系统中的"管理工具"→"服务"来实现对服务的操作。如图 1-29 所示。

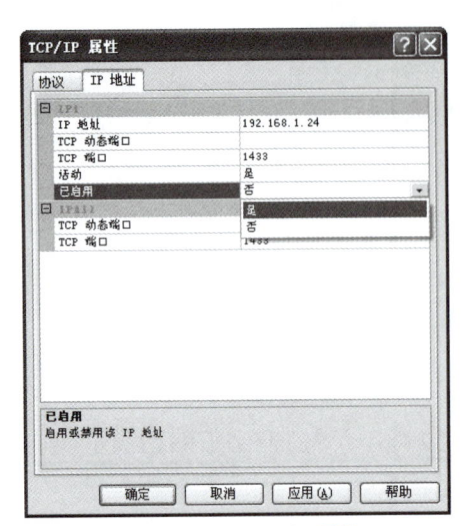

图 1-27　设置 TCP/IP 属性 　　　　　图 1-28　在防火墙例外中添加 SQL Server 应用程序

图 1-29　从"服务"中启动 SQL Server 服务

项目小结

　　Microsoft SQL Server 是一种基于关系模型的 DBMS。本项目介绍了 Microsoft SQL Server 2008 的数据库的特点，学习了如何安装 SQL Server 数据库管理系统，了解了配置数据库客户/服务器环境的基本方法和知识，掌握了数据库应用和服务管理的基本操作，为今后数据库的学习奠定了坚实的基础。

同步练习与实训

一、选择题

1. （　　）是被长期存放在计算机内的、有组织的、统一管理的相关数据的集合。
   A. DATA　　　　　　　　　　　B. INFORMATION
   C. DB　　　　　　　　　　　　D. DBMS

2. 下列四项中，不属于数据库特点的是（　　）。
   A. 数据共享　　B. 数据完整性　　C. 数据冗余很高　　D. 数据独立性高

3. 属于开源的数据库管理系统是（　　）。
   A. 甲骨文公司的 Oracle 系统
   B. IBM 公司的 DB2 系统
   C. 微软公司的 Microsoft SQL Server 系统
   D. MySQL 公司的 MySQL 系统

4. 位于用户与操作系统之间的一层数据管理软件，它为用户或应用程序提供访问数据库的方法，它是（　　）。
   A. DBMS　　　　B. DB　　　　　C. DBS　　　　　D. DBA

5. SQL Server 安装程序创建四个系统数据库，下列（　　）不是系统数据库。
   A. master　　　　B. model　　　　C. msdb　　　　　D. pub

6. SQL Server 2008 属于（　　）数据库系统。
   A. 层次模型　　　　　　　　　　B. 网状模型
   C. 关系模型　　　　　　　　　　D. 面向对象模型

7. DBMS 的含义是（　　）。
   A. 数据库系统　　　　　　　　　B. 数据库管理员
   C. 数据库管理系统　　　　　　　D. 数据库

8. 以下英文缩写中表示数据库管理员的是（　　）。
   A. DBMS　　　　B. DB　　　　　C. DBS　　　　　D. DBA

9. 数据库管理系统、操作系统、应用软件的层次关系从核心到外围分别是（　　）。
   A. 数据库管理系统、操作系统、应用软件
   B. 操作系统、数据库管理系统、应用软件
   C. 数据库管理系统、应用软件、操作系统
   D. 操作系统、应用软件、数据库管理系统

10. （　　）可以用来管理与 SQL Server 相关联的服务，也可以用来配置 SQL Server 所使用的网络协议。
    A. SQL Server 2008 配置管理器　　　B. SQL Server Profiler
    C. Reporting Services　　　　　　　D. SQL Server 数据库引擎

二、填空题

1. SQL Server 2008 有五种不同的版本：分别是企业版、标准版、_____、_____ 和 _____。
2. 目前应用最广泛的数据库是 _____ 数据库。
3. 可以通过 _____、_____ 或 _____ 这三种方法，查看和控制 SQL Server 的服务。

4. SQL Server 2008 有几种基本的服务,如 MS SQL Server 服务、SQL Server Analysis Services 服务、SQL Server Reporting Services 服务和 SQL Server 代理服务等,其中_____服务控制 SQL Server 服务器的启动和关闭等操作。

5. SQL Server 配置管理器是用于管理与 SQL Server 相关联的服务,配置 SQL Server 使用的_____协议,以及从 SQL Server 客户机管理网络连接。

三、简答题

1. 解释下列数据库的基本概念。

(1) 数据库管理系统(DBMS)

(2) 数据库(DB)

(3) 数据库系统(DBS)

(4) 数据库管理员(DBA)

2. 查询网络资料,列举目前流行的数据库系统并简要说明。

3. 在本地计算机使用 SQL Server Management Studio 连接远程服务器上的 SQL Server 2008,本地计算机应该如何进行配置?请描述基本步骤。

四、实训题

1. 安装 SQL Server 2019 数据库管理系统。

2. 安装 SQL Server Management Studio。

3. 修改数据库管理系统的验证方式,并修改超级管理员 sa 的密码。

安装 SQL Server 2019　　　　安装 SQL Server Management Studio

项目2　创建教学管理系统数据库及数据表

学习导航

知识目标：

(1) 了解数据库文件的基本组成。
(2) 理解数据表的基本概念。
(3) 知道数据类型的含义和种类。
(4) 掌握数据表创建的基本步骤。
(5) 理解数据完整性的基本概念。

技能目标：

(1) 会创建数据库。
(2) 会设置数据库的基本属性。
(3) 会创建与管理数据表。
(4) 会创建并管理索引。
(5) 能创建各类约束确保数据的完整性。

素质目标：

(1) 遵守信息技术领域的标准和规范。
(2) 培养认真严谨、一丝不苟的工作态度和工作作风。

情境描述

前面项目已经体验了教学管理系统的基本功能,要实现这些功能离不开数据库技术的支持。数据需要按照一定的数据结构来存储在数据库中,需要创建数据库、数据表以及约束等数据库对象。使用数据库和数据表来管理数据,可以实现数据资源的共享;而创建各种约束则可以确保数据的完整性,减少数据库中数据的冗余。

任务实施

任务 1　创建数据库

预备知识

1. SQL Server 数据库的基本概念

（1）数据库的结构

①逻辑结构

数据库的逻辑结构是指数据库由何种性质的信息组成，在 SQL Server 2008 中数据库是由表、视图、索引、约束、存储过程以及触发器等各种不同的对象组成，它们构成了数据库的逻辑结构，见表 2-1。

表 2-1　　　　　　　　　　SQL Server 2008 常用的数据库对象

数据库对象	说　明
表	用于存放数据，由行和列组成
视图	可以被看成虚拟表或存储查询
索引	用于快速查找所需信息
存储过程	用于完成特定功能的 SQL 语句集
触发器	一种特殊类型的存储过程
事务	由一步或几步数据库操作组成的逻辑单元

②物理结构

数据库的物理结构也称为存储结构，表示数据库文件是如何在磁盘上存放的。SQL Server 2008 中的数据库文件在磁盘上以文件的形式存放，由数据文件和事务日志文件组成。根据这些文件作用的不同，又可以将它们进一步划分为三类：主数据文件、辅助数据文件和事务日志文件，各类文件的基本功能见表 2-2。

表 2-2　　　　　　　　　　SQL Server 2008 数据库文件的基本功能

数据库文件	功　能	扩展名
主数据文件	存放数据库的启动信息、部分或全部数据和数据库对象	.mdf
辅助数据文件	存放除主数据文件外的数据和数据库对象	.ndf
事务日志文件	用来存放恢复数据库所需的事务日志信息，用来记录数据库更新情况	.ldf

说明：一个数据库至少要有一个数据文件和一个事务日志文件，也即主数据文件是必需的，辅助数据文件可以根据需要设置一个或者多个。事务日志文件至少有一个，也可以设置多个。

（2）系统数据库的基本类型

SQL Server 2008 有两类数据库：系统数据库和用户数据库。其中用户数据库是用户根据需要创建的数据库，存放用户自己的数据信息。而系统数据库是 SQL Server 软件安装后自动安装的，存放的是有关 SQL Server 的系统信息，是系统管理的依据，它们既不能删除，也不能修改。如果系统数据库遭到破坏，SQL Server 将不能正常启动。在安装 SQL Server 2008 时，系统将创建四个可见的系统数据库：master、model、msdb 和 tempdb。

①master 数据库

master 数据库是 SQL Server 中至关重要的一种数据库，它主要记录与 SQL Server 相关的所有系统级信息，包括登录账号、系统配置、数据库位置及实例的初始化信息等，用于控制用户数据库和 SQL Server 的运行。因此，如果 master 不可用，SQL Server 就不能正常启动。

②model 数据库

model 数据库为实例中创建的所有数据库提供模板，它为每个新建数据库提供所需的系统表格。

③msdb 数据库

msdb 数据库用于代理程序调度警报和作业等，为 SQL Server 代理调度信息和作业记录提供存储空间。

④tempdb 数据库

tempdb 数据库是一个 SQL Server 上所有数据库共享的工作空间，所有与系统连接的临时表和临时存储过程都存储于该数据库中。每次 SQL Server 启动时，都会重新创建一个 tempdb 数据库，以保证该数据库是空的；当用户断开数据库连接时，系统会自动删除临时表和存储过程。

2. 数据库的基本操作

①创建数据库

创建数据库的方法主要有两种：一是在 SQL Server Management Studio 窗口中采用图形界面操作的方式完成；二是通过编写 Transact-SQL 语句采用代码的方式完成。对使用 CREATE DATABASE 语句创建数据库的基本语法规则总结如下：

CREATE DATABASE database_name
［ON [PRIMARY]］
［＜filespec＞［,...n］］
［,＜filegroup＞［,...n］］
］
［LOG ON ｛＜filespec＞［,...n］｝］
［COLLATE collation_name］
［FOR LOAD | FOR ATTACH］
＜filespec＞::=
［PRIMARY］
(［NAME=logical_file_name,］
FILENAME='os_file_name'
［,SIZE=size］
［,MAXSIZE=｛max_size | UNLIMITED｝］
［,FILEGROWTH=growth_increment］)［,...n］
＜filegroup＞::=
FILEGROUP filegroup_name＜filespec＞［,...n］

主要参数的含义见表 2-3。

表 2-3　　　　　　　　　　CREATE DATABASE 中主要参数的含义

参　　数	含　　义
database_name	新数据库的名称
ON	指定显式定义用来存储数据库数据文件
n	占位符,表示可以为新数据库指定多个文件
LOG ON	指定显式定义用来存储数据库日志文件
FOR LOAD	与早期版本的 Microsoft SQL Server 兼容
collation_name	指定数据库的默认排序规则
PRIMARY	指定关联的 <filespec> 列表定义主文件
NAME	指定的逻辑文件名
FILENAME	指定的系统文件名
SIZE	定义文件的大小
MAXSIZE	定义文件可以增长到的最大值
FILEGROWTH	定义文件的增长量,可以用字节或者用百分比表示

创建数据库就是为数据库确定名称、大小、存放位置、文件名和所在文件组的过程。在一个 SQL Server 2008 实例中,最多可以创建 32 767 个数据库,数据库的名称必须满足系统的标识符规则。在命名数据库时,一定要使数据库名称简短并有一定的含义。

在 SQL Server 2008 中,一个数据库文件至少需要有一个数据文件和一个事务日志文件。数据库中的数据文件用于存放数据库的数据和各种对象,而事务日志文件用于存入事务日志。

② 修改数据库

数据库创建成功后,如有需要可以修改数据库的某些设置来调整数据库的工作方式,更改数据库属性。此外,还可以使用 ALTER DATABASE 语句来修改数据库的属性,包括数据库的容量、设定具体的选项等。

③ 删除数据库

当某个用户创建的数据库不再需要时,可以将其删除。如果数据库正在使用时,则无法将它删除,因此删除时要注意数据库的使用状况。

• 使用 DROP DATABASE 语句删除数据库

语法格式为:

DROP DATABASE database_name [,...n]

其中,database_name 为指定要删除的数据库名称。

子任务 1.1　使用图形化工具创建数据库

【任务需求】

在 SQL Server Management Studio(简称 SSMS,后文使用简写)中创建数据库 StudentDB,将数据库存于 C 盘 db 文件夹下。具体要求:

数据文件的逻辑名称命名为"Student_data",初始大小为 3 MB,文件增长的最大值为 30 MB,增长量为 1 MB。

日志文件的逻辑名称命名为"Student_log",初始大小为 1 MB,文件增长的最大值为 10 MB,增长率为 10%。

【任务分析】

SSMS 是用于访问、配置、管理和开发 SQL Server 组件的集成环境,方便数据库管理员及用户进行操作。根据任务需求,可以将要创建的数据库的具体属性整理成表,见表 2-4。

表 2-4　　　　　　　　　StudentDB 数据库的数据文件和日志文件

逻辑名称	文件类型	物理名称	初始大小	最大容量	增长量
Student_data	数据文件	C:\db\Student_data.mdf	3 MB	30 MB	1 MB
Student_log	日志文件	C:\db\Student_log.ldf	1 MB	10 MB	10%

【任务实现】

(1)单击【开始】按钮,选择"所有程序"→"Microsoft SQL Server 2008"→"SQL Server Management Studio"选项,启动 SQL Server Management Studio。在"服务器名称"下拉列表框中选择要连接的本地服务器名称,使用"Windows 身份验证"或"SQL Server 身份验证"建立连接,如图 2-1 所示。

图 2-1　连接服务器身份验证

(2)单击【连接】按钮,进入 SSMS 的主界面,如图 2-2 所示。

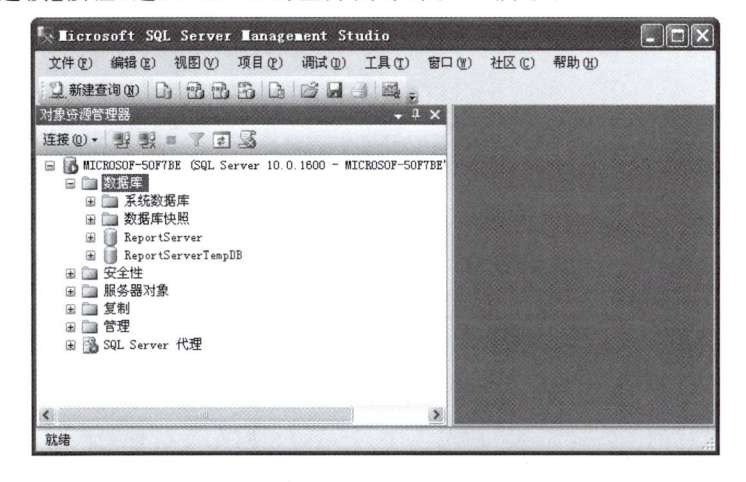

图 2-2　SSMS 的主界面

（3）在"对象资源管理器"窗格中展开服务器，右击"数据库"节点，在弹出的快捷菜单中选择"新建数据库"命令，打开"新建数据库"窗口。在数据库名称文本框中输入"StudentDB"，并按照要求分别修改数据库文件的逻辑名称、初始大小、自动增长以及路径等相关属性。设置完的效果如图2-3所示。

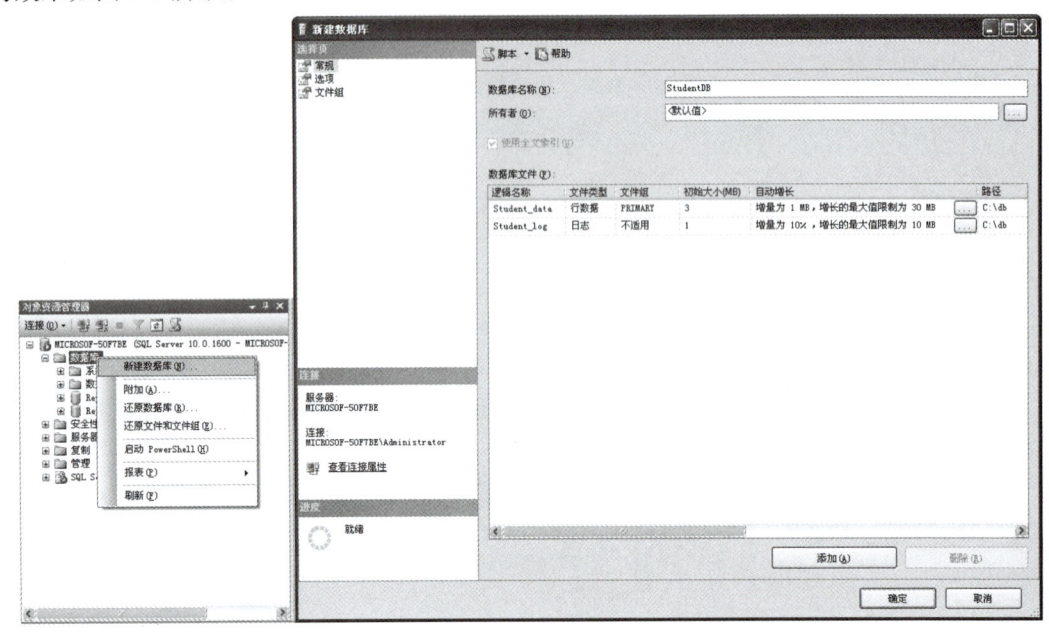

图2-3 "新建数据库"窗口

自动增长的设置方法为：单击"自动增长"列按钮，将打开"更改StudentDB的自动增长设置"对话框，在该对话框中可以更改文件的自动增长方式是按MB或者按百分比，此处选取按MB，如图2-4所示。

（4）单击【确定】按钮，显示创建进度。创建成功后，会自动关闭"新建数据库"窗口，并在"对象资源浏览器"窗口的数据库节点下增加名为"StudentDB"的子节点，如图2-5所示。

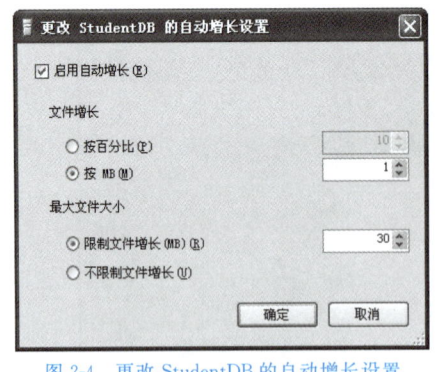

图2-4 更改StudentDB的自动增长设置 　　图2-5 StudentDB数据库创建成功

【拓展任务】

采用图形化工具创建数据库BookDB，初始大小为5 MB，文件增长的最大值为50 MB，数据库自动增长，增长方式按10%比例；日志文件初始大小为2 MB，最大可增长到5 MB，按1 MB增长；日志文件与数据文件均存放于C盘task文件夹下。

【小技巧】

(1) 创建数据库时,如果在操作过程中没有设置文件的存放路径,可以到默认安装路径"C:\Program Files\Microsoft SQL Server\MSSQL10.MSSQLSERVER\MSSQL\DATA"下找到自己创建的数据文件和日志文件。

(2) 若创建的数据库对象没有立即出现在"对象资源管理器"窗格中,则可以右击对象所在位置的上一层,并选择"刷新"命令,即可显示出新创建的数据库对象。

(3) 在创建数据库时可以指定 SQL Server 的排序规则。方法为:单击"新建数据库"窗口左上角的"选项",右半窗口中会出现对应的选项页,它可以用来设置数据库的排序规则、恢复模式以及兼容级别等选项。如图 2-6 所示。

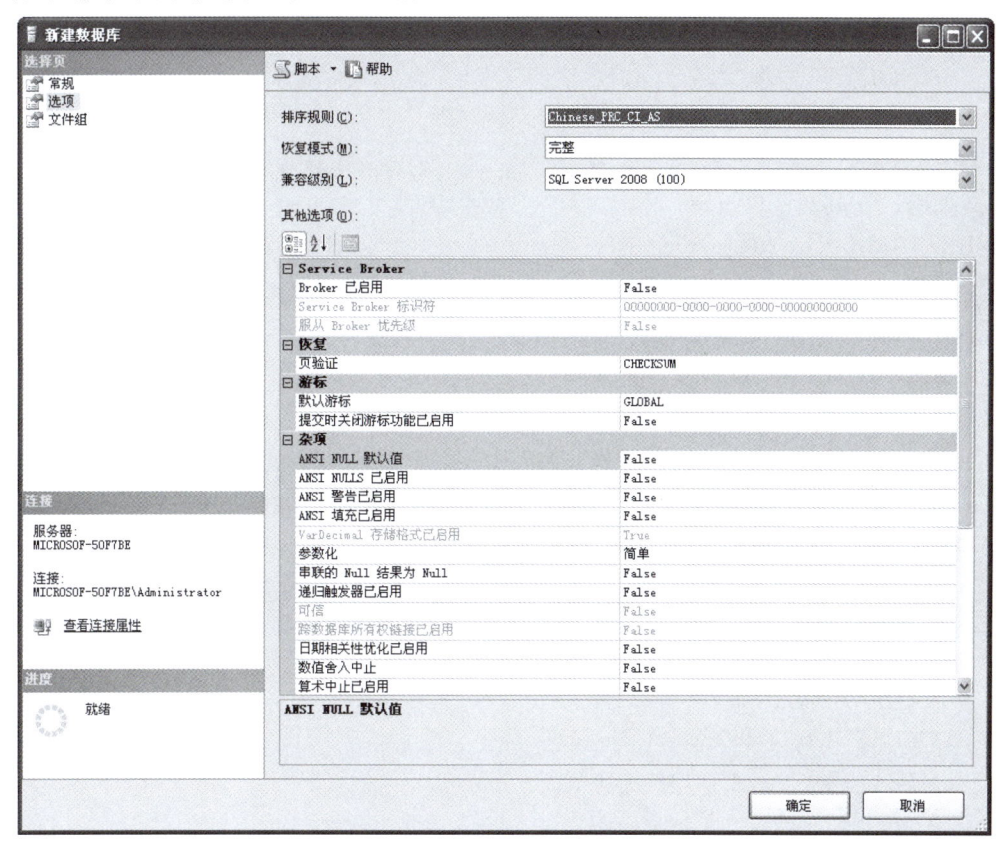

图 2-6 设置数据库的排序规则

子任务 1.2 使用 CREATE DATABASE 语句创建数据库

【任务需求】

采用 SQL 语句的方式完成数据库 StudentDB 的创建。

【任务分析】

使用 SSMS 创建数据库非常方便,易于初学者掌握。但是有些情况下,不能使用图形化方式创建数据库。例如在开发应用程序时,程序人员有时需要使用 T-SQL 在程序代码中直接创建数据表或者其他数据库对象,而不是在制作应用程序安装包时再放置数据库或让用户自行创建。

微课

使用 CREATE DATABASE 语句创建数据库

本任务要求使用 T-SQL 提供的 CREATE DATABASE 语句创建数据库,数据库中相关属性与任务 1.1 中完全相同。对于具有丰富编程经验的用户,这种方法更加高效。

使用 CREATE DATABASE 语句创建数据库的基本语法格式归纳如下:

CREATE DATABASE 数据库名
ON [PRIMARY]
(
    <数据文件参数>[,...n][<文件组参数>]
)
[LOG ON]
(
    <日志文件参数>[,...n]
)

其中文件参数包含如下:

[NAME=logical_file_name,]
FILENAME='os_file_name'
[,SIZE=size[KB| MB|GB|TB]]
[,MAXSIZE={max_size[KB| MB|GB|TB]|UNLIMITED}]
[,FILEGROWTH=growth_increment [KB | MB | GB | TB | %]]

【任务实现】

(1)单击 SSMS 工具栏上的【新建查询】按钮或者按下快捷键 Alt+N,会自动打开一个新的"SQL Query"标签页,同时工具栏中新增一个"SQL 编辑器"工具栏,在"SQL Query"标签页的窗口中输入以下程序代码:

```
CREATE DATABASE StudentDB
ON PRIMARY
(
    NAME=Student_data,
    FILENAME='c:\db\Student_data.mdf',
    SIZE=3 MB,
    MAXSIZE=30 MB,
    FILEGROWTH=1 MB
)
LOG ON
(
    NAME=Student_log,
    FILENAME='c:\db\Student_log.ldf',
    SIZE=1 MB,
    MAXSIZE=10 MB,
    FILEGROWTH=10%
)
GO
```

(2)在"SQL 编辑器"工具栏上单击按钮 ! 执行(X),则执行该程序代码,并在下方"消息"标签页中显示"命令已成功完成。"的消息,结果如图 2-7 所示,这样就采用代码方式完成了数据库的创建。

图 2-7 使用 CREATE DATABASE 语句创建数据库

【程序说明】

创建数据库的关键字为"CREATE DATABASE",创建的数据库名"StudentDB"紧跟其后。整段程序代码分为两个部分,即创建数据文件和日志文件,分别用"ON PRIMARY"和"LOG ON"标识。

以数据文件的创建为例,程序中依次定义了主数据文件的逻辑文件名(NAME)为"Student_data",主数据文件的物理名(FILENAME)为"c:\db\Student_data.mdf",主数据文件初始大小(SIZE)为 3 MB,主数据文件增长的最大值(MAXSIZE)为 30 MB,以及文件增长量(FILEGROWTH)为 1 MB。日志文件的定义方式与此相似,只是文件的增长方式是按百分比,即按 10% 的幅度增长。

【拓展任务】

采用 SQL 语句方式创建 BookDB1 数据库,任务需求同任务 1.1 的拓展任务。

【小技巧】

(1)如果预测以后数据库会不断增长,那么就指定其自动增长方式。反之,尽量不要指定其自动增长,以提高数据的使用效率。

(2)如果事先没有创建 db 文件夹,会报以下的错误信息:

对文件"c:\db\Student_data.mdf"的目录查找失败,出现操作系统错误2(系统找不到指定的文件)。

子任务 1.3　修改数据库的属性

【任务需求】

将数据库 StudentDB 的数据文件(student_data)的初始容量大小由 3 MB 增加至 20 MB。

【任务分析】

修改数据库属性既可以使用图形化的操作界面,也可以使用 ALTER DATABASE 语句完成。可以通过查看联机丛书获取语句的基本格式,如图 2-8 所示。

图 2-8　联机帮助中 ALTER DATABASE 语句的基本格式

【任务实现】

新建一个查询窗口,并输入以下代码:

```
USE StudentDB
GO
ALTER DATABASE StudentDB
MODIFY FILE
(NAME=Student_data,
SIZE=20MB)
```

【程序说明】

ALTER DATABASE 为修改数据库的关键字,后面紧跟的是数据库的名称 StudentDB。这里需要修改的是数据文件的文件大小,使用了 MODIFY FILE,其后将修改的参数进行了具体说明。

【拓展任务】

采用 SQL 语句方式删除数据库 StudentDB。

查询联机丛书中的相关格式后,可以写出下面的语句。

IF EXISTS(SELECT * FROM sysdatabases WHERE name ='StudentDB')
DROP DATABASE StudentDB

说明：

- EXISTS()语句：检测在系统表 sysdatabases 中是否存在 StudentDB 数据库，如果存在 StudentDB 数据库，则删除它。
- 删除数据库时，应确保该数据库处于非使用状态，否则无法删除它。例如打开了某个连接时，就无法删除数据库。
- 可以同时删除多个数据库。可以依次在 DROP 语句后列出准备删除的数据库的名称，各数据库名称间用逗号分隔。

子任务 1.4　分离与附加数据库

【任务需求】

在 SSMS 图形界面中将创建的 StudentDB 数据库分离，分离后将其复制到 C 盘以自己学号姓名命名的文件夹中。分离成功后再将以学号姓名命名的文件夹中的 StudentDB 数据库附加到实例数据库中。

【任务分析】

当需要复制或移动数据库时，若数据库在联机状态下不能对数据库文件进行任何复制、移动或删除等操作。如果需要对数据库进行这些操作，就必须将数据库的状态设置为脱机，并对数据库进行分离，再次使用时只要将数据库附加即可。分离与附加数据库是一对逆操作，数据库分离是指将数据库文件从数据库服务器实例中分离出来，但是不会删除该数据库的数据文件和事务日志文件，相当于关闭了数据库。数据库分离后，应用程序不能连接到该数据库，数据库文件不可以被其他进程访问。附加数据库是将当前数据库以外的数据库附加到当前数据库实例中。

分离与附加数据库可以使用图形界面操作，也可以使用代码方式，这里重点介绍图形界面方式。

【任务实现】

1. 分离数据库

在"对象资源管理器"窗格中，右击要分离的"StudentDB"数据库，在弹出的快捷菜单中选择"任务"→"分离"选项，在打开的"分离数据库"窗口中，勾选"删除连接"选项，单击【确定】按钮，完成数据库的分离，如图 2-9 所示。进入"C:\db"文件夹，可以查看到分离后的 Student_data.mdf 和 Student_log.ldf 文件，然后将这两个文件复制到 C 盘以自己学号姓名命名的文件夹中。

2. 附加数据库

（1）在"对象资源管理器"窗格中，右击"数据库"节点，在弹出的快捷菜单中选择"附加"选项，弹出"附加数据库"窗口，如图 2-10 所示。

（2）单击"附加数据库"窗口中的【添加】按钮，在"定位数据库文件"窗口中选取要附加的数据库所在的位置"C:\自己的学号姓名\Student_data.mdf"文件，再依次单击【确定】按钮，完成数据库的附加。

（3）回到"对象资源管理器"窗格，展开"数据库"节点，此时 StudentDB 数据库已经附加到了当前的数据库实例中。

【拓展任务】

分离 BookDB1 数据库，并将其文件复制到 C 盘以自己学号姓名命名的文件夹内。然后再将其附加。

图 2-9 分离数据库

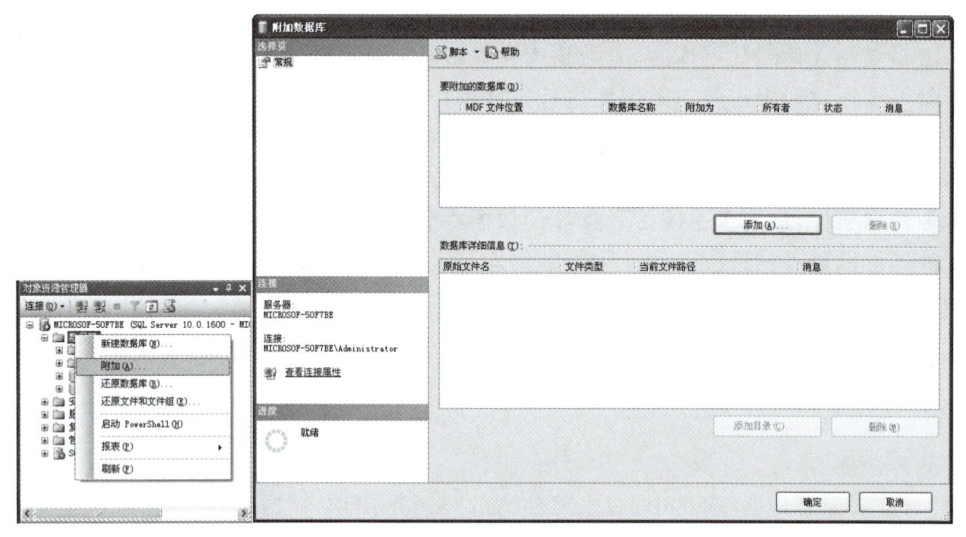

图 2-10 附加数据库

【小技巧】
数据库分离成功后,在进行复制或移动时,需要将数据文件和事务日志文件一起复制或移动,这样才能确保后续附加数据库成功。

任务 2 　创建与管理数据表

预备知识

1. 数据表的基本概念
（1）关系模型

关系模型是现在广泛采用的数据模型,它与层次模型和网状模型相比具有显著的特点。关系模型主要采用二维表格的方式来表示实体之间的关系,一个表代表一个实体,表由行和列组成,一行代表一个对象,一列代表实体的一个属性。关系模型数据库也称为关系数据库。

(2) SQL Server 的数据表

SQL Server 是关系数据库，它是将关系模型理论具体化的一种数据库管理系统，其基本概念也与关系模型类似。SQL Server 中的数据表类似于 Excel 中的电子表格，有行和列等对象，其中每行代表一条数据记录，而每列代表一个具体的域。表 2-5 的第二行（也即第一个记录）就表示"张劲"这位同学的基本信息，即学生的学号、姓名、性别、出生年月、入学时间和班级编号等；而"Sbirthday"列（也即字段）表示的是所有学生出生年月的信息。

表 2-5　　　　　　　　　　　　Student 表

Sno	Sname	Ssex	Sbirthday	EntranceTime	ClassNo
1101011101	张劲	男	1993-3-12	2011-9-6	11010111
1101011102	金伟	男	1994-4-15	2011-9-6	11010111
1101011103	李健	男	1993-6-29	2011-9-6	11010111
1101011104	王红青	女	1994-8-24	2011-9-6	11010111
1101011105	谭辉	男	1994-6-16	2011-9-6	11010111

在 SQL Server 中创建数据表需注意以下限制：

① 每个数据库最多可以存储 20 亿个数据表。

② 每个数据表不超过 1 024 个列（字段）。

③ 每行（每条记录）最多可以存储 8 060 个字节。

(3) 数据类型

数据类型决定了数据在计算机中的存储格式、存储长度、数据位数以及小数精度等重要属性。数据表在创建过程中要为每个字段声明相应的数据类型，此外局部变量的定义中也要使用数据类型这一概念。SQL Server 2008 中常用的数据类型见表 2-6。

表 2-6　　　　　　　　　　SQL Server 中常用的数据类型

分　类	说　明	数据类型	备　注
数值数据	该数据仅包含数字，整数、定点数和浮点数	tinyint smallint int bigint	整型数值
		decimal numeric	定点型数值
		float real	浮点型数值
文本数据	该数据包括固定和可变长度的普通字符和 Unicode 字符的数据	char	普通字符型	固定长度的非 Unicode 字符数据
		varchar		可变长度的非 Unicode 字符数据
		text		存储长文本信息的非 Unicode 字符数据
		nchar	Unicode 字符型	固定长度的 Unicode 数据
		varchar		可变长度 Unicode 数据
		ntext		存储长文本信息的 Unicode 字符数据

(续表)

分　类	说　　明	数据类型	备　　注
日期和时间	该数据用来存储日期和时间	datetime smalldatetime	日期和时间
二进制数据	存储非字符和文本的数据	image binary varbinary	可用来存储图像等二进制数据
货币数据	用于十进制货币值	money smallmoney	用于存储金额
bit 数据	表示是/否的数据	bit	存储布尔数据类型

① 整型

整型是使用整数数据的精确数字数据类型,包括 tinyint、smallint、int 和 bigint,具体描述见表 2-7。其中 int 是 SQL Server 中最常用的整数数据类型。

表 2-7　　　　　　　　　　　整型数据类型的说明

数据类型	范　　围	存储字节数/B
tinyint	0 到 255	1
smallint	-2^{15}($-32\,768$)到 $2^{15}-1$($32\,767$)	2
int	-2^{31}($-2\,147\,483\,648$)到 $2^{31}-1$($2\,147\,483\,647$)	4
bigint	-2^{63}($-9\,223\,372\,036\,854\,775\,808$)到 $2^{63}-1$ ($9\,223\,372\,036\,854\,775\,807$)	8

② 定点型

定点型是指带固定精度和小数位数的数值数据类型,包括 decimal 和 numeric 两种类型,numeric 在功能上与 decimal 等价。下面就以 decimal 为例,介绍它的使用方法。

decimal[(p[, s])]

其中,p 表示固定精度,表示最多可以存储的十进制数字的总位数,包括小数点左边和右边的位数。p 的取值范围必须介于 1 和最大精度之间。最大精度为 38,默认精度为 18。使用最大精度时,有效值从 $-10^{38}+1$ 到 $10^{38}-1$。

s 表示小数位数,表示小数点右边可以存储的十进制数字的最大位数。小数位数必须介于 0 和 p 之间,默认的小数位数为 0。最大存储大小基于精度而变化。固定精度和存储空间的对应关系见表 2-8。

表 2-8　　　　　　　定点型数据类型的精度范围与存储空间

精度	存储字节数/B
1～9	5
10～19	9
20～28	13
29～38	17

③浮点型

浮点型用于存储小数点不固定的数据(浮点数),包括 float 和 real 两种类型。具体描述见表 2-9。

表 2-9　　　　　　　　　　　　　浮点型的数据类型说明

数据类型	范围	存储字节数/B	备注
float[(n)]	$-1.79E+308$ 至 $1.79E+308$	取决于 n 的值	n 是 1 至 53 的整数
real	$-3.40E+38$ 至 $3.40E+38$	4	

④普通字符型

普通字符型主要包括 char、varchar 和 text 三种。char 表示固定长度的字符数据类型,varchar 表示可变长度的字符数据类型,text 表示存储长文本数据的字符数据类型。具体描述见表 2-10。

表 2-10　　　　　　　　　　　　普通字符型的数据类型说明

数据类型	存储字节数/B	备注
char[(n)]	n	n 是 1~8 000 的整数
varchar[(n|max)]	输入数据的实际长度加 2 个字节	n 是 1~8 000 的整数,max 指示最大存储大小是 $2^{31}-1$ 个字节
text	所输入的字符个数	最大长度为 $2^{31}-1$(2 147 483 647)个字符

⑤Unicode 字符型

Unicode 字符型主要包括 nchar、varchar 和 ntext 三种。nchar 表示 Unicode 数据使用的固定长度的字符数据类型,varchar 表示 Unicode 数据使用的可变长度的字符数据类型,ntext 表示 Unicode 数据使用的存储长文本数据的字符数据类型。具体描述见表 2-11。

表 2-11　　　　　　　　　　　　Unicode 字符型的数据类型的说明

数据类型	存储字节数/B	备注
nchar[(n)]	$2n$	n 是 1~4 000 的整数
varchar[(n|max)]	输入数据的实际长度的两倍加 2 个字节	n 是 1~4 000 的整数,max 指示最大存储大小是 $2^{31}-1$ 个字节
ntext	所输入字符个数的两倍	最大长度为 $2^{30}-1$(1 073 741 823)个字符

⑥日期时间型

日期时间型用于表示某天的日期和时间的数据类型,包括 datetime 和 smalldatetime 两种类型。具体描述见表 2-12。

表 2-12　　　　　　　　　　　　日期和时间型数据类型的说明

数据类型	范围	精确度
datetime	1753 年 1 月 1 日到 9999 年 12 月 31 日	3.33 毫秒
smalldatetime	1900 年 1 月 1 日到 2079 年 6 月 6 日	1 分钟

⑦二进制数据

二进制数据包括 binary、varbinary 和 image 三种。binary 表示固定长度的二进制数据类型，varbinary 和 image 表示可变长度的二进制数据类型，具体描述见表 2-13。

表 2-13　　　　　　　　　　二进制字符型数据类型的说明

数据类型	存储字节数/B	备注
binary[(n)]	n	n 是 1～8000 的整数
varbinary[(n|max)]	输入数据的实际长度加 2 个字节	n 是 1～8 000 的整数，max 指示最大存储大小是 $2^{31}-1$ 个字节
image	从 0 到 $2^{31}-1$（2 147 483 647）个字节	

⑧货币型

货币型代表货币或货币值的数据类型，它有 money 和 smallmoney 两种类型。具体描述见表 2-14。

表 2-14　　　　　　　　　　货币型数据类型的说明

数据类型	范围	存储
money	－922 337 203 685 477.580 8 到 922 337 203 685 477.580 7	8 字节
smallmoney	－214 748.364 8 到 214 748.364 7	4 字节

⑨bit 数据

适合用于开关标记，它只占据一个字节空间。具体描述见表 2-15。

表 2-15　　　　　　　　　　bit 数据类型的说明

数据类型	范围	存储
bit	0、1 或 Null	1 字节

除了以上列出的常用的数据类型外，SQL Server 2008 还新增加了 date 和 time 型的数据类型。例如前面创建数据表时，学生入学日期字段使用了 datetime 类型的值存放，这样不仅存放了日期还存放了时间信息。而实际应用中只需要获得日期信息时，还需要使用一些函数进行信息提取，因此可以直接将它定义为 date 型的数据，这样使用的时候就非常方便。例如修改 EntranceTime 字段类型后，下例查询结果中，直接显示了入学日期，如图 2-11 所示。

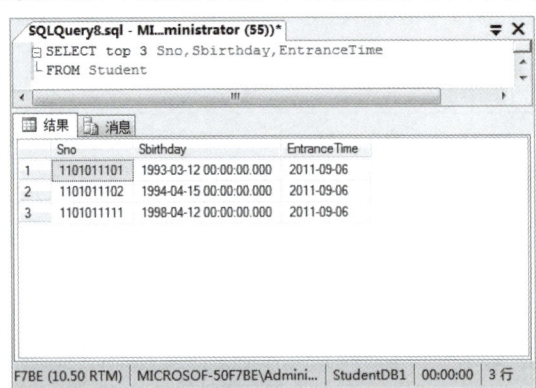

图 2-11　使用 DATE 数据类型

此外，还有 XML、Timestamp、Uniqueidentifier、cursor 以及 sql_variant 等其他的数据类型，详细介绍请参见 SQL Server 2008 联机帮助。

2. 数据表的基本管理

数据表的基本管理除了使用 SSMS 用操作的方法完成外,也可以使用 T-SQL 语句来完成,这里将使用 T-SQL 语句完成数据表的基本管理的语法格式进行归纳。

(1)数据表的创建

CREATE TABLE 语句的语法格式:

CREATE TABLE table_name

({ < column_definition >}

| [{ PRIMARY KEY | UNIQUE } ,...n]

)

< column_definition > ::={ column_name data_type }

[COLLATE < collation_name >]

[[DEFAULT constant_expression]

| [IDENTITY [(seed , increment) [NOT FOR REPLICATION]]]

]

[< column_constraint >] [...n]

说明:主要参数的含义见表 2-16。

表 2-16　　　　　　　　　　CREATE TABLE 语句的主要参数说明

参　数	说　明
table_name	新建表的名称
column_definition	表中字段的定义表达式
column_name	表中的字段名
data_type	字段的数据类型
seed	自动标识的开始值
increment	自动编号的步长
PRIMARY KEY	主键约束
UNIQUE	唯一约束
DEFAULT	默认约束
IDENTITY	自动编号标识

(2)数据表的修改

ALTER TABLE 语句的语法格式:

ALTER TABLE table_name

{ALTER COLUMN column_name

{new data type[(precision[,scale])]

[NULL|NOT NULL]}

|ADD

{[<column_definition>][,...n]}

|DROP{[CONSTRAINT] constraint_name|COLUMN column_name}}[,...n]

说明：

table_name：所要修改的表的名称。

ALTER COLUMN：修改列的定义。

ADD：增加新列或约束。

DROP：删除列或约束。

(3) 数据表的删除

DROP TABLE 语句的语法格式：

DROP TABLE table_name[,...n]

说明：参数 table_name 指定要删除的数据表的名称。

(4) 数据表的重命名

数据表重命名时，可以使用系统存储过程 sp_rename，语法格式为：

sp_rename '原数据表名','新数据表名'

子任务 2.1　使用图形化工具创建数据表

【任务需求】

使用图形化工具为 StudentDB 创建学生表，数据表名称为 Student，数据表结构见表 2-17。

表 2-17　　　　　　　　　　　　Student 数据表结构

序　号	字段名	字段类型	字段长度	非空约束	备　注
1	Sno	char	10	非空	学号
2	Sname	varchar	50	非空	姓名
3	Ssex	char	2	非空	性别
4	Sbirthday	datetime		允许为空	出生日期
5	EntranceTime	datetime		非空	入学时间
6	ClassNo	char	8	非空	班级编号

【任务分析】

数据表包括表结构、约束以及记录等三个要件。本任务主要完成 Student 数据表结构的创建。

【任务实现】

(1) 在"对象资源管理器"窗格中，展开需要创建表的数据库"StudentDB"，右击"表"节点，在弹出的快捷菜单中选择"新建表"命令，打开表设计器，如图 2-12 所示。

(2) 在打开的表设计器对话框中，按照任务要求设置表 Student 各列的列名（字段名）、数据类型以及允许 Null 值（非空约束）等信息，如图 2-13 所示。

(3) 各列创建完成后，单击工具栏中的【保存】按钮，系统自动打开"选择名称"对话框，输入新建表的名称"Student"。

(4) 单击【确定】按钮，则在数据库中新建了 Student 表。在"对象资源管理器"窗口中展开数据库 StudentDB 下的"表"节点，并展开新建的数据表 Student 的列，可以看到新建完的数据表的各字段。

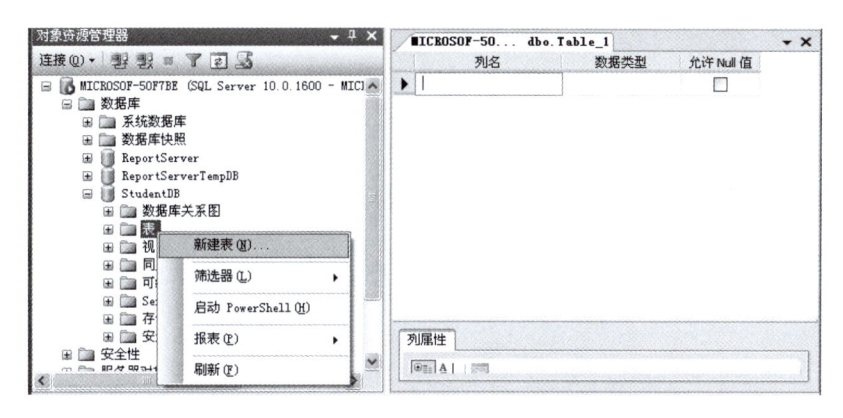

图 2-12 创建数据表

下面对操作中遇到的一些术语逐一说明：

• 字段名：又称为列名，最大长度可达 128 个字符，可以用汉字、英文字母、数字、下划线以及其他符号来命名，同一张表中列名必须唯一。

• 数据类型：字段的数据类型，可以从下拉框中选择相应的类型，并可以编辑 char 和 varchar 型的长度以及 numeric 和 decimal 型的精度。也可以选择自定义的数据类型。

• 允许 Null 值：是复选框，选中表示该列在插入和修改记录时可以不赋值。

• 默认值或绑定：是指向表中插入记录或修改记录时，如果未对该列赋值，系统会自动为此列赋上默认值。

• 说明：是对此列的注释。

图 2-13 Student 表中各列的创建

【拓展任务】

(1)采用图形化工具在 StudentDB 数据库中创建班级表(Class)，表结构见表 2-18。

表 2-18 Class 数据表结构

序 号	字段名	字段类型	字段长度	非空约束	备 注
1	Classno	char	8	非空	班级编号
2	Classname	varchar	50	非空	班级名称
3	Num	int		非空	班级人数
4	Pno	char	4	非空	专业编号

(2)采用图形化工具在 StudentDB 数据库中创建专业表(Professional)，表结构见表 2-19。

表 2-19 Professional 数据表结构

序 号	字段名	字段类型	字段长度	非空约束	备 注
1	Pno	char	4	非空	专业编号
2	Pname	varchar	80	非空	专业名称

【小技巧】

(1)尽可能在创建表时在列属性中输入列的说明信息。

(2)同一数据表中,列名不能相同。

(3)用户命名表和列名称时不能使用 SQL 语言中的保留关键字,如 SELECT、CREATE 或 NAME 等。

子任务 2.2 使用 CREATE TABLE 语句创建数据表

【任务需求】

使用 T-SQL 语句方式创建数据表 Student。

【任务分析】

除了使用图形化工具操作创建数据表结构外,还可以使用 SQL 语句完成数据表的创建。

【任务实现】

(1)单击 SSMS 工具栏上的【新建查询】按钮,在窗口的右半部分打开一个新的"SQL Query"标签页,同时工具栏中新增一个"SQL 编辑器"工具栏。

(2)在"SQL Query"标签页的窗口中输入以下程序代码。

```
USE StudentDB
GO
CREATE TABLE Student
(
    Sno          char(10)      NOT NULL,
    Sname        varchar(50)   NOT NULL,
    Ssex         char(2)       NOT NULL,
    Sbirthday    datetime      NULL,
    EntranceTime datetime      NOT NULL,
    ClassNo      char(8)       NOT NULL
)
```

(3)在"SQL 编辑器"工具栏上单击按钮 ！执行(X),则执行该程序代码,并在下方"消息"标签页中显示"命令已成功完成"。在"对象浏览器"中逐级展开数据库的各节点,可以看到创建的新表 Student 的结构,如图 2-14 所示。

(4)单击工具栏上的【保存】按钮,则可以将程序代码保存到指定的路径下。

【程序说明】

本段程序的主要功能是创建 Student 数据表的表结构。由于要在数据库 StudentDB 中创建数据表,因此首先用 USE StudentDB 打开数据库 StudentDB。而后出现的 CREATE TABLE 是创建表的关键字,后面是创建的数据表的名称 Student。在后面的小括号中是表结构的具体定义,它是创建表的主体部分。根据任务要求依次创建了 Sno、Sname、Ssex、Sbirthday、EntranceTime 以及 ClassNo 六个字段,并且为每个字段定义了各自的数据类型、长度以及是否允许为空的属性,各个字段的定义用西文字符","分隔。比如:"Sno char(10) NOT NULL,"的含义表示字段的名称是 Sno,数据类型是 char,长度为 10 个字节,不允许空值。

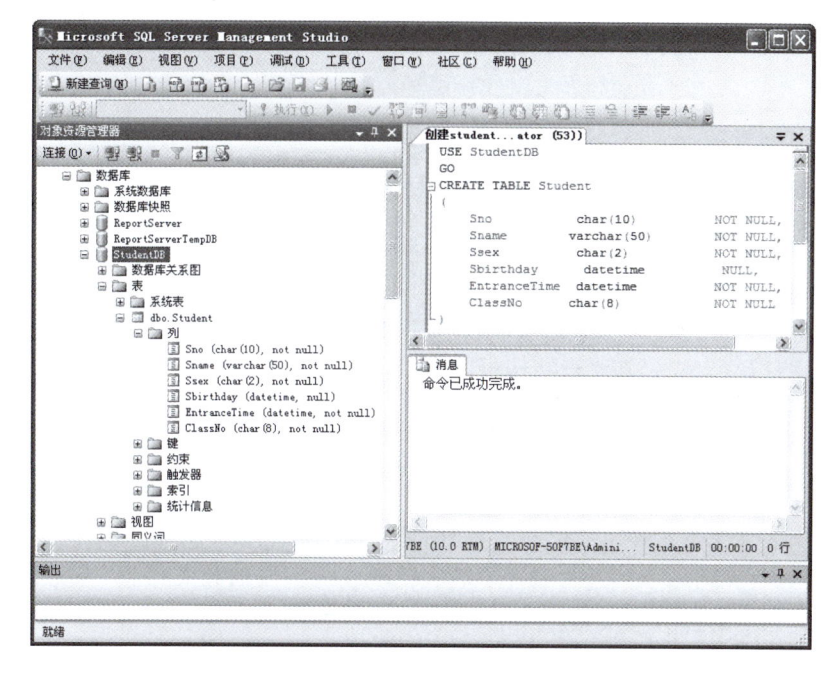

图 2-14 使用 CREATE TABLE 语句创建数据表

【拓展任务】

(1) 使用 CREATE TABLE 语句在 StudentDB 数据库中创建课程表(Course),表结构见表 2-20。

表 2-20　　　　　　　　　　　　Course 数据表结构

序 号	字段名	字段类型	字段长度	非空约束	备 注
1	Cno	varchar	7	非空	课程编号
2	Cname	varchar	30	非空	课程名称
3	Credits	real		非空	学分
4	Cnature	varchar	30	非空	课程性质

(2) 使用 CREATE TABLE 语句在 StudentDB 数据库中创建成绩表(Result),表结构见表 2-21。

表 2-21　　　　　　　　　　　　Result 数据表结构

序 号	字段名	字段类型	字段长度	非空约束	备 注
1	Cno	char	7	非空	课程编号
2	Sno	char	10	非空	学号
3	Result	real		非空	成绩
4	Semester	varchar	20	非空	学年

【小技巧】

(1) 数据表是数据库对象之一,在使用 SQL 语句进行创建表的操作之前,要先使用"USE 数据库名"打开要操作的数据库。

(2) 对于在 SQL Server 窗口中编辑的代码可以将其保存为脚本文件,以方便用户后续的调用,保存后的文件的后缀名为.sql,该文件是一组 T-SQL 语句的集合。

子任务 2.3　使用图形化工具修改数据表结构

【任务需求】

使用 Management Studio 图形化工具修改 Student 数据表结构,为数据表增加 Address 字段,数据类型为 char,长度为 50,允许为空值。

【任务分析】

在数据库的使用过程中,经常会发现原来创建的表可能需要增加一个字段或者更改字段的类型,如果用一个新表替换原来的表,将会造成表中数据的丢失。SQL Server 2008 为我们提供了修改表结构的方法。修改表结构可以采用图形化工具,也可以采用代码方式完成。本任务采用图形化工具完成。

【任务实现】

(1)在"对象资源管理器"中展开"StudentDB"节点中的"表"节点,右击"dbo.Student"数据表,从弹出的快捷菜单中选择"设计"命令,如图 2-15 所示。

(2)打开"修改表结构"对话框,在其中输入 Address 字段的相关信息,当完成修改表的操作后,单击工具栏上的【保存】按钮。

【拓展任务】

(1)将表 2-18 的 Class 数据表中的字段 Num 的数据类型由 int 修改为 tinyint。

(2)为表 2-19 的 Professional 数据表增加一个非空字段"系部编号(DeptNo)",数据类型是 char,长度是 2。

【小技巧】

(1)各个字段的数据类型可以通过下拉列表框进行选取,也可以手动输入,这样能更快地完成数据表的修改。

(2)如果要插入、删除或者改变列的顺序,则可以右击数据表的某列,通过弹出的快捷菜单对表进行相关操作,如图 2-16 所示。

图 2-15　修改表结构

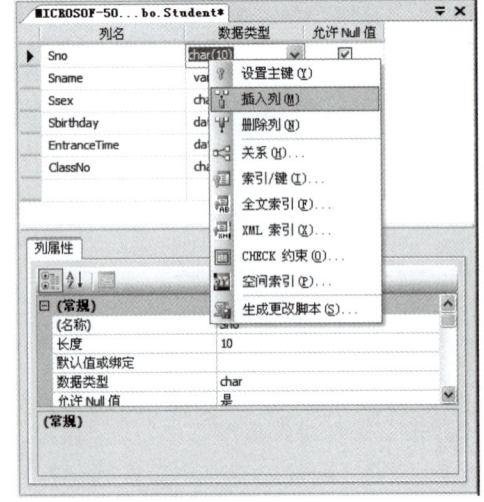

图 2-16　插入列

(3)可以打开菜单"工具"→"选项",在打开的"选项"对话框中选择"Designers"标签,勾选"阻止保存要求重新创建表的更改",则可以阻止他人对数据表结构的修改,如图 2-17 所示。

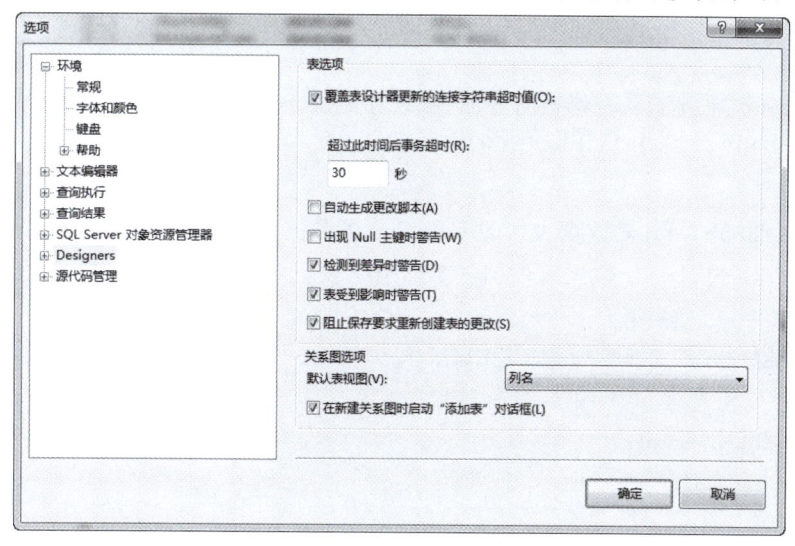

图 2-17 阻止对数据表结构的修改

子任务 2.4 使用 ALTER TABLE 语句修改数据表结构

【任务需求】

使用 ALTER TABLE 语句修改 Student 数据表的结构。

(1)增加 Email 和 Spassword 字段,其中 Email 字段的数据类型为 varchar,长度为 20;Spassword 字段的数据类型为 varchar,长度为 50。

(2)修改 Address 字段的数据类型为 varchar(100)。

(3)删除 Spassword 字段。

【任务分析】

除了使用图形化工具操作修改数据表结构外,还可以使用 SQL 语句中的 ALTER TABLE 完成数据表结构的修改。

使用 SQL 语句修改数据表的语法格式为:

ALTER TABLE <表名>

[ALTER COLUMN <列名> <新数据类型>]

[ADD <新列名> <数据类型>]

[DROP COLUMN <列名>]

【任务实现】

在查询窗口编写如下代码:

```
USE StudentDB
GO
ALTER TABLE Student
ADD Email varchar(20)              --增加 Email 字段
ALTER TABLE Student
ADD Spassword varchar(50)          --增加 Spassword 字段
ALTER TABLE Student
```

ALTER COLUMN Address varchar(100)   --修改 Address 字段
ALTER TABLE Student
DROP COLUMN Spassword   --删除 Spassword 字段

【程序说明】

上述语句分别完成了字段信息的增加、修改和删除。使用 ALTER TABLE 时,每次只能添加、修改或者删除一列,所以上述代码需分四次执行。

【拓展任务】

(1)将表 2-20 的 Course 数据表中的字段 Cno 的数据类型由 varchar 改为 char。

(2)为表 2-21 的 Result 数据表增加一个非空字段"学期(Term)",数据类型是 tinyint。

【小技巧】

(1)在增加列时,不需要关键字 COLUMN。

(2)如果需要同时增加多个列,代码还可以写成:

ALTER TABLE Student
ADD Email varchar(20),Spassword varchar(50)

子任务 2.5　管理数据表

【任务需求】

新建数据表 Department,表结构见表 2-22。创建完成后将 Department 数据表重命名为 MyDepartment,再将 MyDepartment 数据表删除。

表 2-22　　　　　　　　　　　Department 数据表的字段信息

序　号	字段名	字段类型	字段长度	非空约束	备　注
1	DeptNo	char	2	非空	系部编号
2	DeptName	varchar	50	非空	系部名称

【任务分析】

根据任务要求,首先需要创建数据表 Department(此处代码略),而后修改数据表的名称,最后将其删除。要特别注意的是,删除数据表后,表的结构和数据都将被永久性地删除。此处既可以在图形化界面中操作完成,也可以使用 SQL 语句的方式完成,本节重点介绍语句的方式。

1. 使用存储过程 sp_rename 重命名数据表,语法格式为:

sp_rename ′旧表名′,′新表名′

2. 使用 DROP TABLE 语句删除数据表,语法格式为:

DROP TABLE 数据表名

【任务实现】

在查询窗口编写如下代码:

USE StudentDB
GO
EXEC sp_rename ′Department′,′MyDepartment′   --将数据表更名为 MyDepartment
GO
DROP TABLE MyDepartment   --删除数据表 MyDepartment
GO

【程序说明】

可以使用系统存储过程 sp_rename 来重命名数据表，执行存储过程需要使用 EXEC 命令来调用，具体内容后续项目中会详细介绍。

数据表删除后，里面的数据也将一并删除，因此执行删除操作一定要特别留意。

【拓展任务】

分别采用代码和图形工具的形式完成下列任务：

(1)创建数据表 Teaching，结构见表 2-23。

表 2-23　　Teaching 数据表的字段信息

序　号	字段名	字段类型	字段长度	非空约束	备　注
1	Tid	int		非空	授课编号
2	Tno	char	4	非空	教师编号
3	Cno	char	7	非空	课程编号
4	Cnum	int		非空	教学时数

(2)将数据库中的数据表 Teaching 重命名为 MyTeaching。

(3)删除数据表 MyTeaching。

【小技巧】

(1)如果删除的表与其他的表之间有依赖关系，则该表不能被删除。

(2)删除数据表只能删除用户表，不能删除系统表。

子任务 2.6　为数据表增加记录

【任务需求】

为数据表 Student 增加记录，记录信息如图 2-18 所示。

	Sno	Sname	Ssex	Sbirthday	EntranceTime	Classno	Email	Address
1	1101011101	张劲	男	1993-03-12 00:00:00.000	2011-09-06 00:00:00.000	11010111	1101011101@sohu.com	江苏省泰州市小海镇温泉村二组
2	1101011102	金伟	男	1994-04-15 00:00:00.000	2011-09-06 00:00:00.000	11010111	1101011102@sohu.com	江苏省太仓市浮桥镇华源城
3	1101011103	李健	男	1993-06-29 00:00:00.000	2011-09-06 00:00:00.000	11010111	1101011103@qq.com	徐州市铜山市汉府雅园4号楼
4	1101011104	王红青	女	1994-08-24 00:00:00.000	2011-09-06 00:00:00.000	11010111	1101011104@hotmail.com	如皋市常青镇蔡之村22组
5	1101011105	谭辉	男	1994-06-16 00:00:00.000	2011-09-06 00:00:00.000	11010111	1101011105@163.com	江苏省句容市清玉小区

图 2-18　要增加的记录信息

【任务分析】

前面任务中完成了数据表 Student 表结构的创建，如果要实现数据表存储数据的功能，还需给表中增加相应的数据。本任务是为 Student 数据表增加数据信息，图 2-18 中的每一行代表数据表中的一条记录，而每一列代表数据表中的一个字段。与创建数据表类似，向数据表中增加记录信息既可以采用图形化界面操作完成，也可以使用 SQL 语句创建，本任务先介绍第一种方式。

【任务实现】

(1)在打开的“对象资源管理器”窗格中，右击“表”节点下的“dbo. Student”子节点，在弹出的快捷菜单中选择“编辑前 200 行”命令，如图 2-19 所示。

(2)在打开的表内容标签页中，显示了当前表结构，单击表格按照任务要求逐条填写数据信息。增加记录过程如图 2-20 所示。

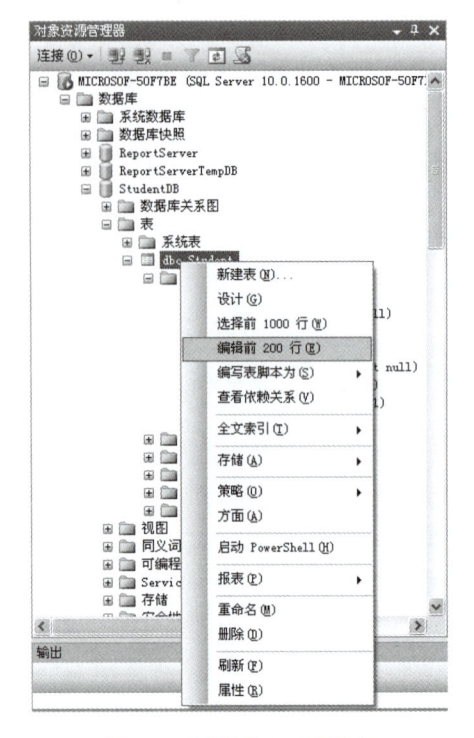

图 2-19 "编辑前 200 行"命令

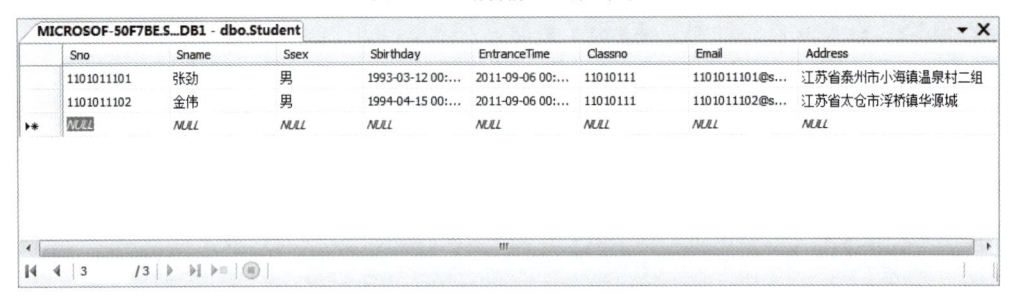

图 2-20 图形化界面增加记录

【拓展任务】

在数据库 StudentDB 中,采用图形化界面方式为 Class 数据表增加记录,如图 2-21 所示。

	Classno	Classname	Num	Pno
1	11010111	计应1111	34	0101
2	11010114	软件1111	56	0103
3	11020111	物流1111	45	0201
4	11020211	会计1111	42	0202
5	12010111	计应1211	36	0101

图 2-21 Class 数据表的记录信息

【小技巧】

(1) 录入日期时间型(datetime)数据时可以使用斜杠(/)、连字符(-)或句号(.)作为年月日的分隔,例如上述任务中 Sbirthday 和 EntranceTime 字段。

(2) 整行数据没有录入完时,会出现 1101011102 图标,表示单元格已经修改,但是还没有提交到数据库,继续录入其他数据即可。

任务 3　设置数据表的完整性

预备知识

1. 数据完整性的基本概念

数据完整性是指数据库中数据的正确性和一致性，它是衡量数据库设计好坏的一项重要指标。根据数据完整性机制所作用的数据库对象和范围不同，数据完整性可以分为实体完整性、域完整性、引用完整性和用户自定义完整性四种类型。

（1）实体完整性

实体完整性是指表中行的完整性，实体即表中的记录，要求在表中不能存在完全相同的行（记录），而且每张数据表都要具有一个非空且不重复的主键值。例如 Student 表中，Sno 为主键且不能为空。

约束方法：唯一约束、主键约束和标识列（identity）。

（2）域完整性

域完整性指列的值域的完整性，要求向表中指定列输入的数据必须具有正确的数据类型、格式以及有效的数据范围。例如，数据表 Student 中性别的字段的值应为"男"或"女"，如果输入了超出此范围的数据，系统就会拒绝接受。

约束方法：限制数据类型、检查约束、外键约束、默认值、非空约束和规则。

（3）引用完整性（参照完整性）

引用完整性是指表间的规则，作用于有关联的两个或两个以上的表，用来确保表之间的数据的一致性，它通过主键（PRIMARY KEY）约束和外键（FOREIGN KEY）约束来实现，使表中的键值在相关表中保持一致。例如表 Student 和表 Class 设置了关系后，删除表 Class（父表）的记录时，如果表 Student（子表）存在相关的记录则会报错。设置引用完整性后，在用户插入、删除或更新记录时，系统将保持表间已定义的关系，确保相关表中数据的一致性。

约束方法：外键约束。

（4）用户自定义完整性

由于每个用户的数据库都有自己独特的业务规则，所以系统必须有一种方式来实现定制的业务规则，即用户定义完整性约束。该约束使用户得以定义不属于以上三种完整性分类的业务规则。用户定义完整性可以通过用户定义数据类型、规则以及触发器等来实现。

SQL Server 2008 提供了约束、默认值、规则、触发器和存储过程等维护机制来保证数据库中的数据的正确性和一致性。这里主要介绍约束、默认值以及规则的实现方式，触发器和存储过程的实现方式在后面进行介绍。

2. 约束的含义及分类

约束是 SQL Server 2008 提供的保持数据完整性的一种方法，它通过限制字段中的数据、记录中的数据及表之间的数据确保数据的正确性和有效性。

在 SQL Server 2008 中有六种约束：非空约束、默认约束、检查约束、主键约束、唯一约束和外键约束。各种约束的作用见表 2-24。

表 2-24　　　　　　　　　　　　　　约束的类型和作用

约束类型	说明	约束对象	关键字
非空约束	定义某列不接受空值	列	NOT NULL
默认约束	为表中某列建立默认值	列	DEFAULT
检查约束	为表中某列能接受的值进行限定	列	CHECK
主键约束	在表中定义主键来唯一标识每行记录	行	PRIMARY KEY
唯一约束	限制表的非主键列不允许输入重复值	行	UNIQUE
外键约束	可以为两个相互关联的表建立关系	表与表之间	FOREIGN KEY

【社会责任】

数据完整性是指保存在数据库中数据的正确性及相关数据之间的一致性。在数据库中创建各类约束确保数据的完整性就如同我们每个个体需要遵守各类的规章制度和法律法规一般:在校期间作为学生,需要遵守学校的各项规章制度;实习就业后作为企业员工,需要遵守行业、企业的职业规范。比如在参加全国计算机等级考试的过程中,考生需要遵守考场的规则,服从监考人员的管理。考试开始后 15 分钟内不允许离开考场,如果考生不予理会的话,就会按照考试违纪论处。考场规则中对离开考场的时长做出了严格的限定,和数据库中的检查约束非常类似。再如:新冠疫情肆虐全世界,由于"一米线"在疫情防控中起到的重要作用,北京、广州、南京等地都将其写入地方立法,作为一种文明礼仪、文明习惯推广,倡导广大市民主动遵守。因此,作为社会的好公民应当尊重社会公德,遵循公共场所文明礼仪,各项行为要符合法律和道德的约束。

子任务 3.1　创建主键约束

【任务需求】

将数据表 Student 中的 Sno 字段设置为主键。

【任务分析】

主键约束主要用来强制数据的实体完整性,保证表中每条记录的唯一性。假如 Student 表中有这样两条记录(1101011101,张劲,男,1993-3-12,2011-9-6,11010111),(1101011102,张劲,男,1993-3-12,2011-9-6,11010111)。它们之所以被视为两条不同的记录,是因为 Sno 字段不一样。而 Sname 字段由于现实世界中存在同名的人而可能不唯一,不能作为表的主键字段。每张数据表只能设置一个主键,主键值必须唯一,主键可以是一列,也可以是多列的组合。对于多列组合的主键,某列值可以重复,但列的组合值必须唯一。Image 和 text 类型的列不能被定义为主键。在表中定义的主键列不能有重复的值。

主键约束一般在创建数据表结构的时候同时完成,可以使用图形化界面进行操作,也可以使用代码的方式。

【任务实现】

1. 采用图形化工具创建主键约束(数据表创建的基本步骤此处略)

(1)在"对象资源浏览器"窗格中,右击"dbo.Student"子节点,在弹出的快捷菜单上选择"设计"命令。

(2)在打开的标签页中,右击要设置为主键的列名 Sno,在弹出的快捷菜单中选择"设置主键"命令,如图 2-22 所示。正确设置完成后列名 Sno 左侧的图标显示为 。

图 2-22　在表设计器中定义主键

(3)保存对表的修改后,刷新"对象资源管理器"窗格中的节点"dbo.Student",展开其下的子节点"键",看到新产生的叶节点 PK_Student,就是之前创建的主键。采用图形化工具创建主键,主键名默认为 PK_表名。

2. 采用 SQL 语句创建主键约束

(1)创建表结构的同时创建主键约束

```
CREATE TABLE Student
(
    Sno          CHAR(10)        NOT NULL    PRIMARY KEY,    --学号
    Sname        VARCHAR(50)     NOT NULL,                   --姓名
    Ssex         CHAR(2)         NULL,                       --性别
    Sbirthday    DATETIME        NULL,                       --出生日期
    EntranceTime DATETIME        NOT NULL,                   --入学时间
    ClassNo      CHAR(8)         NOT NULL,                   --班级编号
    Email        VARCHAR(50)     NULL,                       --电子邮件
    Address      VARCHAR(100)    NULL                        --地址
)
```

(2)创建表结构后增加主键约束

添加主键约束的语法格式:

ALTER TABLE 表名

ADD CONSTRAINT 约束名

PRIMARY KEY [CLUSTERED|NON CLUSTERED] (列名[,...n])

CLUSTERED|NON CLUSTERED 表示在该列上建立聚集索引或非聚集索引,为可选项,括号中的列名表示在什么列上建立主键约束。

程序代码为(此处省略表结构创建代码):

```
ALTER TABLE Student
ADD CONSTRAINT PK_Sno PRIMARY KEY(Sno)
```

ALTER TABLE 是修改表的关键字,紧跟其后的是要修改的数据表的表名。ADD CONSTRAINT 表示增加一类约束,后面是约束的名称 PK_Sno,由于此处添加的是主键约束,建议使用 PK 作为约束名的前缀。PRIMARY KEY 是主键约束的关键字,括号中的 Sno 表示在该列上建立主键约束。

3. 向数据表增加数据,测试主键的作用

依次插入两条记录,分别为:

(1101011101,孙晓虎,男,1998-4-12,2011-9-6,11010111),

(1101011101,孙晓龙,男,1998-4-12,2011-9-6,11010111)

执行代码后,发现出错,原因是因为学号重复,违反了主键约束。

【拓展任务】

(1)在创建 Class 数据表结构的同时创建其主键。

(2)先创建 Professional 数据表的结构,再使用 ALTER TABLE 语句为其增加主键。

【小技巧】

创建表结构的同时创建主键约束时,如果不为其命名,系统会自动给其命名为 PK_随机编号。为了后期管理方便,也可以在定义主键的时候为其命名一个有意义的名字,如 PK_列名,代码如下:

Sno   CHAR(10)   NOT NULL CONSTRAINT   PK_Sno PRIMARY KEY,   --学号

子任务 3.2 创建检查约束

【任务需求】

将数据表 Student 中的 Ssex 字段限定为男或女。

【任务分析】

检查约束是对输入列的值设置检查条件,以限制不符合条件数据的输入,从而维护数据的域完整性。这个任务中要为 Ssex 字段设置检查约束。

【任务实现】

1. 采用图形化工具创建检查约束

(1)展开"对象资源管理器"窗格中的表"dbo.Student"节点,右击其子节点"约束",在弹出的快捷菜单中选取"新建约束"命令,如图 2-23 所示。

(2)在打开的"CHECK 约束"对话框中,修改约束的名称为 CK_Ssex,单击【表达式】框右侧 ... 按钮,打开"CHECK 约束表达式"对话框,输入约束条件"Ssex=′男′ OR Ssex=′女′",如图 2-24 所示。

图 2-23 新建约束   图 2-24 CHECK 约束及约束表达式对话框

(3)然后单击【确定】按钮,回到"CHECK 约束"对话框中,如图 2-25 所示。

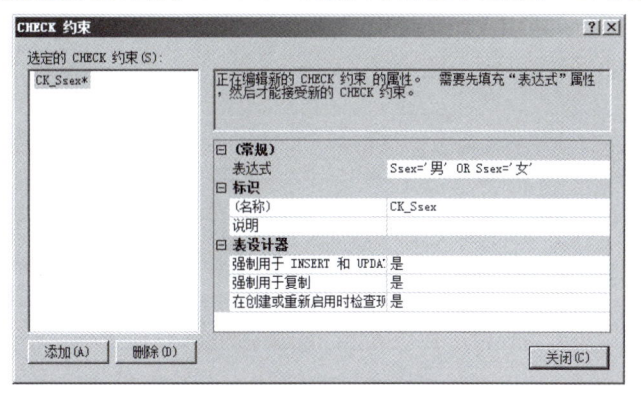

图 2-25　CHECK 约束对话框

(4)单击【关闭】按钮,关闭对话框。保存对表的修改后,刷新"对象资源管理器"窗格中的表"dbo.Student"节点,展开其下的子节点"约束",新产生的叶节点 CK_Ssex 就是新创建的检查约束。

2. 采用 T-SQL 语句创建检查约束

创建数据表的同时创建检查约束的方式此处不再赘述。创建表结构后增加检查约束的语法格式:

ALTER TABLE 表名
[WITH NOCHECK]
ADD CONSTRAINT 约束名
CHECK(检查约束的条件表达式)

其中,WITH NOCHECK 表示对表中现存数据不检查,为可选项。

程序代码为:

```
ALTER TABLE Student
ADD CONSTRAINT CK_Ssex CHECK ([Ssex]='男' OR [Ssex]='女')
```

3. 向数据表增加数据,测试检查约束的作用

当检查约束创建成功后,输入记录:

(1201011102,王明,male,1994-6-4,2010-9-12,12010111)

发现无法正常录入,因为记录中的性别字段值"male"违反了检查约束。

【程序说明】

此段程序的前提是表 Student 的表结构已经建立完毕。ADD CONSTRAINT 后面是约束的名称 CK_Ssex,由于这里添加的检查约束建议使用 CK 为前缀的约束名。

【拓展任务】

(1)为数据表 Student 的 Email 字段设置检查约束,要求必须包括@符号。
(2)为数据表 Class 的 Num 字段设置检查约束,要求人数必须在 15 人以上(包括 15 人)。
(3)为数据表 Teacher 的 PID 字段设置检查约束,要求长度为 15 位或者 18 位。

子任务 3.3　创建唯一约束

【任务需求】

为数据表 Teacher 的身份证号(PID)字段创建唯一约束,数据表 Teacher 的结构见表 2-25。

表 2-25　　　　　　　　　　　Teacher 数据表的字段信息

序 号	字段名	字段类型	字段长度	非空约束	备 注
1	Tno	char	4	非空	教师编号
2	Tname	varchar	50	非空	姓名
3	Tsex	char	2	非空	性别
4	Tbirthday	datetime		非空	出生日期
5	AdmittionTime	datetime			入校时间
6	PID	varchar	18	非空	身份证号
7	Ttitle	char	10		职称
8	Phone	varchar	20		电话
9	TPassword	varchar	50	非空	密码
10	DeptNo	char	2	非空	系部编号

【任务分析】

唯一约束用于指定一个列值或者多个列的组合值具有唯一性,以防止在列中输入重复的值。通常每个表只能有一个主键。因此,当表中已经有一个主键时,如果还需要保证其他字段值唯一,就可以使用唯一约束。如 Teacher 数据表中,除"Tno"字段要求唯一外,"PID"也要求唯一,就需要为"PID"字段建立一个唯一约束。

【任务实现】

1. 采用图形化工具创建唯一约束

(1)打开表设计器界面,右击字段 PID,在弹出的快捷菜单中选择"索引/键"命令,如图 2-26 所示。

(2)在打开的"索引/键"对话框中,单击【添加】按钮。在"常规"下的"类型"下拉列表框中选择"唯一键",单击"列"后的...按钮,在弹出的对话框中分别选择列名和排序顺序,单击确定返回"索引/键"对话框。在"标识"下的"名称"中修改唯一约束的名称为 UQ_PID,如图 2-27 所示。

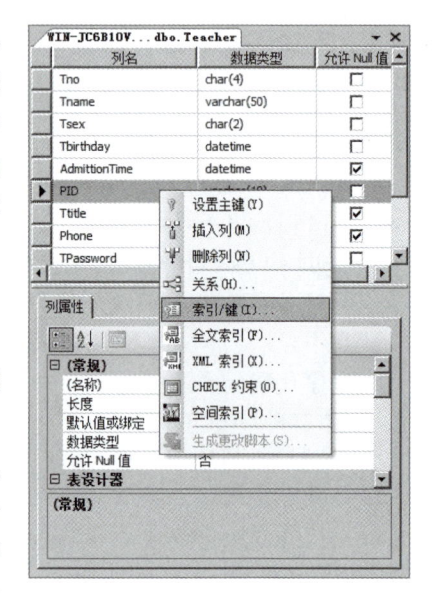

图 2-26　"索引/键"命令

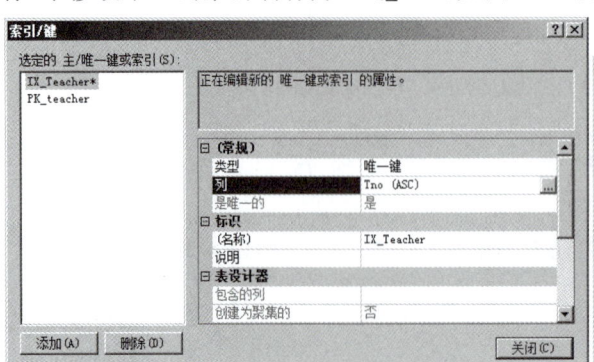

图 2-27　"索引/键"对话框

(4)对表结构的修改进行保存后,刷新"对象资源管理器"中的表"dbo.Teacher"节点,展开其下的子节点"键",看到新产生的叶节点 UQ_PID,就是刚才创建的唯一约束。

2. 采用 T-SQL 语句创建唯一约束

创建唯一约束的语法格式:

ALTER TABLE 表名

ADD CONSTRAINT 约束名

UNIQUE [CLUSTERED|NONCLUSTERED](列名[,...n])

这里使用 T-SQL 语句完成唯一约束的创建。

程序代码为:

ALTER TABLE Teacher
    ADD CONSTRAINT UQ_PID UNIQUE (PID)

试一试:当唯一约束创建成功后,输入记录(1101,张三,男,1969-06-09,2006-09-01,320522196906090021,副教授,13890679088)和记录(1102,李四,女,1969-06-09,2010-09-01,320522196906090021,副教授,13890679089)后,会出现什么情况?

【程序说明】

由于这里添加的是唯一约束建议使用 UQ 作为约束名的前缀。UNIQUE 是唯一约束的关键字,括号中的 PID 表示在该列上建立唯一约束。

唯一约束设定后,就可以保证在 PID 列上不会出现重复的值,从而保证该列不会出现相同的身份证号码出现。

【拓展任务】

为数据表 Student 增加一个身份证号(SID)字段,数据类型为 varchar,长度是 20,并将其设置为唯一约束。

【小技巧】

唯一约束可以是一列或多列的组合,一个表可以设置多个唯一约束,但只能设置一个主键约束,使用唯一约束的字段允许有空值,而使用主键约束的字段不允许有空值。

子任务 3.4 创建默认约束

【任务需求】

为数据表 Student 的性别字段(Ssex)设置默认值"男"。

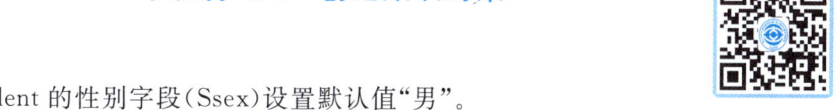

【任务分析】

用户在插入某条记录时,如果没有为某个字段输入相应的值,则该列的值就为空。如果该列设置了默认约束,当用户没有对某一列输入数据时,则将所定义的默认值自动赋值给该字段。默认约束是强制实现域完整性的一种手段。例如为 Student 数据表的 Ssex 字段设置默认值"男",那么即使该字段没有输入任何值,记录输入完成后也会获得该字段的默认值"男"。

【任务实现】

1. 采用图形化工具创建默认约束

(1)在"对象资源浏览器"中,右击"dbo.Student"子节点,在弹出的快捷菜单上选取"设计"命令,打开"表设计器"对话框,并在 Student 数据表标签页上单击列名 Ssex。

(2)在 Ssex 对应的列属性"常规"选项区中的"默认值或绑定"选项中输入默认值"男",如图 2-28 所示。

(3)保存对数据表的修改后,刷新"对象资源管理器"窗口中的节点"dbo.Student",展开其下的子节点"约束",看到新产生的叶节点 DF_Student_Ssex ,即之前创建的默认约束。

2. 采用 SQL 语句创建默认约束

创建默认约束的语法格式如下:

ALTER TABLE 表名

ADD CONSTRAINT 约束名

DEFAULT 默认值 [FOR 列名]

程序代码为:

 ALTER TABLE Student

 ADD CONSTRAINT DF_Ssex DEFAULT ′男′ FOR Ssex

图 2-28　默认值设置

3. 输入数据测试默认约束的作用

当默认约束创建成功后,输入记录(12010111101,孙晓虎,DEFAULT,1994-9-4,2012-9-12,12010111)。

记录输入完毕后关闭数据表,然后再打开数据表浏览,观察性别字段显示的情况,不难发现虽然没有输入相关字段的值,可是重新打开数据表的时候,默认值"男"已经进入数据表中。

【程序说明】

由于这里创建的是默认约束建议使用 DF 作为约束名的前缀,DEFAULT 是默认约束的关键字,表示在 Ssex 字段上建立默认约束。

默认约束设定后,即使该字段没有输入任何值,记录输入完成后也会获得该字段的默认值"男"。

子任务 3.5　创建外键约束

【任务需求】

为数据表 Student 的班级字段(Classno)设置外键。

【任务分析】

SQL Server 是关系型数据库,它的基本对象之一是数据表,而数据表并不是彼此孤立的,而是存在着内在的关系。如图 2-29 所示,我们根据班级编号字段不难找出 Student 表中的第一条记录"张劲"所在的班级名称是"计应 1111"。

为数据表创建关系就是通过 Class 表中的 Classno 字段和 Student 表中的 Classno 字段建立两表间的连接。其中 Class.Classno 是 Class 表中的主键,Student.Classno 是 Student 表中的外键,本任务实质也就是为表 Student 创建外键约束。外键约束主要用于强制引用完整性,使外键表中外键字段值与主键表中主键字段值保持一致。

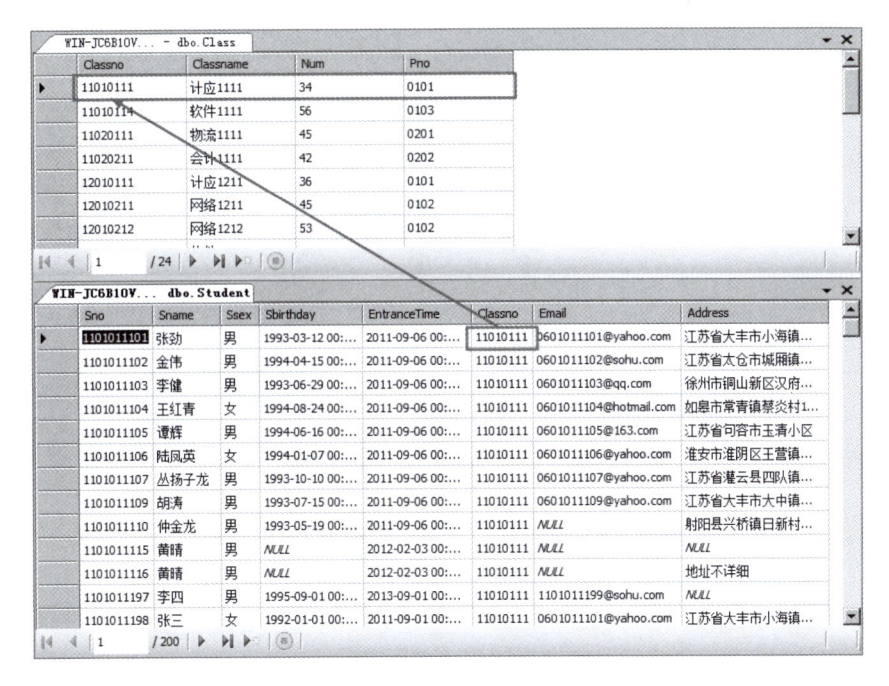

项目 2　创建教学管理系统数据库及数据表　57

图 2-29　数据表的外键

【任务实现】

1. 使用图形化方式创建外键

(1) 展开"对象资源管理器"窗格中的表"dbo.Student"节点，右击其子节点"键"，在弹出的快捷菜单中选取"新建外键"命令，如图 2-30 所示。

(2) 打开"外键关系"对话框，如图 2-31 所示。

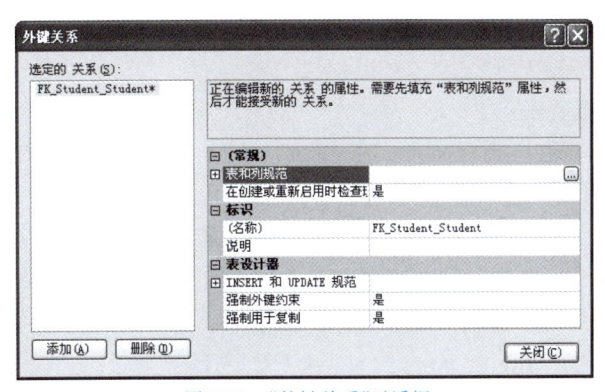

图 2-30　新建外键　　　　　图 2-31　"外键关系"对话框

(3) 单击【表和列规范】右侧的 按钮，打开"表和列"对话框。在"主键表"下拉列表框中选择"Class"，选择字段为"Classno"；在"外键表"的"Student"列下选择字段为"Classno"，会自动生成关系名"FK_Student_Class"，如图 2-32 所示。

(4) 单击【确定】按钮，返回"外键关系"对话框。单击【关闭】按钮，返回"Management Studio"窗口。单击工具栏上的 按钮，提示保存表之间的关系，单击【是】按钮，保存对外键的定义，此时两个表间的关系建立成功，如图 2-33 所示。

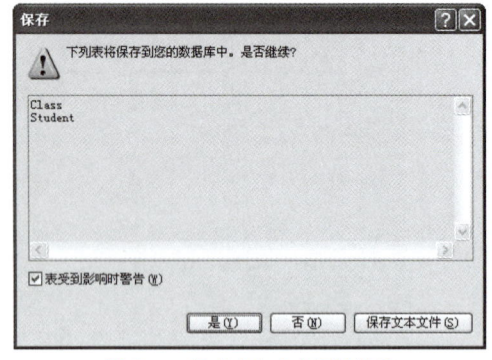

图 2-32 "表和列"对话框　　　　图 2-33 保存表与表之间的关系

(5) 刷新并展开"对象资源管理器"窗格中表"dbo.Student"节点的子节点"键",会看到新建了一个名为 FK_Student_Class 的外键。

2. 使用 T-SQL 语句创建外键。

用 ALTER TABLE 语句也可以创建外键约束,语法格式如下:

ALTER TABLE 表名

ADD CONSTRAINT 约束名

FOREIGN KEY(列名[,...n])

REFERENCES 要联系的表(要联系的列[,...n])

[ON DELETE CASCADE|ON UPDATE CASCADE]

其中,ON DELETE CASCADE 表示级联删除,即父表中删除被引用行时,也将从引用表中删除引用行;ON UPDATE CASCADE 表示级联更新,即父表中更新被引用行时,也将在引用表中更新引用行。

程序代码如下:

ALTER TABLE Student

　　ADD CONSTRAINT FK_Student_Class FOREIGN KEY(Classno)

　　REFERENCES Class(Classno)

【拓展任务】

创建数据表 Teacher 和 Department 之间的关系,并建立数据库关系图显示两者关系。

【小技巧】

(1)约束名的取名规则建议按照一定的规范设定,不要随意命名,这样容易进行后续的维护。约束名的取名规则推荐采用:约束类型_约束字段,如:

主键(Primary Key)约束:如 PK_Sno

唯一(Unique Key)约束:如 UQ_SID

默认(Default Key)约束:如 DF_Address

检查(Check Key)约束:如 CK_Sbirthday

外键(Foreign Key)约束:如 FK_Student_Class

(2)约束可以在创建表结构的时候添加,也可以在创建表结构后增加。但是一般在插入数据前就要添加好相关的约束,否则之前录入的数据会存在违反约束的情况。

(3)默认约束不能添加到时间戳 timestamp 数据类型的列或标识列上,也不能添加到已经具有默认值设置的列上,不论该默认值是通过约束还是绑定实现的。

项目小结

本项目主要介绍了数据库的创建与管理、数据表的创建与管理以及保持数据表中数据完整性的几种实现方式。

数据库的创建既可以在 SQL Server Management Studio 的图形化界面下进行，也可以使用 CREATE DATABASE 语句实现。一个数据库至少包括一个数据文件和一个事务日志文件。数据库建立后可以修改其中的选项，当数据库已经失去存在价值时也可以将其删除。

数据表的创建有两个基本步骤：一是创建数据表的结构，二是数据表数据的添加。创建表结构时既可以在图形化的界面下进行，也可以利用 CREATE TABLE 语句来实现。数据表的修改包括数据表中列的属性的修改，数据列的增加、删除以及重命名等。

数据完整性是指数据库中数据的正确性和一致性，是衡量数据库质量的重要指标之一。数据完整性可以分为以下四种类型：实体完整性、域完整性、引用完整性和用户自定义完整性。约束是 SQL Server 2008 提供的自动保证数据完整性的一种方法，它可以分为非空约束、默认约束、检查约束、主键约束、唯一约束和外键约束。

同步练习与实训

一、选择题

1. 关系数据表的关键字可由（　　）字段组成。
   A. 一个　　　　B. 两个　　　　C. 多个　　　　D. 一个或多个

2. 下列叙述错误的是（　　）。
   A. ALTER TABLE 语句可以添加字段
   B. ALTER TABLE 语句可以删除字段
   C. ALTER TABLE 语句可以修改字段名称
   D. ALTER TABLE 语句可以修改字段数据类型

3. SQL Server 中用户自己建立的 TestDB 数据库属于（　　）。
   A. 用户数据库　　B. 系统数据库　　C. 数据库模板　　D. 数据库管理系统

4. 主键用来实施（　　）。
   A. 实体完整性　　　　　　　　B. 引用完整性
   C. 域完整性　　　　　　　　　D. 用户自定义完整性

5. SQL Server 系统中的所有服务器级系统信息存储于（　　）数据库。
   A. master　　　B. model　　　C. tempdb　　　D. msdb

6. SQL Server 数据库文件有三类，其中日志文件的后缀为（　　）。
   A. .ndf　　　　B. .ldf　　　　C. .mdf　　　　D. .idf

7. 如果在 SQL Server 中创建一个员工信息表，其中员工的医疗保险和养老保险两项之和不能大于薪水的 1/3，这一项规则可以采用（　　）来实现。
   A. 主键约束　　B. 外键约束　　C. 检查约束　　D. 默认约束

8. 在 SQL 中，建立表用的命令是（　　）。
   A. CREATE TABLE　　　　　　B. CREATE RULE
   C. CREATE VIEW　　　　　　D. CREATE INDEX

9. 数据完整性是指（　　）。

A. 数据库中的数据不存在重复

B. 数据库中所有的数据格式是一样的

C. 所有的数据全部保存在数据库中

D. 数据库中的数据能够正确地反映实际情况

10. 准备开发一个新数据库，这个数据库包含 SalesOrderDetail 表和 Product 表。需要确保 SalesOrderDetail 表中已引用的所有产品在 Product 表中有相应的记录。需创建的约束为（　　）。

A. 主键约束　　　　B. 外键约束　　　　C. 唯一约束　　　　D. 检查约束

二、填空题

1. T-SQL 中的整数数据类型包括 bigint、_____、_____ 和 smallint 等四种。

2. 数据完整性包括实体完整性、域完整性、_____ 和用户自定义完整性。

3. 表的 CHECK 约束是对 _____ 的有效性检验规则。

4. 唯一标识表中的记录的一个或者一组列被称为 _____。

5. 有 T-SQL 语句：ALTER TABLE ABC ADD CONSTRAINT PRIMARYKEYS CHECK (CH＞300)，则它的执行结果是：为表 ABC 添加 _____ 约束，约束名为 _____。

三、实训题

1. 创建一个图书管理数据库，要求如下：

数据库名：library

物理文件位置：C 盘 db 文件夹下

数据文件的逻辑文件名为 library，系统文件名为 library.mdf，文件的初始大小为 5 MB，数据允许自动增长，最大数据容量为 1 000 MB。

事务日志文件的逻辑文件名为 library_log，系统文件名为 library_log.ldf，按 10％ 的比例增长，最大容量为 5 MB。

2. 创建图书管理数据库中的数据表结构，要求如下：

(1) 读者信息（表 2-26、表 2-27）

表 2-26　　　　　　　　　　　　　　读者信息表 Readers

字段名	数据类型及长度	约　束	备　注
RID	int	主键，标识列	读者编号
RName	varchar(50)	非空	读者姓名
RSex	char(2)	非空，只取男、女，默认值为男	读者性别
RTypeId	int	非空，与读者类型表中外键关联	读者类型编号
RAddress	varchar(50)	默认值为地址不详	家庭住址
Email	varchar(50)	必须包含@符号	电子邮件

表 2-27　　　　　　　　　　　　　　读者类型表 ReaderType

字段名	数据类型及长度	约　束	备　注
RTypeId	int	主键，标识列	读者类型编号
RType	varchar(30)	非空	读者类型名称
Num	tinyint	非空，必须大于等于零	可借数量

(2)图书信息(表 2-28、表 2-29)

表 2-28　　　　　　　　　　　图书信息表 Books

字段名	数据类型及长度	约　　束	备　注
BID	int	主键,标志列,必填	图书编号
Title	varchar(200)	非空	图书名称
Author	varchar(50)	非空	图书作者
PubId	int	非空,与出版社信息表中外键关联	出版社编号
PubDate	smalldatetime	非空,必须小于当前时间	出版时间
ISBN	varchar(200)	非空,唯一约束	ISBN
Price	money	非空,必须大于零	单价
CategoryId	int	非空,与图书类型信息表外键关联	图书种类编号

表 2-29　　　　　　　　　　图书类型信息表 BookCategory

字段名	数据类型及长度	约　　束	备　注
CateoryId	int	主键,标志列,必填	图书类型编号
Name	varchar(20)	非空	图书类型名称

(3)出版社信息(表 2-30)

表 2-30　　　　　　　　　　出版社信息表 Publishers

字段名	数据类型及长度	约　　束	备　注
PID	int	主键,标识列	出版社编号
PName	varchar(50)	非空	出版社名称

(4)图书借阅信息(表 2-31 和表 2-32)

表 2-31　　　　　　　　　　图书借阅信息表 Borrow

字段名	数据类型及长度	约　　束	备　注
RID	int	复合主键,与读者信息表有外键关联	读者编号
BID	int	复合主键,与图书信息表有外键关联	图书编号
LendDate	datetime	复合主键,默认值为当前日期	借阅日期
ReturnDate	datetime	默认值为空	实际归还日期

表 2-32　　　　　　　　　　图书罚款信息表 Penalty

字段名	数据类型及长度	约　　束	备　注
RID	int	复合主键,必填,与读者信息表有外键关联	读者编号
BID	int	复合主键,必填,与图书信息表有外键关联	图书编号
PDate	datetime	复合主键,默认值为当前日期,必填	罚款日期
PType	int	1 表示过期,2 表示损坏,3 表示遗失,非空	罚款类型
Amount	money	必须大于零,非空	罚款金额

3.按照上表中约束栏中的说明,建立数据表的各类约束。

4. 向每张数据表至少插入两条测试记录,如图 2-34~图 2-40 所示。

RID	RName	RSex	RtypeId	Address	Phone	Email
2	刘晶晶	女	1	上海浦东新区	13567891234	jingjing@sina.com
3	张三	男	2	北京朝阳区	18034521672	bobo3@qq.com

图 2-34　读者信息表中的数据

RTypeId	Rtype	Num
1	大专生	8
2	本科生	10

图 2-35　读者类型表中的数据

BID	Title	Author	PubId	PubDate	ISBN	Price	CategoryId
4939	企划手册	屈云波	16	2003-09-01 00:...	9787115145543	32.8000	79
4942	Fireworks MX2004标准教程	胡崧	28	2004-01-01 00:...	9787115155108	29.0000	82

图 2-36　图书信息表中的数据

categoryid	Name
73	文学
74	艺术

图 2-37　图书类型信息表中的数据

PID	PName
1	北京大学出版社
2	北京航空航天大学出版社

图 2-38　出版社信息表中的数据

RID	BID	LendDate	ReturnDate
2	4939	2012-01-14 00:00:00.000	2012-03-21 00:00:00.000
2	4942	2011-03-10 00:00:00.000	2011-04-08 00:00:00.000

图 2-39　图书借阅信息表中的数据

RID	BID	PDate	PType	Amount
2	4939	2012-03-21 00:00:00.000	1	6
2	4943	2011-09-10 00:00:00.000	1	6

图 2-40　图书罚款信息表中的数据

思考:

1.为什么有些数据无法正常插入?数据插入的顺序是如何的?

2.查询网络资料,归纳总结 SQL Server 2019 新增的数据类型,并优化图书管理数据库的设计。

3.规则(Rule)是一种单独存储的独立的数据库对象,它可以对数据表的字段或用户自定义数据类型中的值进行限制。多张数据表的字段有相同限制的时候(例如某个字段必须大于零),可以考虑创建规则代替检查约束。请利用规则简化图书管理数据库的设计。

第二篇

使用数据库

项目 3　数据简单查询

学习导航

知识目标：
(1) 掌握 SELECT 语句的基本格式。
(2) 掌握 ORDER BY、TOP、DISTINCT 等子句的作用。

技能目标：
(1) 能够使用 SELECT 语句进行简单查询。
(2) 会运用常用的系统函数。
(3) 会进行模糊查询。

素质目标：
(1) 提高学生问题解决的能力。
(2) 引导学生树立合法进行查询的意识。

情境描述

数据查询是信息系统中最常见的功能之一，也是数据库技术之所以被广泛应用的重要原因之一，在 SQL Server 数据库中使用 SELECT 语句能从一张表或者多张表中获取有用的信息。为了缩小查询的范围，尽可能地查询出更有效的信息，可以使用 WHERE 子句对查询的数据进行筛选，比如要查询班级编号是"11010111"的男生的信息；为了对查询的结果进行排序，可以使用 ORDER BY 子句，比如要查询"平面设计"课程的选修成绩的前五名。另外，为了提高查询的效率，可以为经常查询的字段建立索引。

任务实施

任务 1　对数据进行简单查询

预备知识

关系数据库的基本运算

1. 关系数据库的基本运算

关系数据库的关系之间可以通过运算获取相关的数据，其基本运算的种类主要有投影、选择和连接运算，它们来自关系代数中的并、交、差、选择和投影等运算。

(1)投影

从一个表中选择一列或者几列形成新表的运算称为投影。投影是对数据表的列进行的一种筛选操作,新表的列的数量和顺序一般与原表不相同。在 SQL Server 中的投影操作通过 SELECT 子句中限定列名列表来实现。

例如:查询 Teacher 表的教师编号和姓名。

SELECT Tno 教师编号,Tname 姓名

FROM Teacher

(2)选择

从一个表中选择若干行形成新表的运算称为选择。选择是对数据表的行进行的一种筛选操作,新表的行的数量一般跟原表不相同。在 SQL Server 中的选择操作通过 WHERE 子句中限定记录条件来实现。

例如:查询 Student 表中 2000 年以后(包括 2000 年)出生的学生的学号和姓名。

SELECT Sno,Sname

FROM Student

WHERE Sbirthday>='2000-1-1'

(3)连接

从两个或两个以上的表中选择满足某种条件的记录形成新表的运算称为连接。连接与投影和选择不同,它的运算对象是多表。连接可以分为交叉连接、自然连接、左连接以及右连接等不同的类型。后面的项目中会详细介绍,这里仅介绍一个例子来加以说明:

例如:查询"计应 1711"班的学生的信息。

SELECT Sno,Sname

FROM Student INNER JOIN Class

ON Student.Classno=Class.Classno

WHERE Classname='计应 1711'

2. SELECT 语句的基本语法格式

SELECT select_list

[INTO new_table_name]

FROM table_list

[WHERE search_condition1]

[GROUP BY group_by_list]

[HAVING search_condition2]

[ORDER BY order_list[ASC | DESC]]

其中的参数的基本含义见表 3-1。

表 3-1　　　　　　　　　　　SELECT 语句的主要参数说明

参　　数	说　　明
select_list	用 SELECT 子句指定的字段的列表,字段间用逗号分隔。这里的字段可以是数据表或视图的列,也可以是其他表达式,如常量或 T-SQL 函数
new_table_name	新表的名称

(续表)

参　　数	说　　明
table_list	即数据来源的表或视图,还可以包含连接的定义
search_condition1	跟在 WHERE 子句后,表示记录筛选的条件
group_by_list	根据列中的值将结果进行分组
search_condition2	用于 HAVING 子句中对结果集的附加筛选
order_list[ASC │ DESC]	order_list 指定组成排序列表的结果集的列。ASC 和 DESC 关键字用于指定行是按升序排列还是降序排列

3. WHERE 子句的常用查询条件

SELECT 查询语句中的 WHERE 子句可以对查询的记录进行限定,当满足查询条件时就显示记录,而当不满足查询条件时就不显示记录,从而筛选出满足条件的记录。为了筛选出这些符合条件的记录,WHERE 子句中要使用各类查询条件,具体如下所示:

(1)使用比较运算符

比较运算符用来比较两个表达式的大小,主要的比较运算符有大于(>)、等于(=)、小于(<)、大于等于(>=)、小于等于(<=)、不大于(!>)、不小于(!<)以及不等于(<>或!=)。

【例 3.1】 查询所有成绩在 60 分以下的学生选课信息。

SELECT *

FROM Result

WHERE Result<60

(2)使用逻辑运算符

逻辑运算符主要有 AND、OR 和 NOT 三种,用户可以使用逻辑运算符组合筛选条件,从而查出所需数据。

【例 3.2】 查询职称为教授的女教师信息。

SELECT *

FROM Teacher

WHERE Ttitle='教授' AND Tsex='女'

【例 3.3】 查询"11010111"班或者是"11010211"班的学生信息。

SELECT *

FROM Student

WHERE Classno='11010111' OR Classno='11010211'

4. 使用字符匹配运算符

SQL Server 中提供了 LIKE 进行字符串的匹配运算,从而实现模糊查询。

【例 3.4】 查询 11 级而且学号尾号为 5 的学生的信息。

SELECT *

FROM Student

WHERE Sno LIKE '11%5'

5. 模糊查询

如果查询中筛选条件无法准确描述,但具有一定的规律,这种情况下可以使用模糊查询来解决。模糊查询中会用到一些通配符,具体种类见表 3-2。

表 3-2 通配符的种类

通配符	解释	示例	说明
_	仅替代一个字符	Sname LIKE '李_'	查找姓李的学生,且姓名是两个字
%	替代一个或多个字符	Sname LIKE '李%'	查找姓李的学生,且姓名是任意长度
[ ]	替代字符列表中的任何单一字符	Sname LIKE '[李,王]%'	查找姓李或者姓王的学生,且姓名是任意长度
[^]	不在字符列表中的任何单一字符	Sname LIKE '[^李,王]%'	查找既不姓李也不姓王的学生,且姓名是任意长度

因此要查询类似于"李健"这样的学生,需要使用通配符"_",筛选条件可以写成"Sname LIKE '李_'"。此处的 LIKE 关键字可以用来进行模糊查询。

【例 3.5】 查询姓"张""李"和"王"的教师信息。

SELECT *

FROM teacher

WHERE Tname LIKE '[张,李,王]%'

子任务 1.1 对查询的字段进行筛选

【任务需求】

查询所有学生的信息,包括学号、姓名和电子邮件三个字段。

【任务分析】

完成本任务可以使用 SELECT 语句。首先要确定数据来源,也就是 FROM 子句的内容,由于要查询的是学生的信息,确定表名是 Student。代码可以写成:

SELECT *

FROM Student

这里的"*"代表所有的字段。编码后显示如图 3-1 所示的效果。

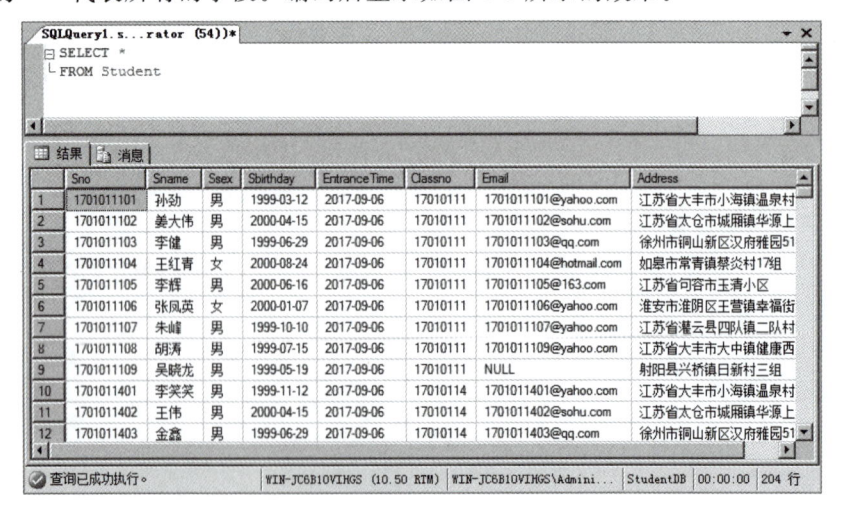

图 3-1 查询 Student 表的所有列

而后再根据要求,对查询的列进行筛选,分别将 Sno、Sname 和 Email 三个字段筛选出来,替换 SELECT 子句中的星号(*)。

【任务实现】

在查询窗口编写如下代码:

SELECT Sno,Sname,Email

FROM Student

【程序说明】

查询信息首先要确定数据的来源,即查询哪个数据库中的哪张数据表。程序中首先用 USE 语句选择教学管理系统数据库 StudentDB,并确定 FROM 后面的数据表名为 Student。而后根据任务需求,在 SELECT 子句中依次列出需要查询的字段,即 Sno、Sname 和 Email,各字段间用逗号加以分隔。执行结果如图 3-2 所示。

图 3-2 查询 Student 表的部分列

【拓展任务】

(1)查询学生的姓名和地址信息。

(2)查询学生的年龄(提示:要使用 YEAR 函数,通过学生的出生日期计算出年龄)。

(3)查询教师的职称信息。

【小技巧】

(1)查询数据前,可以使用 USE 语句或者通过单击"SQL 编辑器"工具栏中的【可用数据库】下拉列表选择被操作的数据库,如图 3-3 所示。

图 3-3 选择要进行操作的数据库

(2)FROM 子句指明的是数据的来源,可以是数据表,也可以是另一种数据库对象(如视图)。

(3)"*"通常在数据库后台查询中使用,前台编程时不建议使用,而应根据查询需求选择相关的列,从而缩小查询的范围。

(4)如果查询的列是系统关键字,如 Student 表中有一个字段是 name,则要在该字段的左右加上方括号,代码如下:

SELECT Sno,[name],Email

FROM Student

子任务 1.2　对查询的行进行筛选

【任务需求】

查询班级编号为"11010111"的学生信息,包括学号、姓名和电子邮件三个字段,并使用别名显示。

【任务分析】

通过前一个任务的学习,已经可以查询出所有学生的信息,但是如何查询某个班级的学生信息呢?这里可以使用 WHERE 子句构建筛选条件,即根据班级编号字段进行筛选。而后再将需要的字段在 SELECT 子句中列出来,进一步缩小查询的范围,此处还需要为字段定义别名。

【任务实现】

在查询窗口编写如下代码:

SELECT Sno 学号,Sname 姓名,Email 电子邮件

FROM Student

WHERE ClassNo='11010111'

【程序说明】

代码中的 SELECT 子句中为各个字段设置了别名,比如 Sno 字段后紧跟的"学号"就是该字段的别名,这样使得查询的结果更容易被普通用户所接受。WHERE 子句可以对查询的结果进行行筛选,此处是对学生所在的班级进行筛选。执行结果如图 3-4 所示。

图 3-4　查询"11010111"班的学生信息

【拓展任务】

(1)查询"11010111"班的女生信息,包括学号、姓名和电子邮件三个字段。

(2)查询"11010111"班、"11010112"班和"11020111"班的学生信息,包括学号和姓名字段。

(3)查询地址为空的学生的姓名和电子邮件。

【小技巧】

（1）为了使查询结果能更加清晰地显示，可以给字段加上别名。

（2）如果筛选条件有两个或者两个以上，各筛选条件之间可以使用逻辑运算符来进行连接。见表 3-3。

表 3-3　　　　　　　　　　　　　逻辑运算符的分类

逻辑表达式	含　义	示　例	说　明
AND	逻辑与	WHERE ClassNo='11010111' AND Ssex='女'	查询"11010111"班的女生
OR	逻辑或	WHERE ClassNo='11010111' OR ClassNo='11010112'	查询"11010111"班和"11010112"班的学生
NOT 或!	逻辑非	WHERE NOT ClassNo='11010111' 或者写成： WHERE ClassNo! ='11010111'	查询班级编号不是"11010111"的学生

（3）如果筛选条件是围绕同一个字段的，如查询"11010111"班和"11010112"班的学生都是围绕 ClassNo 字段进行筛选，则可以运用集合运算 IN。筛选条件可以写成"WHERE ClassNo IN('11010111'，'11010112')"。

（4）查询时，还可以通过 DISTINCT 关键字来消除重复行。

例如查询选修课程的所有学生的学号，可以写出如下代码：

SELECT Sno 学号

FROM Result

不难发现，由于有的学生选了多门课程，结果集中得到了许多学号相同的记录，如图 3-5 所示。

这时就可以使用 DISTINCT 关键字来消除重复记录，可以在需要去除重复值的字段前添加此关键字，于是代码更改为：

SELECT DISTINCT Sno 学号

FROM Result

代码执行结果如图 3-6 所示。

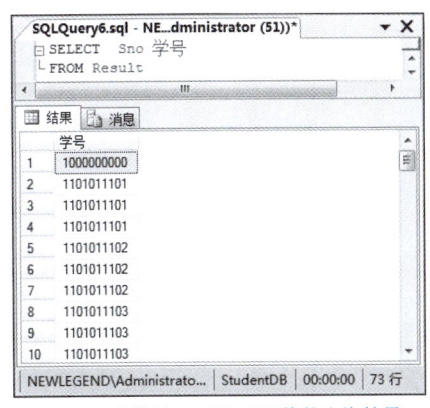

图 3-5　未使用 DISTINCT 前的查询结果

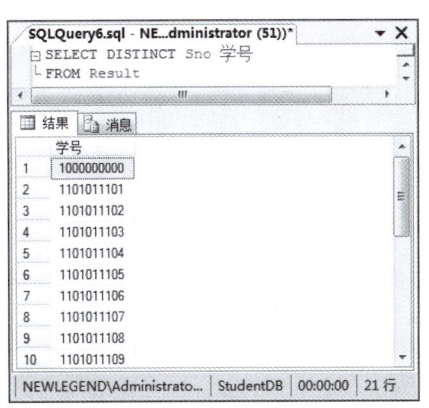

图 3-6　使用 DISTINCT 后的查询结果

子任务 1.3　对查询结果进行排序

【任务需求】

查询"11010111"班的学生信息，包括学号、姓名、性别和出生年月，并按照出生年月从大到小的顺序排列查询结果。

【任务分析】

该任务要求按照出生年月字段对查询结果进行排序，可以使用 ORDER BY 子句。具体格式如下：

ORDER BY 字段列表 ASC/DESC

其中，ASC 表示升序，DESC 表示降序。

【任务实现】

在查询窗口编写代码：

SELECT Sno 学号,Sname 姓名,Ssex 性别,Sbirthday 出生年月
FROM Student
WHERE ClassNo='11010111'
ORDER BY Sbirthday DESC

【程序说明】

ORDER BY 子句可以对查询的结果进行排序，此处是根据出生年月字段进行降序排序。执行结果如图 3-7 所示。

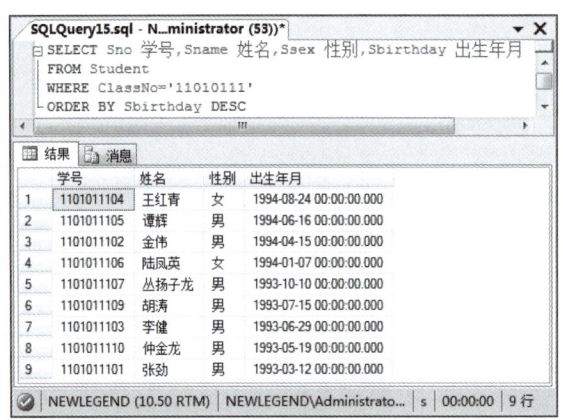

图 3-7　查询信息排序显示

【拓展任务】

(1) 查询"平面设计"课程前 5 名的学生信息，包括学号和成绩字段。

(2) 查询年龄最小的学生的学号、姓名和班级编号。

(3) 查询学号为"1101011101"的学生参加过的所有考试中的最高分和课程编号。

【小技巧】

(1) 排序分降序和升序两种，分别用 DESC 和 ASC 表示，默认的排序方式是升序。日期类型的值升序排序时，越早的日期排在越前面，比如"1994-7-1"在"1995-7-1"之前。

(2) 排序也可以根据多个关键词进行，可以在 ORDER BY 子句后分别列出，并用逗号加以分隔。比如任务 1.3 中将查询结果根据学生的性别升序和出生日期降序排序，运行的结果如图 3-8 所示。

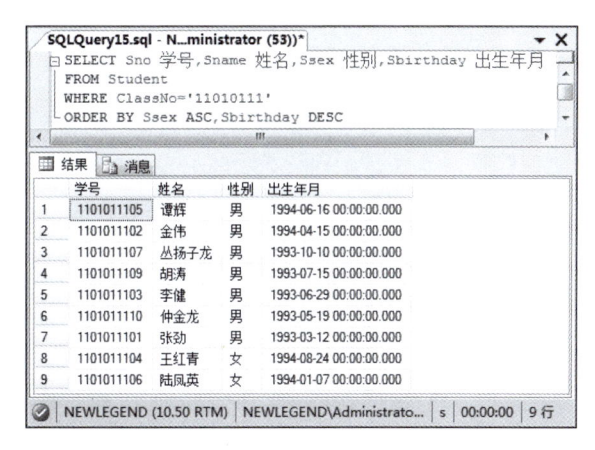

图 3-8 多关键词进行排序

（3）使用 TOP 子句可以筛选排序的结果，如查询课程编号为"0101001"课程前 5 名的学生信息，可以使用 TOP 子句取出前 5 条符合条件的记录。运行结果如图 3-9 所示。

此外，TOP 子句还可以根据百分比筛选符合条件的记录，如查询课程编号为"0101001"课程成绩排名在前 25% 的学生信息。代码如下：

SELECT TOP 25 PERCENT Sno 学号,Result 成绩

FROM Result

WHERE Cno='0101001'

ORDER BY Result DESC

此处的 PERCENT 表示百分比的意思。

运行结果如图 3-10 所示。

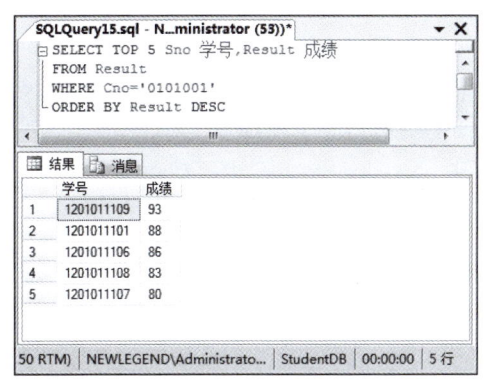

图 3-9 显示前 5 条符合条件的记录 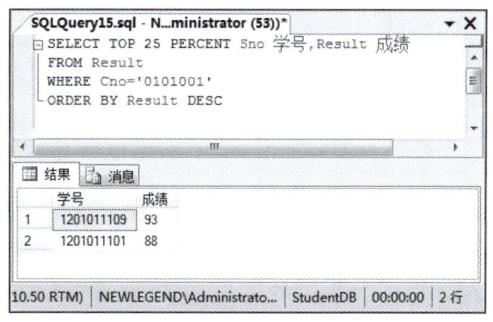　　　　图 3-10 显示成绩排名前 25% 的记录

子任务 1.4　进行模糊查询

【任务需求】

查询姓"李"并且姓名为两个字（如"李健"）的学生信息，包括学号和姓名字段，查询结果根据学号进行排序。

【任务分析】

本任务中需要查询部分学生信息，虽然筛选条件无法准确描述，但具有一定的规律，这种情况下可以使用模糊查询来解决。要查询类似于"李健"这样的学生，需要使用通配符"_"，它可以替代一个字符，因此筛选条件可以写成"Sname LIKE '李_'"。这里的 LIKE 关键词可以

用来进行模糊查询。

【任务实现】

在查询窗口编写代码：

SELECT Sno 学号,Sname 姓名

FROM Student

WHERE Sname LIKE '李_'

ORDER BY Sno

【程序说明】

此处姓李的学生的含义比较宽泛，不能直接使用 Sname='李'来构建筛选条件，而要使用 LIKE 关键字并加上通配符的形式来进行查询，并且查询的结果按学号进行了排序。执行结果如图 3-11 所示。

图 3-11　使用 LIKE 子句实现模糊查询

【拓展任务】

(1)查询 1994 年出生的学生的学号和姓名。

(2)查询 12 级学生中尾号为 8 的学生的姓名和电子邮件信息。

(3)查询电子邮件中包含"_"的 11 级男生的姓名、学号和电子邮件。

【小技巧】

(1)可以使用 BETWEEN 来构建模糊查询的条件，如查询 1994 年出生的学生的学号和姓名，筛选条件可以写成：

Sbirthday BETWEEN '1994-1-1' AND '1994-12-31'

但是要注意小的值写在 AND 前面，而大的值写在 AND 后面，否则结果不会显示。

(2)查询姓王且姓名为三个字的学生，不可以使用筛选条件"Sname LIKE '王__'"，但可以使用下面的方法解决，即：

SELECT Sno 学号,Sname 姓名

FROM Student

WHERE Sname LIKE '王%' AND LEN(Sname)=3

这里的 LEN 是表示字符长度的函数。

(3)查询电子邮件中包含"_"的学生信息的时候，由于"_"是模糊查询中的通配符，如果直接写出代码：

SELECT *

FROM Student

WHERE Email LIKE '%_%'

查询的结果为空。而实际上数据库中包含这样的记录,如李四的 Email 字段为 lisi_1998@qq.com。这时,应该将代码改写成:

SELECT Sno 学号,Sname 姓名

FROM Student

WHERE Email LIKE '%/_%' ESCAPE'/'

其中的"/"是转义符,这样"_"就不是一般的通配符,而是与普通字符一样来进行字符串的匹配运算。

任务 2　运用函数进行数据查询

预备知识

SQL 函数与其他程序设计语言中的函数类似,具有特定的功能,其目的是给用户提供方便。它的形式一般包含函数名,输入及输出参数。函数可以由系统提供,也可以由用户根据需要进行创建。大致分为以下两类:

1. 系统内置函数

系统内置函数是 SQL Server 2008 直接提供给用户使用的。根据其处理对象的不同,可以分为数学函数、字符函数、日期时间函数以及系统函数等。

(1)数学函数

数学函数能够对数值表达式进行数学运算,并将结果返回给用户。数学函数可以对数据类型为整型、实型、浮点型以及货币型的列进行处理。常见的数学函数及其功能见表 3-4。

表 3-4　　　　　　常用数学函数及其功能描述

函数名称	函数功能
ABS	返回指定数值表达式的绝对值
ACOS	返回余弦为 float 表达式值的弧度角
ASIN	返回正弦为 float 表达式值的弧度角
ATAN	返回正切为 float 表达式值的弧度角
CEILING	返回大于或等于指定表达式的最小整数
COS	返回指定的表达式中指定弧度的三角余弦值
COT	返回指定的表达式中指定弧度的三角余切值
DEGREES	将指定的弧度转换为角度
EXP	返回指定的 float 表达式的指数值
FLOOR	返回小于或等于指定表达式的最大整数
LOG	返回指定的 float 表达式的自然对数
LOG10	返回 float 表达式的以 10 为底的对数
PI	返回值为圆周率
POWER	将指定的表达式乘指定次方

(续表)

函数名称	函数功能
RADIANS	将指定的角度转换为弧度
RAND	返回 0～1 的随机 float 数
ROUND	将数值表达式四舍五入为指定的长度或精度
SIGN	返回指定表达式的零(0)、正号(+1)或负号(-1)
SIN	返回指定的表达式中指定弧度的三角正弦值
SQUARE	返回指定表达式的平方
SQRT	返回指定表达式的平方根
TAN	返回指定表达式中指定弧度的三角正切值

【例 3.6】 使用 ABS 函数。

SELECT ABS(-1),(1)

显示结果为:1 1

【例 3.7】 使用 ROUND 函数。

SELECT ROUND(1.12,1),ROUND(1.12,0),ROUND(-1.18,1),ROUND(-1.18,0)

显示结果为:1.10 1.00 -1.20 -1.00

(2)字符函数

字符函数可以实现字符串的查找和转换等,它主要作用于 CHAR、VARCHAR、BINARY 和 VARBINARY 数据类型以及可以隐式转换为 CHAR 或 VARCHAR 的数据类型。常见的字符函数及其功能见表 3-5。

表 3-5　　　　　　　　常用字符函数及其功能描述

函数名称	函数功能
ASCII	接受字符表达式最左边的字符并返回 ASCII 码
CHAR	将 ASCII 码的整数值转化为字符值
CHARINDEX	用于返回一个字符串在另外一个字符串中的起始位置
LEFT	返回字符串从左起指定字符个数的一部分字符串
RIGHT	返回字符串从右起指定字符个数的一部分字符串
LEN	返回字符串表达式的字符个数,不包括最后一个字符后面的任何空格(尾部空格)
LOWER	返回字符表达式的小写形式
UPPER	返回字符表达式的大写形式
LTRIM	LTRIM 函数移除前导空格
RTRIM	RTRIM 函数移除尾部空格
REPLACE	用于替换某个字符串中的一个指定字符串的所有示例,并将它替换为新的字符串
REPLICATE	将某个字符表达式重复指定次数
REVERSE	接受一个字符表达式并且以逆序的字符位置输出表达式
SPACE	根据为输入参数指定的整数值返回重复空格的字符串
STR	将数字数据转化为字符数据
SUBSTRING	返回某个表达式中定义的一部分

【例3.8】 使用 LEN 函数。

SELECT LEN('王红青')

显示结果为：3

SELECT LEN('0601011101@yahoo.com')

显示结果为：20

【例3.9】 使用 REPLACE 函数。

SELECT REPLACE('CHINA','A','ESE')

显示结果为：CHINESE

这个函数的功能是将 CHINA 中的字符 A 替换为 ESE。

【例3.10】 使用 LTRIM 函数。

SELECT LTRIM(' CHINA')

显示结果为：CHINA

这个函数的功能是将 CHINA 左边的空格去除。

(3) 日期时间函数

日期时间函数用来对日期或时间型数据进行转换，并返回一个字符串、数值或日期和时间值。常见的日期时间函数及其功能见表3-6。

表3-6　　　　　　　　　　常用日期时间函数及其功能描述

函数名称	函数功能
GETDATE()	返回系统目前的日期与时间
DATEDIFF(interval,date1,date2)	以 interval 指定的方式，返回 date2 与 date1 两个日期之间的差值 date2－date1
DATEADD(interval,number,date)	以 interval 指定的方式，加上 number 之后的日期
DATEPART(interval,date)	返回日期 date 中，interval 指定部分所对应的整数值
DATENAME(interval,date)	返回日期 date 中，interval 指定部分所对应的字符串名称

参数见表3-7。

表3-7　　　　　　　　　　　　interval 的常用值

值	SQL Server 中的缩写形式	说　　明
Year	Yy	年，1753～9999
Quarter	Qq	季，1～4
Month	Mm	月，1～12
Day of year	Dy	一年的日数，一年中的第几日 1～366
Day	Dd	日，1～31
Weekday	Dw	一周的日数，一周中的第几日 1～7
Week	Wk	周，一年中的第几周 0～51
Hour	Hh	时 0～23
Minute	Mi	分钟 0～59
Second	Ss	秒 0～59
Millisecond	Ms	毫秒 0～999

【例3.11】 使用 YEAR、MONTH、DAY 函数以及 STR 函数。

SELECT STR(YEAR('2018-9-1'))+'年'+STR(MONTH('2018-9-1'))+'月'+STR(DAY('2018-9-1'))+'日'

显示结果为:2018 年 9 月 1 日

【例3.12】 使用 GETDATE()函数显示当前年份。

SELECT YEAR(GETDATE())

显示结果为:2018

(4)系统函数

系统函数用来获取 SQL Server 中对象和设置的系统信息,常见的系统函数及其功能见表 3-8。

表 3-8　　　　　　　　　　　常用的系统函数

函数名称	函数功能
CONVERT	转换数据类型
CURRENT_USER	返回当前用户的名称
HOST_NAME	返回当前用户所登录的计算机名
USER_NAME	从给定的用户 ID 返回用户名

【例3.13】 使用 CONVERT()函数将数值型数据"789.5"转变为字符型数据并输出。

SELECT CONVERT(VARCHAR(5),789.5)

显示结果为:789.5

(5)聚合函数

聚合函数属于系统内置函数之一,它与前面介绍的数学函数和字符函数等内置函数不同,该函数能够对一组值执行计算并返回单一的值。聚合函数经常与 SELECT 语句的 GROUP BY 子句一同使用。常用的聚合函数有 COUNT、AVG、SUM、MAX 以及 MIN 等,除 COUNT 函数之外,聚合函数一般忽略空值。具体功能见表 3-9。

表 3-9　　　　　　　　　　　常用聚合函数的功能

聚合函数	功　能
COUNT	返回组中项目的数量
AVG	返回组中值的平均值
SUM	返回表达式中所有值的和
MAX	返回表达式的最大值
MIN	返回表达式的最小值
STDEV	返回表达式中所有值的统计标准偏差
VAR	返回表达式中所有值的统计标准方差

以 COUNT 为例来解释聚合函数的基本格式:

COUNT({[ALL | DISTINCT] expression } | *)

说明:

- 参数主要有 ALL、DISTINCT、expression 和 *。
- COUNT(*)返回组中项目的数量,这些项目包括 NULL 值和副本。

- COUNT(ALL expression)对组中的每一行都计算 expression 并返回非空值的数量。
- COUNT(DISTINCT expression)对组中的每一行都计算 expression 并返回唯一非空值的数量。

2. 用户自定义函数

用户自定义函数是用户为了实现某项特殊的功能自己创建的,用来补充和扩展内置函数。自定义函数可以分为标量函数、内嵌表值函数和多语句表值函数等几类,下面举例说明。

【例 3.14】 在 StudentDB 数据库中创建一个用户自定义函数 dj,该函数通过输入成绩来判断是否通过课程考试。

程序代码如下:

```
CREATE FUNCTION dbo.dj(@inputcj int) RETURNS varchar(10)
AS
BEGIN
    DECLARE @restr varchar(10)
    IF @inputcj<60
        SET @restr='未通过'
    ELSE
        SET @restr='通过'
    RETURN @restr
END
GO
SELECT Cno AS 课程编号,dbo.dj(Result) AS 是否通过
FROM Result INNER JOIN Student
ON Result.Sno=Student.Sno
WHERE Sname='孙晓龙'
```

代码执行后的效果如图 3-12 所示。

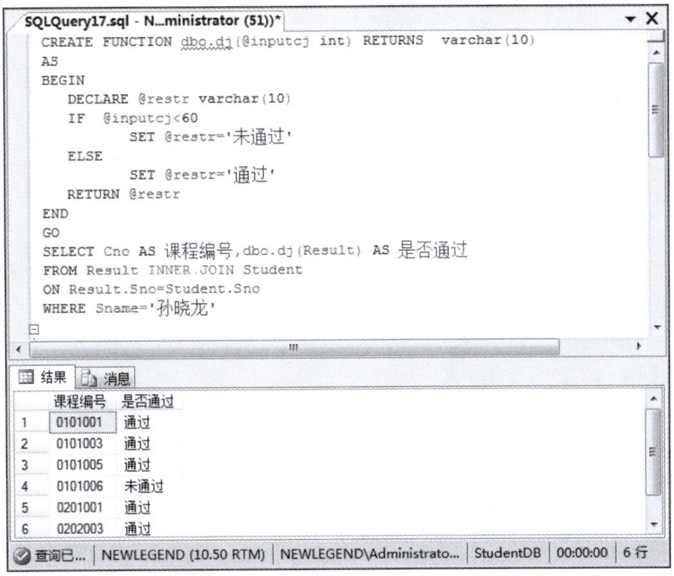

图 3-12 用户自定义函数的创建

【程序说明】

程序分为两部分：自定义函数的定义和调用。

第一部分首先用 CREATE FUNCTION 关键字创建了一个名为 dj 的自定义函数，并且分别定义了一个输入参数@inputcj 和输出参数的返回类型 varchar(10)。函数的主体部分是用 BEGIN 和 END 括起来的程序段，其中用 DECLARE 定义了一个局部变量@restr，它的类型和函数返回值的类型一致。接着是一组由 IF…ELSE…语句组成的程序判断，并且根据输入参数的值，使用 SET 语句对局部变量@restr 分别进行赋值。

第二部分，使用查询来调用函数，并验证函数的功能。这里函数的调用跟系统的内置函数类似，dbo.dj(Result)中 Result 作为输入参数。此外，查询信息时由于涉及两张表，因此使用了连接操作。

3. GROUP BY 子句

GROUP BY 语句从英文的字面意义上理解是"根据（BY）一定的规则进行分组（GROUP）"。它的作用是通过一定的规则将一个数据集划分成若干个小的区域，然后针对若干个小区域进行数据处理。指定 GROUP BY 时，选择列表中任一非聚合表达式内的所有列都应包含在 GROUP BY 列表中，或者 GROUP BY 表达式必须与选择列表表达式完全匹配。

GROUP BY 子句基本格式为：

GROUP BY [ALL] group_by_expression [,…n] [WITH { CUBE | ROLLUP }]

说明：参数主要有 ALL、group_by_expression 等。

【例 3.15】 查询统计各年份出生的学生人数。

SELECT YEAR(Sbirthday) AS 年份, COUNT(*) AS 人数

FROM Student

GROUP BY YEAR(Sbirthday)

4. HAVING 子句

HAVING 子句用于在包含 GROUP BY 子句的 SELECT 语句中指定显示哪些分组记录。在 GROUP BY 对记录进行组合之后，将显示满足 HAVING 子句条件的 GROUP BY 子句进行分组的任何记录。

HAVING 子句对 GROUP BY 子句设置条件的方式与 WHERE 子句和 SELECT 语句交互的方式类似。WHERE 子句筛选条件在进行分组操作之前应用；而 HAVING 筛选条件在进行分组操作之后应用。

【例 3.16】 查询选修人数在 10 人以下的选修课程。

SELECT Cno AS 课程号, COUNT(*) AS 选修人数

FROM Result

GROUP BY Cno

HAVING COUNT(*)<10

子任务 2.1 使用字符函数进行查询

【任务需求】

查询所有学生电子邮件的用户名。如学号"1101011101"的学生的电子邮件是 1101011101@sohu.com，其电子邮件的用户名应该是 1101011101。

【任务分析】

实现这个任务,首先要查询出学生的 Email 字段的信息,并对其进行一定的处理。查询 Email 字段的信息,代码可以写成:

SELECT Sno 学号,Email 电子邮件

FROM Student

查出电子邮件信息后,要设法将@符号前的字符提取出来,这就需要知道"@"符号所在的位置,这里可以使用 CHARINDEX 函数;然后要将"@"符号前面的字符提取出来,可以使用 LEFT 函数。可以查找 SQL Server 帮助或者网络先了解这两个函数的功能及格式,整理结果如下:

(1)CHARINDEX(参数 1,参数 2[,参数 3])

该函数最多有三个输入参数,函数的返回值是整数。参数 1 表示要查找的字符序列;参数 2 表示要搜索的原始字符序列;参数 3 表示起始位置(可选参数),即在参数 2 中搜索参数 1 时开始的位置。

如在"Sunjin@sohu.com"中搜索@符号位置的代码可以写成:

SELECT CHARINDEX('@','Sunjin@sohu.com')

运行代码后返回 7,表示@在第 7 个位置。

(2)LEFT(参数 1,参数 2)

该函数包括两个输入参数,函数的返回值是字符串。参数 1 可以是常量、变量或列,参数 2 是正整数,是参数 1 中将返回的字符数。

如要返回字符串"Sunjin@sohu.com"的前 6 个字符,代码可以写成:

SELECT LEFT('Sunjin@sohu.com',6)

运行代码后返回 Sunjin。

如果将这两个函数综合运用,便可以解决上述问题。

【任务实现】

在查询窗口编写代码:

SELECT Sno 学号,LEFT(Email,CHARINDEX('@',Email)-1) 电子邮件用户名

FROM Student

【程序说明】

该段代码中,将两个函数进行嵌套使用,并且运用在数据表中的字段上,可以查询出相应的结果。这里在得到@符号的位置后,因为用户名中要将@符号去掉,因此 LEFT 函数的参数 2 的值还要减去 1。执行结果如图 3-13 所示。

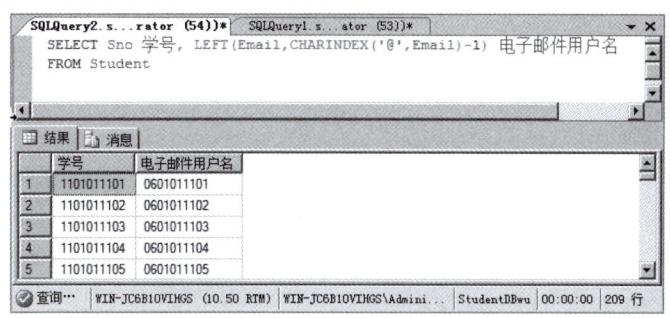

图 3-13 使用字符函数实现查询

【拓展任务】

(1)查询11级学生Email的用户名,并按照学号进行降序排列。

(2)查询姓李学生的信息,包括学号、姓名和班级编号字段。

【小技巧】

可以通过函数名查看帮助,并阅读函数的功能及参数的含义,来掌握函数的使用。比如查看LEFT函数的使用,可以在查找文本框中输入关键词"LEFT",并参看示例,如图3-14所示。

图3-14 使用帮助查看函数功能

子任务2.2 使用日期函数进行查询

【任务需求】

查询七、八月份过生日的学生的学号、姓名和生日。

使用日期函数进行查询

【任务分析】

实现本任务的关键是要查询出七月或者八月过生日的学生。不妨先将问题简化,只查询7月份过生日的学生。需要使用MONTH或者DATEPART函数。

(1)MONTH(参数)

该函数只有一个输入参数,函数的返回值是整数。输入参数是日期型的数据,表示要提取月份的某个日期。

比如要返回"2018-1-18"中的月份,代码可以写成:

SELECT MONTH('2018-1-18')

返回1。

(2)DATEPART(参数 1,参数 2)

该函数包括两个输入参数,函数返回值是日期中的某个部分。参数 1 表示日期型数据的某个部分,如 mm 表示月份,yy 表示年份;参数 2 表示日期型数据。

比如要返回"2018-1-18"中的月份,代码可以写成:

SELECT DATEPART(mm,'2018-1-18')

返回 1。

【任务实现】

在查询窗口编写代码为:

SELECT Sno,Sname,Sbirthday
FROM Student
　WHERE MONTH(Sbirthday)＝7 OR MONTH(Sbirthday)＝8

【程序说明】

该段代码中,使用 MONTH 函数来提取 Sbirthday 字段中的月份,并且作为筛选条件,可以查询出结果。当然也可以使用 DATEPART 函数来解决问题。另外条件也可以使用 IN 运算符,即"MONTH(Sbirthday) IN (7,8)",从而简化筛选条件的书写。执行结果如图 3-15 所示。

图 3-15　使用日期函数实现查询

【拓展任务】

(1)查询 1994 年出生的男生的学号、姓名和地址信息。

(2)查询上个月入职的教师信息。

【小技巧】

GETDATE()函数可以用来查看当前的日期,其他常用的日期函数见表 3-10。

SELECT GETDATE()

返回:当天的日期时间。

表 3-10　　　　　　　　　　其他常用的日期函数

函数名称	描　　述	示　　例
DATEADD	将指定的数值添加到指定的日期部分后的日期	SELECT DATEADD(mm,6,'17/12/18') 返回:以当前的日期格式返回 2018-06-18
DATEDIFF	两个日期之间的指定日期部分的区别	SELECT DATEDIFF(mm,'17/09/10','17/12/11') 返回:3
DATENAME	日期中指定日期部分的字符串形式	SELECT DATENAME(dw,'17/09/10') 返回:星期日
DATEPART	日期中指定日期部分的整数形式	SELECT DATEPART(day,'17/09/10') 返回:10

子任务 2.3 使用聚合函数进行查询

【任务需求】

查询全校女生的总人数。

【任务分析】

实现本任务需要使用 SQL Server 中的聚合函数 COUNT，利用这个函数可以统计出符合条件的记录总数。

COUNT 函数的一般使用方法为：

SELECT COUNT(*)

FROM <表名>

【任务实现】

在查询窗口编写如下代码：

SELECT COUNT(*) 人数

FROM Student

WHERE Ssex='女'

【程序说明】

本任务中使用 COUNT 函数来进行统计，并根据任务要求使用 WHERE 子句对查询结果进行筛选，即查询结果要满足性别为女。执行结果如图 3-16 所示。

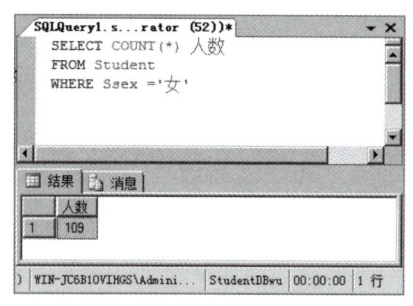

图 3-16 查询全校女生的人数

【拓展任务】

(1) 查询职称为副教授的教师的人数。

(2) 查询课程编号为"0102001"学生的平均分。

【小技巧】

COUNT()函数在使用时，后面用 * 来代替任意列，而其他函数如 AVG()、MIN() 和 MAX() 等，后面必须加上所统计的列名。比如查询课程编号"0102001"的最高分，代码可以写成：

SELECT MAX(Result) 最高分

FROM Result

WHERE Cno='0102001'

子任务 2.4 使用 GROUP BY 对数据进行分类汇总

【任务需求】

查询全校男女生的人数。

【任务分析】

本任务中的人数统计可以使用 COUNT 函数来解决。如果只是查询男生人数或者女生人数,只需在 WHERE 子句中设置相应的筛选条件即可。问题的关键是如何查询出男女生各自的人数呢?这里需要实现分类统计的功能,要用到 GROUP BY 子句。GROUP BY 语句用于结合聚合函数,根据一个或多个列对结果集进行分组。

【任务实现】

在查询窗口编写如下代码:

SELECT SSex 性别,COUNT(*)人数

FROM Student

GROUP BY Ssex

【程序说明】

这段代码的关键之处在于使用了 GROUP BY 子句对查询结果进行分类汇总,分类的字段要根据任务的需求进行确定,比如本任务中是查询全校男女生人数的统计,分类的字段应该是性别。执行结果如图 3-17 所示。

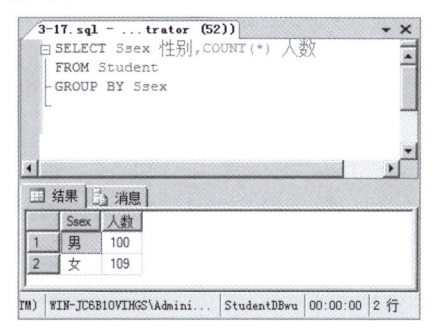

图 3-17 全校男女生人数的统计

【拓展任务】

(1)查询各门课程选修的人数。

(2)对各类职称的教师人数进行统计。

(3)查询各门课程的最高分和最低分。

【小技巧】

(1)GROUP BY 子句必须与聚合函数配合使用,未分类的字段不能出现在 SELECT 子句中,否则就会报错,如图 3-18 所示。

图 3-18 GROUP BY 子句使用的注意点

(2)使用 HAVING 子句可以对分类汇总的结果进行筛选。比如查询选修了 4 门以上(包括 4 门)选修课的学生,代码可以写成:

```
SELECT Sno 学号,COUNT(*) 课程门数
FROM Result
GROUP BY Sno
HAVING COUNT(*)>=4
```

运行结果如图 3-19 所示。

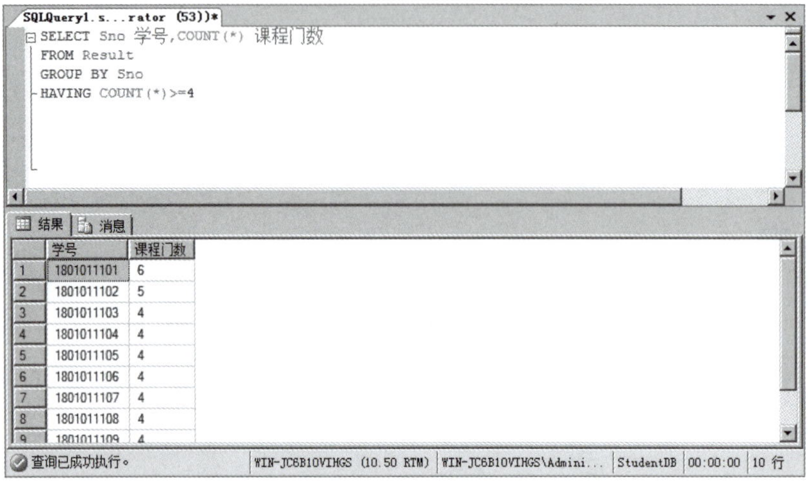

图 3-19　查询选修了 4 门以上(包括 4 门)选修课的学生

任务 3　创建并管理索引

预备知识

1. 索引的概念

在应用系统中,尤其在联机事务处理系统中,对数据查询的处理速度已成为衡量应用系统成败的关键。而采用索引来加快数据处理速度是最普遍采用的优化方法。

正如汉语字典中的汉字按页存放,为了加快查找的速度,汉语字(词)典一般都有按拼音、笔画或偏旁部首等排序的目录(索引),我们可以选择按拼音或笔画查找方式,快速查找到需要的字(词)。同样,SQL Server 中的数据记录也是按页(4 KB)存放的,允许用户在表中创建索引,指定按某列预先排序,从而大大提高查询的速度。可见,索引是 SQL Server 编排数据的内部方法,使用索引可以大大提高数据库的检索速度,改善数据库性能。

索引是一个单独的物理数据库结构,是对数据库表中一个或多个列的值进行排序的结构,是依赖表建立的。它是根据表中一列或若干列按照一定顺序建立的列值与记录行之间的对应关系表。

在数据库系统中建立索引主要有以下作用:

①快速存取数据。

②保证数据记录的唯一性。

③实现表与表之间的参照完整性。

④在使用 ORDER BY 和 GROUP BY 子句进行数据检索时,利用索引可以提高排序和分组的效率。

2. 索引的分类

依据存储结构来区分,分为聚集索引(也称聚类索引或簇集索引)和非聚集索引(也称非聚类索引或非簇集索引)。

依据数据的唯一性来区分,分为唯一索引和非唯一索引。

依据键列的个数来区分,分为单列索引和多列索引。

下面重点介绍聚集索引和非聚集索引。

(1)聚集索引

聚集索引将数据行的键值在表内排序并存储对应的数据记录,使得数据表物理顺序与索引顺序一致。当以某字段作为关键字建立聚集索引时,表中数据以该字段作为排序根据。因此,一个表只能建立一个聚集索引,但该索引可以包含多个列(组合索引)。

(2)非聚集索引

非聚集索引完全独立于数据行的结构。数据存储在一个地方,索引存储在另一个地方。非聚集索引中的数据排列顺序并不是表格中数据的排列顺序。SQL Server 默认情况下建立的索引是非聚集索引。一个表可以拥有多个非聚集索引,每个非聚集索引提供访问数据的不同排序顺序。聚集索引与非聚集索引的区别见表 3-11。

表 3-11　　　　　　　　　　聚集索引与非聚集索引的区别

索引类型	存取速度	索引的数量	所需空间
聚集索引	快	一表一个	少
非聚集索引	慢	一表可以多个	多

3. 创建索引的原则

(1)避免在一个表上创建大量的索引,因为这样不但会影响插入、删除和更新数据的性能,而且也会在更改表中的数据时增加所有进行调整的操作,从而降低系统的维护速度。

(2)对于经常需要搜索的列可以创建索引,包括主键列和频繁使用的外键列。

(3)在经常需要根据范围进行查询的列上或经常需要排序的列上创建索引时,因为索引已经排序,因此其指定的范围是连续的,所以可以利用索引的排序从而节省查询时间。

4. 索引的基本操作

在 SQL Server 2008 中索引的基本操作主要有两种方法:一是在 SSMS 中使用图形工具;二是通过书写 SQL 语句。这里重点介绍下前者。

(1)查看已定义的索引信息

展开"对象资源管理器"中的表"dbo.Student"节点下的"索引"节点,右击索引"IX_Student_Sname"节点,在弹出的快捷菜单中选取"属性"命令。在弹出的"索引属性"对话框中,可以查看该索引的相关信息,如图 3-20 所示。

(2)重命名索引

展开"对象资源管理器"中的表"dbo.Student"节点下的"索引"节点,右击索引"IX_Student_Sname"节点,在弹出的快捷菜单中选取"重命名"命令。

(3)删除索引

展开"对象资源管理器"中的表"dbo.Student"节点下的"索引"节点,右击索引"IX_Student_Sname"节点,在弹出的快捷菜单中选取"删除"命令。在打开的"删除对象"对话框中,确认是要删除的索引后按下【确定】按钮,即完成索引的删除。

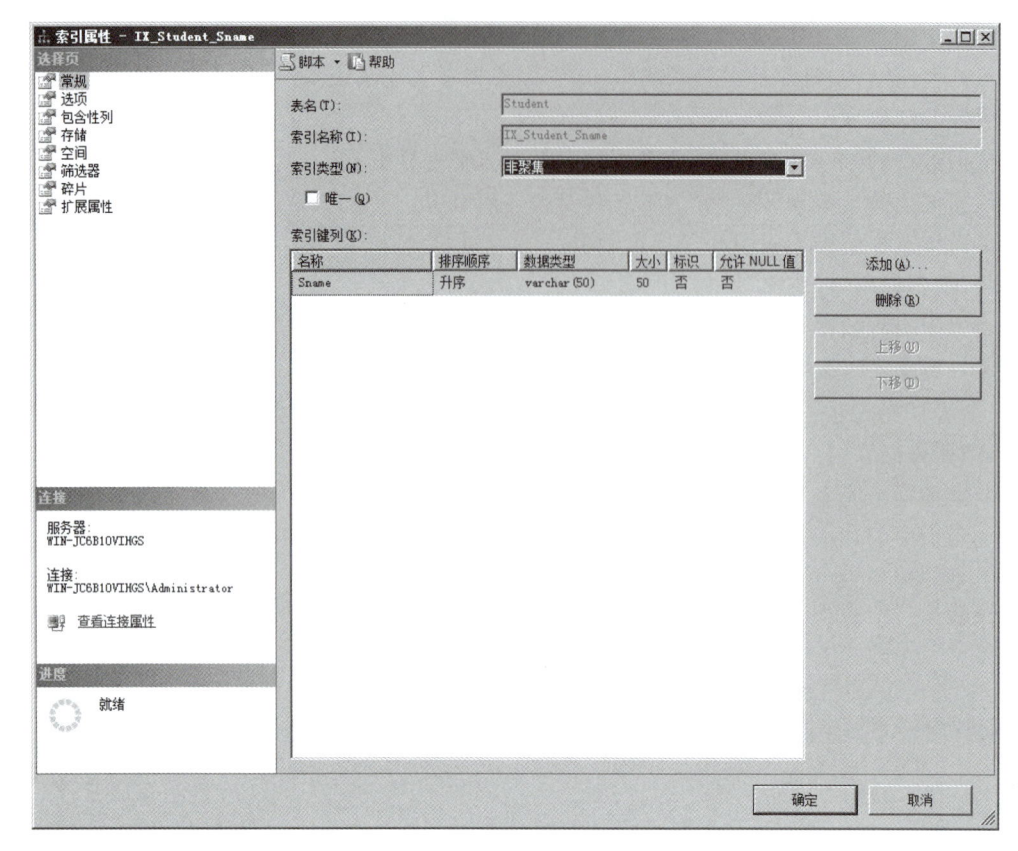

图 3-20 查看索引的属性

子任务 3.1 使用图形化工具创建索引

【任务需求】

为 Student 数据表的 Sname 列创建名为 IX_Student_Sname 的非聚集索引。

【任务分析】

SQL Server 中数据访问的方法有两种：一种是表扫描法，即当访问未建索引的表内数据时，从表的起始处逐行查找，直到符合查询条件为止；另一种是使用索引，当使用索引访问建有索引的表内数据时，系统会通过遍历索引树结构来查找行的存储位置，效率非常高。

索引依据存储结构分为两类：聚集索引和非聚集索引。其中聚集索引是指表中数据行的物理存储顺序与索引顺序完全相同。非聚集索引不改变表中数据行的物理存储位置，数据与索引分开存储，通过索引带有的指针与表中的数据发生联系。SQL Server 默认情况下建立的索引是非聚集索引。

根据任务需求，我们为 Sname 列创建非聚集索引来提高查询效率。

【任务实现】

(1) 展开"对象资源管理器"窗口中的表"dbo.Student"节点，右击其子节点"索引"，在弹出的快捷菜单中选取"新建索引"命令，如图 3-21 所示。

(2) 在打开的"新建索引"对话框的"索引名称"文本框中输入索引的名称"IX_Student_Sname"，"索引类型"下拉列表框中选取索引的类型为"非聚集"，如图 3-22 所示。

图 3-21 新建索引

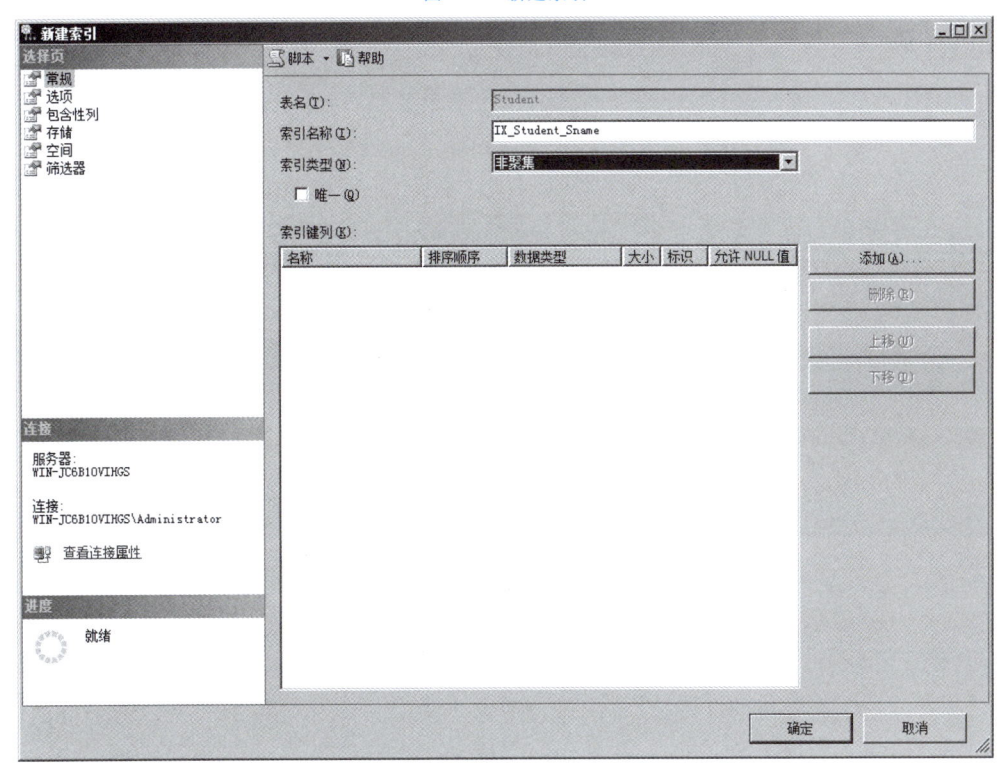

图 3-22 "新建索引"对话框

（3）单击对话框右侧的【添加】按钮，弹出"从'dbo.Student'中选择列"对话框，在对话框中勾选 Sname 表列，如图 3-23 所示。

（4）单击【确定】按钮回到"新建索引"对话框中，如图 3-24 所示。单击【确定】按钮，完成索引的创建。

（5）在子节点"索引"下将看到新产生的叶节点 IX_Student_Sname (不唯一，非聚集)，就是刚创建的索引。

图 3-23　从"dbo.Student"中选择列

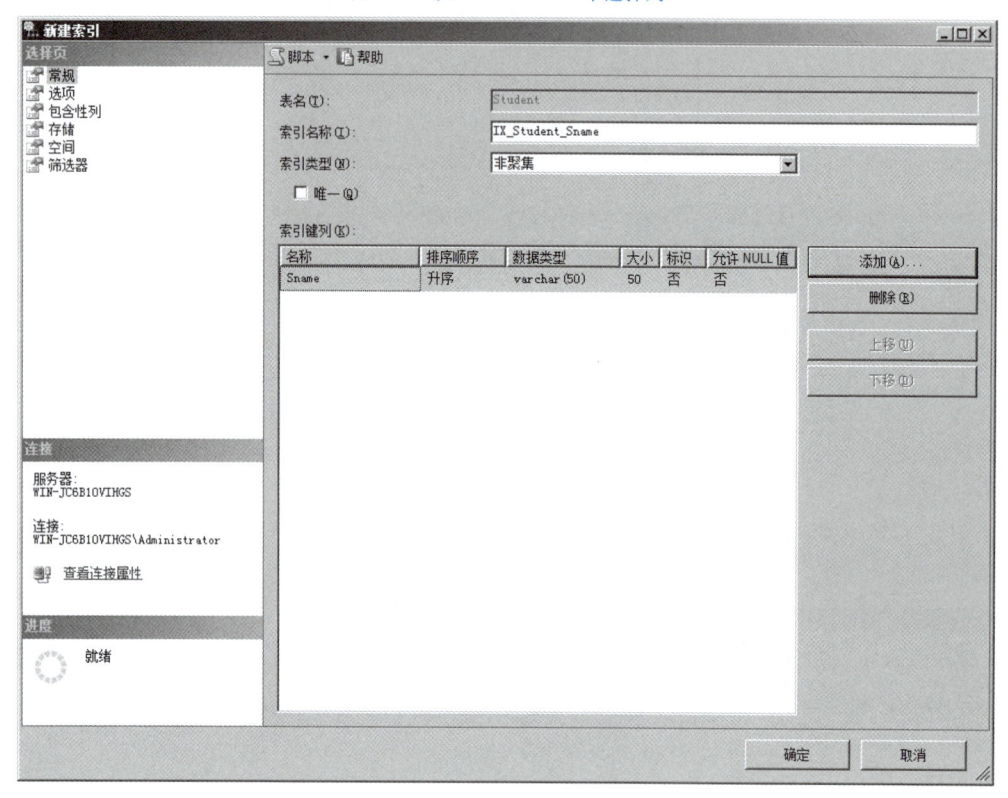

图 3-24　索引建立完成

【拓展任务】

1. 为 Teacher 数据表的 Tname 字段创建非聚集索引。
2. 为 Teacher 数据表的 Tname 和 Ttitle 字段创建非聚集索引。

【小技巧】

创建索引的指导原则：

(1) 需选择建立索引的列应为用于频繁搜索或者用于对数据进行排序。

(2) 不要为列中仅包含几个不同的值的字段创建索引。

(3) 不要为数据量小的数据表创建索引，因为 SQL Server 在索引中搜索数据所花的时间比在表中逐行搜索所花的时间更长。

子任务 3.2　使用 CREATE INDEX 语句创建索引

【任务需求】

使用 CREATE INDEX 语句为 Student 数据表的 Sname 列创建名为 IX_Student_Sname 的非聚集索引,填充因子为 30。

【任务分析】

使用 CREATE INDEX 语句创建索引的语法格式:

CREATE [UNIQUE] [CLUSTERED|NONCLUSTERED]

INDEX index_name

ON table_name (column_name…)

[WITH FILLFACTOR=x]

各参数的含义:

(1) UNIQUE 表示唯一索引,可选。

(2) CLUSTERED 和 NONCLUSTERED 表示聚集索引和非聚集索引,可选。

(3) FILLFACTOR 表示填充因子,指定一个 0 到 100 之间的值,该值指示索引页填满的空间所占的百分比,可选。

【任务实现】

在查询窗口编写如下代码:

CREATE NONCLUSTERED INDEX IX_Student_Sname
　　ON Student(Sname)
　　　　WITH FILLFACTOR =30
　GO

【程序说明】

该段代码完成了索引的创建,WITH 语句后面跟着的是填充因子,这里设置的填充因子是 30。执行结果如图 3-25 所示。

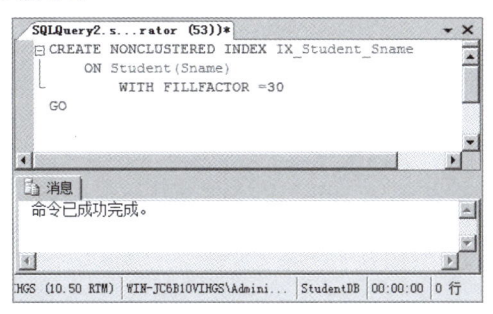

图 3-25　使用 CREATE INDEX 语句创建索引

【拓展任务】

使用 CREATE INDEX 语句为 Class 数据表的 Classno 列创建名为 IX_Class_Classno 的聚集唯一索引,填充因子为 40。

【小技巧】

在使用代码方式创建索引前,可以先判断索引是否存在(检测索引是否存放在系统表 sysindexes 中),若存在则删除,如上述任务在创建前检查索引是否存在的代码为:

```
IF EXISTS(SELECT name FROM sysindexes
WHERE name = 'IX_Student_Sname')
    DROP INDEX Student. IX_Student_Sname
GO
```

子任务 3.3　管理索引

【任务需求】

查看已定义的 Student 表中索引 IX_Student_Sname 信息;将 IX_Student_Sname 索引更名为 IX_Student_Stuname;删除索引 IX_Student_Stuname。

【任务分析】

创建索引后可以对索引进行查看,并将其重命名,当某个用户创建的索引不再需要时,可以将其删除,以回收当前使用的存储空间,便于数据库中的其他对象使用。对于索引的管理采用两种方式完成,这里主要介绍 T-SQL 语句的方式。

(1)利用系统存储过程 sp_helpindex 可以查看索引信息。语法格式为:

sp_helpindex 表名或视图名

(2)利用系统存储过程重命名索引

利用系统提供的存储过程 sp_rename 可以对索引进行重命名。语法格式为:

sp_rename '表.原索引名','新索引名'

(3)采用 SQL 语句删除索引,删除索引的语法格式如下:

DROP INDEX 表.索引名[,...n]|视图.索引名

说明:删除索引时不仅要指定索引,而且必须要指定索引所属的表或视图。

【任务实现】

在查询窗口编写如下代码:

```
USE StudentDB
GO
EXEC sp_helpindex Student              --查看索引
GO
EXEC sp_rename 'Student. IX_Student_Sname','IX_Student_Stuname'    --重命名索引
GO
DROP INDEX Student. IX_Student_Stuname    --删除索引
GO
```

【程序说明】

上述程序中分别实现了索引的查看、索引的重命名和索引的删除功能。执行结果如图 3-26 所示。

【拓展任务】

使用代码方式将 Class 数据表的 Classno 列中名为 IX_Class_Classno 的索引更名为 IX_Class_Cno,然后再删除该索引。

【小技巧】

(1)通过设置 PRIMARY KEY 约束或 UNIQUE 约束所建立的索引不允许用户删除,只能通过删除约束或删除表的方法删除。

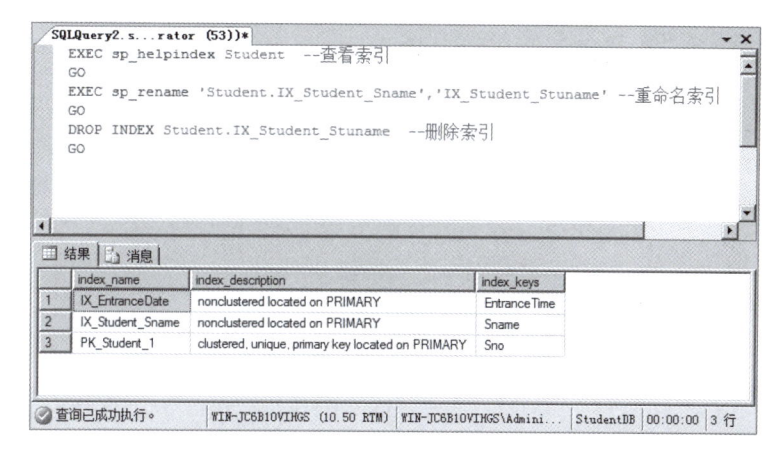

图 3-26　管理索引

（2）如果索引是在 CREATE TABLE 语句中创建的，只能用 ALTER TABLE 命令来删除索引，而不能用 DROP INDEX 来删除。

项目小结

本项目首先介绍了如何使用 SELECT 语句进行简单查询，其中 SELECT 子句可以对所需的列进行限定，而 WHERE 子句可以对所需的行进行限定，ORDER BY 子句可以对查询的结果进行升序或者降序排序。GROUP BY 子句，可以让 SUM 和 COUNT 这些函数对属于一组的数据起作用。HAVING 子句的作用是筛选满足条件的组，即在分组之后筛选数据。

其次介绍了系统内置的函数，它们是 SQL Server 2008 直接提供给用户使用的。根据系统函数处理的对象不同，可以分为数学函数、字符函数以及日期时间函数等几种。聚合函数是 SQL 语言中一类特殊的函数，主要包括 COUNT、AVG、SUM、MAX 和 MIN 等。这些函数和其他函数的根本区别就是它们一般作用在多条记录上。

最后介绍如何在数据表中创建索引以及索引的作用，即索引是 SQL Server 编排数据的内部方法，使用索引可以大大提高数据库的检索速度，改善数据库性能。

同步练习与实训

一、选择题

1.执行下列 SQL 语句：

SELECT TOP 20 PERCENT Tno,Tname

FROM Teacher

结果返回了 10 行数据，则（　　）。

A.表中只有 10 行数据　　　　　　B.表中只有 20 行数据

C.表中大约有 50 行数据　　　　　D.表中大约有 100 行数据

2.在关系运算中，选取符合条件的元组是（　　）运算。

A.除法　　　　B.投影　　　　C.连接　　　　D.选择

3.SQL Server 2008 中查询数据表的命令是（　　）。

A.USE　　　　B.SELECT　　　　C.UPDATE　　　　D.DROP

4.用于求系统日期的函数是（　　）。

A.YEAR()　　　　B.GETDATE()　　　　C.COUNT()　　　　D.SUM()

5. 下列函数中,返回值数据类型为 int 的是( )。
A. LEFT　　　　　B. LTRIM　　　　　C. LEN　　　　　D. SUBSTRING

6. 表达式"SELECT Datepart(yy,'2016-3-13')+2"的结果是( )。
A. '2018-3-15'　　B. 2018　　　　　C. '2016'　　　　D. 2016

7. SQL 语言中,条件"年龄 BETWEEN 20 AND 30"表示年龄在 20 至 30 之间,且( )。
A. 包括 20 岁和 30 岁　　　　　　　B. 不包括 20 岁和 30 岁
C. 包括 20 岁但不包括 30 岁　　　　D. 包括 30 岁但不包括 20 岁

8. 查询员工工资信息时,结果按工资降序排列,正确的是( )。
A. ORDER BY 工资　　　　　　　　B. ORDER BY 工资 DESC
C. ORDER BY 工资 ASC　　　　　　D. ORDER BY 工资 DISTINCT

9. 模糊查找 like '_a%',下面哪个结果是可能的( )。
A. aili　　　　　B. bai　　　　　C. bba　　　　　D. cca

10. 下列的哪种索引总是要对数据进行排序( )。
A. 聚集索引　　　B. 非聚集索引　　C. 组合索引　　　D. 唯一索引

二、填空题

1. 函数 LTRIM()的功能是_____。
2. 将查询结果以某字段或运算值数据排序条件的子句是_____。
3. 函数 LEFT('abcdef',2)的结果是_____。
4. 在 SELECT 查询语句中用_____关键字来删除重复记录。
5. 用于模糊查询的关键字是_____。

三、简答题

1. SELECT 语句的基本格式是怎样的,请分别描述各个子句的作用。
2. SQL Server 中有哪几类系统函数,概述它们的功能。
3. 简要概述 SQL Server 2019 中的索引类型。

四、实训题

1. 使用前面项目中图书管理系统中的数据表,根据需求分别编写查询语句。
(1) 查询价格在 40 至 60 元之间的图书的名称和作者信息。
(2) 查询赵增敏撰写的图书名称和出版日期。
(3) 查询北京大学出版社 5 月份出版的图书的名称和价格。
(4) 查询电话为空的读者信息。
(5) 按照出版日期从后往前的顺序显示计算机类的图书信息。
(6) 统计数据库中读者的总人数。
(7) 查询各个出版社出版的图书总数超过 8 本的出版社。
(8) 查询图书的最高价格、最低价格和平均图书价格。

2. 在图书表(Books)的 Price 字段上创建可重复的索引,填充因子为 30。并使用索引查询价格在 20 到 40 的所有图书记录。

项目4　数据复杂查询

学习导航

知识目标：
(1)理解连接查询的基本格式。
(2)掌握连接查询的基本种类。
(3)掌握子查询的概念。
(4)理解子查询和连接查询的区别。
(5)了解 SQL Server 中的局部变量及全局变量。

技能目标：
(1)能够使用连接查询、子查询进行多表查询。
(2)会使用 UNION 合并查询的结果。
(3)会创建并应用视图。

素质目标：
(1)坚持联系的观点思考并解决问题。
(2)通过视图的用户权限树立数据安全的意识。

情境描述

通过前面项目的学习，我们学会了单表查询，可以从一张数据表中提取出需要的信息。但是这显然不能体现出关系型数据库的魅力，复杂应用中需要能够在两张及两张以上的数据表中查询出更为丰富的信息。比如在成绩表(Result)中只能查询出某个学号的学生考试的成绩，却不知道他的姓名等其他个人信息，但是通过查询与之相关的学生表(Student)，就可以实现这样的需求。此外，还可以将多个查询的结果集通过 UNION 操作符合并成一个结果集。通过使用视图，不仅可以使普通用户减少查询的复杂度，而且还可以更好地保证原始数据表的安全。

任务实施

任务1　使用连接查询进行多表查询

预备知识

1. 连接查询的概念

连接查询是关系型数据库中重要的查询类型之一，通过表间的相关字段，可以追踪各个表之间的逻辑关系，从而实现跨表的查询。基本格式：

SELECT 列名列表

FROM ＜表 A＞ JOIN ＜表 B＞

［ON 连接条件］

［WHERE ＜筛选条件＞］

说明：

此处的 JOIN 是泛指各类连接操作的关键字，具体见表 4-1。

表 4-1　　　　　　　　　　JOIN 关键字的含义

连接类型	连接符号	备注
交叉连接	CROSS JOIN	交叉连接
左外连接	LEFT JOIN	外连接
右外连接	RIGHT JOIN	
全外连接	FULL JOIN	
内连接	INNER JOIN	INNER 可省略

2. 连接查询的分类

（1）交叉连接

交叉连接将左表作为主表，并与右表中的所有记录进行连接。交叉连接将返回的记录行数是两个表行数的笛卡尔乘积。该连接没有太多的应用价值，但是可以帮助读者理解连接查询的运算过程。

交叉连接的基本语法格式为：

SELECT 列名列表

FROM 表 A CROSS JOIN 表 B

例如 StudentDB 数据库中有两张表，分别为专业表 Professional 和系部表 Department，分别见表 4-2 和表 4-3。

【例 4.1】 将 Department 表交叉连接 Professional 表。

程序代码：

SELECT *

FROM Department CROSS JOIN Professional

运行后的结果如图 4-1 所示。

图 4-1　Department 与 Professional 的交叉连接

表 4-2 专业表 Professional

Deptno	Deptname
01	软件与服务外包学院
02	商贸管理系
03	外语系
04	机电工程系
05	化学工程系
06	基础部

表 4-3 系部表 Department

Pno	Pname	Deptno
0101	计算机应用技术	01
0102	计算机网络技术	01
0103	软件技术	01
0104	信息安全技术	01
0201	物流管理	02
0202	会计	02
0301	德语	03
0302	商务英语	03
0401	模具设计与制造	04
0402	机电一体化技术	04
0501	有机化工生产技术	05
0502	精细化学品生产技术	05

说明：

最后一共会产生 72 行记录，依次包括 DeptNo、DeptName、Pno、Pname 和 DeptNo 等五个字段。具体过程为：将 Department 表中取出第一条记录与 Professional 表中的第一条记录拼接，变为查询结果的第一条记录。将 Department 表中取出第一条记录与 Professional 表中的第二条记录拼接，变为查询结果的第二条记录。就这样依次将 Department 表中取出第一条记录与 Professional 表中的所有记录拼接。然后依次将 Department 表中取出第二条记录与 Professional 表中的所有记录拼接，直到所有记录拼接完成。

(2)内连接

内连接是连接查询的种类之一，也是一种比较常用的多表查询实现的方法。内连接仅选出两张表中互相匹配的记录。内连接的实现原理是首先将参与的数据表中的每列与其他数据表的列相匹配，形成临时数据表；然后将满足条件的记录从临时数据表中选择出来。内连接可以进一步分为三类，等值连接、自然连接和非等值连接。

• 等值连接

在连接条件中使用等号运算符比较被连接列的列值，其查询结果中列出被连接表中的任何列，包括其中的重复列。

【例 4.2】 使用等值连接查询各系部的专业情况。

SELECT *
FROM Professional INNER JOIN Department
ON Professiona.deptno=Department.deptno

执行结果如图 4-2 所示。

• 自然连接

自然连接是等值连接的一种特殊情况，即在连接条件中使用等于(=)运算符比较被连接列的列值，但它使用选择列表指出查询结果集合中所包括的列，并删除连接表中的重复列。

【例 4.3】 使用自然连接列出 Professional 和 Department 表中各系部的专业情况。

SELECT D.Deptno,P.Pno,P.Pname,D.Deptname

FROM Professional AS P JOIN Department AS D

ON D.Deptno=P.Deptno

执行程序代码后的结果如图 4-3 所示。

图 4-2　Professional 与 Department 等值连接

图 4-3　Professional 与 Department 自然连接

- 不等值连接

在连接条件使用除等于运算符以外的其他比较运算符比较被连接的列的列值。这些运算符包括>、>=、<=、<、!>、!<和<>。

（3）外连接

在内连接操作中,满足条件的记录能够查询出来,不满足条件的记录不会显示出来。但外连接则不然,它将不满足条件的记录的相关值变为 NULL 并加以显示。外连接有三类:左外连接、右外连接和全外连接。

左外连接就是以左表为主表,并与右表中所有满足条件的记录进行连接的操作。右外连接就是以右表为主表,并与左表中所有满足条件的记录进行连接的操作。而全外连接就是左外连接和右外连接的一种综合操作。这些连接操作完成后,结果不但包括满足条件的记录,也将不满足主表连接条件的记录的相应值填入 NULL 值加以显示。

【例 4.4】　将 Department 表全连接 Professional 表。

由于基础部中没有对应的专业,执行该连接操作后,基础部的专业编号和专业名称等字段均用 NULL 值填充。

程序代码：

SELECT *

FROM Department FULL JOIN Professional

ON Professional.Deptno=Department.Deptno

运行后的结果如图 4-4 所示。

图 4-4　Department 与 Professional 的全连接

【哲学观点】

六度分割理论(Six Degrees of Separation)是一个数学领域的猜想。该理论指出：你和任何一个陌生人之间所间隔的人不会超过六个。唯物辩证法指出：世界上没有任何孤立存在的事物。一切事物、一切现象都是互相联系的。

SQL Server 是关系型数据库，其基本对象之一是数据表，各数据表并不是彼此孤立的，而是存在着内在的关系，通过这些关系能够查询并挖掘出更多有价值的信息。2013 年 3 月 23 日，国家主席习近平在莫斯科国际关系学院发表的演讲中指出："这个世界，各国相互联系、相互依存的程度空前加深，人类生活在同一个地球村里，生活在历史和现实交汇的同一个时空里，越来越成为你中有我、我中有你的命运共同体。"只有构建人类命运共同体，才能实现共赢共享。

子任务 1.1　使用 INNER JOIN 进行内连接查询

【任务需求】

查询计应 1111 班的学生信息，包括学号、姓名、性别和地址。

【任务分析】

我们先来思考一下，完成本任务仅仅使用一张数据表 Student 可以吗？检查 Student 表中的信息，虽然表中包括班级编号的信息，但是不能确定哪个班级才是计应 1111 班。通过查询数据表 Class，我们发现计应 1111 班的班级编号是 11010111。这样就可以通过已经学习过的单表查询的方法来查询出学生信息，代码如下：

```
SELECT Sno,Sname,Ssex,Address
FROM Student
WHERE ClassNo='11010111'
```

但是，通过 INNER JOIN 连接查询就可以查询出需要的信息。首先使用可视化工具体验一下多表连接的过程。

1. 在对象资源管理器的 StudentDB 节点中单击视图并右击，选择"新建视图"菜单项，会弹出"添加表"对话框，依次选择 Student 和 Class 表，如图 4-5 所示。

图 4-5　"添加表"对话框

2. 单击【添加】按钮，添加完毕后单击【关闭】按钮关闭"添加表"对话框。

3. 在视图设计窗口的关系图窗格中依次勾选需要查询的列，Sno、Sname、Ssex 和 Address，如图 4-6 所示。

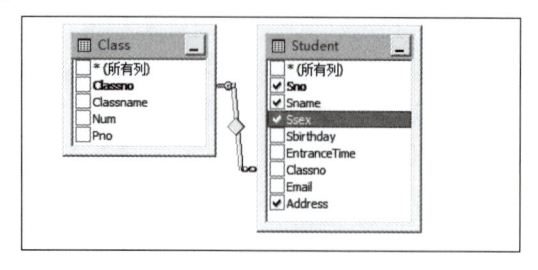

图 4-6 选择输出列的关系图窗格

4. 选择 Class 数据表中的 Classname 字段，将"输出"列中的 ClassName 中的勾选去掉，并在"筛选器"列中添加筛选条件"计应 1111"，单击工具栏上的 ![] 按钮，可以查询出需要的结果，如图 4-7 所示。

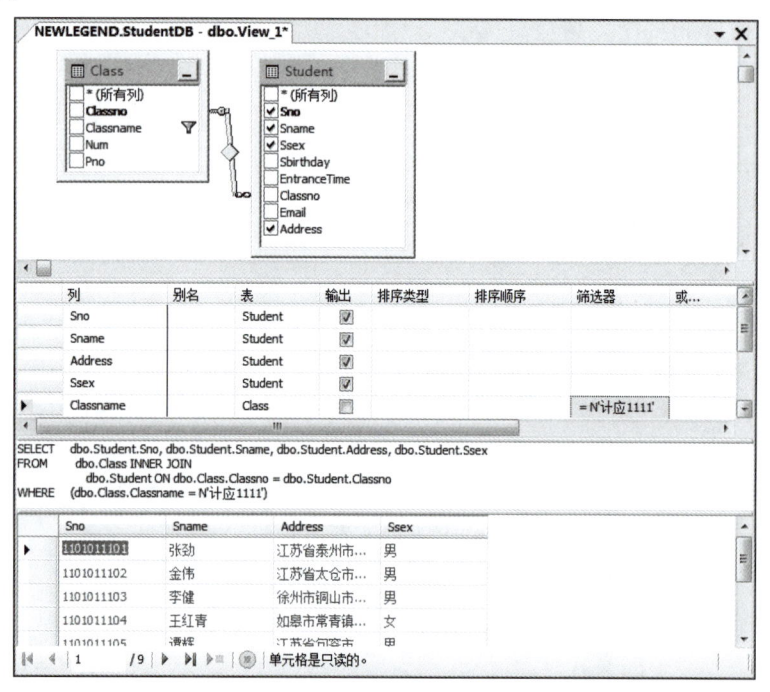

图 4-7 "视图设计器"窗口

当然也可以通过直接编写代码来进行多表查询，内连接查询的语句格式是：

SELECT 列名列表

FROM ＜表 A＞ [INNER] JOIN ＜表 B＞

　　ON 表 A.字段＝表 B.字段

WHERE ＜筛选条件＞

这里要注意的是两个表中有存在关联的字段，才能够进行这种操作。

【任务实现】

在查询窗口编写如下代码：

SELECT Sno,Sname,Ssex,Address

FROM Student INNER JOIN Class

ON Student.Classno=Class.ClassNo
WHERE ClassName='计应 1111'

【程序说明】

与单表查询一样,SELECT 子句后面列出的是需要查询的列名列表,本任务中需要查询学生的学号、姓名、性别和地址,因此依次列出 Sno、Sname、Ssex 和 Address 四个字段。WHERE 子句的作用是设置查询的条件,从而缩小查询的范围,本任务需要查询计应 1111 班级的学生信息,因此在 WHERE 子句中列出了相应的筛选条件。多表查询中比较复杂的地方在于 FROM 子句的书写,这里运用了内连接查询,要将查询的表名列出,并使用 INNER JOIN 进行连接,并在 ON 后面写出两表的关联。执行结果如图 4-8 所示。

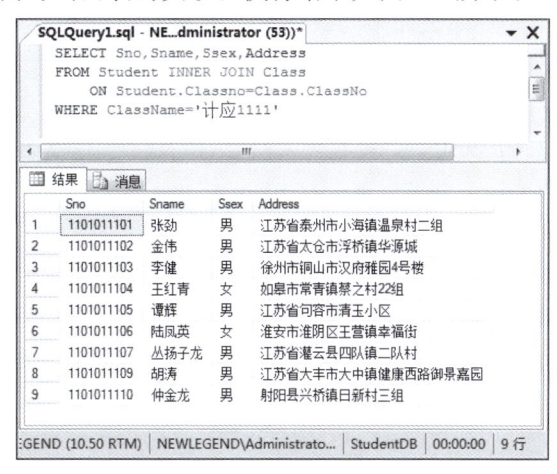

图 4-8　查询计应 1111 班的学生信息

【拓展任务】

(1)查询孙晓龙的所有选修课的成绩。
(2)查询选修了"平面设计"课程的学生的姓名和课程成绩,并按照成绩降序排列。
(3)查询计算机应用技术专业的班级编号和名称。
(4)查询计算机应用技术专业的学生信息。

【小技巧】

(1)多表查询也可以直接在 FROM 后面依次列出查询的表名,并用逗号进行分隔,而在 WHERE 子句中写出数据表之间的关系,如下所示:

SELECT Sno,Sname,Ssex,Address
　FROM Student,Class
　WHERE Student.Classno=Class.Classno AND ClassName='计应 1111'

但这种写法的执行效率没有 INNER JOIN 的效率高,因此推荐第一种写法。

(2)多表查询中,可以为表设置别名,比如在拓展任务 2 中,可以为表 Student、Result 和 Course 分别设置别名为 S、R 和 C,从而简化代码的书写,代码如下:

SELECT S.Sname AS 姓名,R.Result AS 成绩
　FROM Student AS S INNER JOIN Result AS R
　　　ON S.Sno=R.Sno
　　　INNER JOIN Course AS C
　　　ON R.Cno=C.Cno

WHERE C. Cname='平面设计'
ORDER BY R. Result DESC

子任务 1.2　使用 LEFT JOIN 进行左连接查询

【任务需求】

查询班级编号为"11010111"的班级所有学生选修课程的情况,包括学生的学号、姓名、课程编号和成绩。

【任务分析】

完成该任务是否可以使用刚才学过的 INNER JOIN 的方法,大家尝试后的结果是什么? 有没有发现该班少了一个人? 那么如果要查询班级所有成员选修课程的情况(不管他是否已经选课),就可以使用左连接的方法。基本格式是:

SELECT 列名列表
FROM <表 A> LEFT JOIN <表 B>
　　ON 表 A. 字段=表 B. 字段
WHERE <筛选条件>

【任务实现】

在查询窗口编写如下代码:

SELECT S. Sno,Sname,Cno,Result
FROM Student AS S LEFT JOIN Result AS R
ON S. Sno=R. Sno
WHERE ClassNo='11010111'

【程序说明】

与内连接查询的格式非常相似,只是将 FROM 子句后面的 INNER JOIN 改成 LEFT JOIN,但是意义却大不相同。LEFT JOIN 关键字会从左表返回所有的行,即使在右表中没有匹配的行。换而言之,就是即使某些学生没有选课,也会返回该生的记录,只是涉及右表中的字段用 NULL 代替。执行结果如图 4-9 所示。

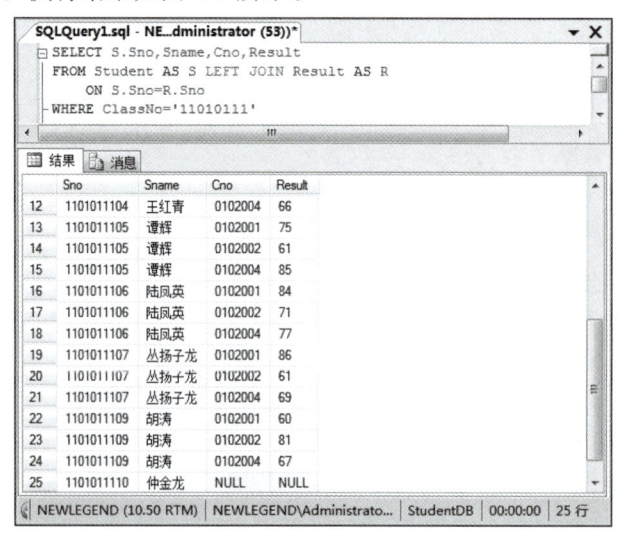

图 4-9　查询班级编号为"11010111"的班级所有学生选修课程的情况

【拓展任务】

查询各门课程的成绩,包括课程编号、课程名称和成绩字段。

【小技巧】

(1) 多表查询中如果 SELECT 字段涉及的字段是两个表中共有的字段,比如上述任务中的 Sno 字段在 Student 和 Result 表中都有,就必须在字段前加上数据表名或者表别名作为前缀,如 Student.Sno 或者 S.Sno,否则系统会报错,如图 4-10 所示。

图 4-10　数据表共有字段前必须加前缀

(2) 上述任务也可以使用右连接来完成,代码如下:

SELECT Student.Sno,Sname,Cno,Result

FROM Result RIGHT JOIN Student

　　ON Student.Sno=Result.Sno

WHERE ClassNo='11010111'

右连接 RIGHT JOIN 关键字会从右表返回所有的行,即使在左表中没有匹配的行。格式为:

SELECT 列名列表

FROM <表 A> RIGHT JOIN <表 B>

　　ON 表 A.字段=表 B.字段

WHERE <筛选条件>

此外,外连接还有全连接(FULL JOIN)和交叉连接(CROSS JOIN)等,感兴趣的读者可以查询本项目相关知识深入学习。

任务 2　使用子查询进行多表查询

预备知识

1. 子查询的含义

子查询也称为内部查询,包含子查询的语句也称为外部查询或父查询。子查询是一个 SELECT 语句,它嵌套在一个 SELECT 语句、SELECT...INTO 语句、INSERT...INTO 语句、DELETE 语句、UPDATE 语句或嵌套在另一子查询中。

子查询的 SELECT 查询总是使用圆括号括起来。它不能包含 COMPUTE 或者 FOR BROWSE 子句,如果同时指定了 TOP 子句,则只能包含 ORDER BY 子句。

2. 子查询的语法格式(表 4-4)

表 4-4　　　　　　　　　　IN 和 EXISTS 子查询的格式

IN 子查询的基本格式	EXISTS 子查询的基本格式
SELECT 列名列表 FROM 表 A WHERE 字段 A IN 　　(SELECT 字段 A 　　FROM 表 B 　　WHERE ＜筛选条件＞)	SELECT 列名列表 FROM 表 A WHERE EXISTS 　　(SELECT ＊ 　　FROM 表 B 　　WHERE ＜筛选条件＞)

说明：
①该处的表 A 和表 B 可以是同一张表。
②字段 A 是两表的关联的字段。
③嵌套的层次不限于两层。
④EXISTS 子查询的条件表达式还包括连接条件，即表 A.字段＝表 B.字段。

3. 子查询的实现过程

通过任务"查询选修课考试不及格的学生的学号和姓名"为例，来理解子查询的完成过程。在这个查询中涉及了两张表，分别是 Result 和 Student。首先，要查出 Result 表中不及格学生的学号信息，即：

SELECT Sno
FROM Result
WHERE Result＜60

查询的结果如图 4-11 所示。

然后根据这个查询结果中的学号找出 Student 表中对应的学生的姓名，但由于子查询的结果不是一个学号，而是一组学号，父查询中的 WHERE 子句中要用 IN。即父查询执行的语句为：

SELECT Sno,Sname
FROM Student
WHERE Sno IN('1201011101','1201011108')

父查询的结果如图 4-12 所示。

图 4-11　子查询的查询结果　　　　　图 4-12　父查询的查询结果

4. 子查询的分类

(1)带有比较运算符的子查询

带有比较运算符的子查询，子查询的结果是一个单一的值。常用的比较运算符包括＞、＞＝、＜＝、＜、！＞、！＜和＜＞等。

【例 4.5】 查询选修了课程编号为"0102001"且成绩高于该课程平均分的学生的学号。
SELECT Sno
FROM Result
WHERE Result＞
　　(SELECT AVG(Result)
　　FROM Result
　　WHERE Cno＝'0102001') AND Cno＝'0102001'

(2) ANY 或 ALL 子查询

如果子查询返回的值不是单一的值而是一个结果集,则可以使用带有 ANY 或 ALL 的子查询,但是运用该类查询时必须同时使用比较运算符。

ANY 的含义表示父查询与子查询结果中的某个值进行比较运算,而 ALL 的含义表示父查询与子查询结果中的所有值进行比较运算。

【例 4.6】 查询比"11010111"班某生晚出生的其他班的学生的学号和姓名。
SELECT Sno,Sname
FROM Student
WHERE Sbirthday＞ANY (SELECT Sbirthday
　　FROM Student
　　WHERE Classno＝'11010111') AND Classno＜＞'11010111'

(3) IN 和 NOT IN 子查询

带有 IN 和 NOT IN 的子查询,子查询的结果是一个结果集,而非一个单一的值。比如在前面任务中的子查询查出的结果是不及格考生的学号,此处学生学号很可能是一个学号的集合,而非单一的值。

【例 4.7】 用 IN 子查询来查询计算机应用技术专业的学生的学号和姓名。
SELECT Sno,Sname
FROM Student
WHERE Classno IN
　　(SELECT Classno
　　FROM Class
　　WHERE Pno IN
　　　　(SELECT Pno
　　　　FROM Professional
　　　　WHERE Professional.Pname＝'计算机应用技术'))

(4) EXISTS/NOT EXISTS 子查询

在带有 EXISTS 运算符的子查询中,子查询不返回任何结果,只产生逻辑真值 TRUE 或逻辑假值 FALSE。若子查询的结果集不为空,则 EXISTS 返回 TRUE,否则返回 FALSE。EXISTS 还可与 NOT 结合使用,即 NOT EXISTS,其返回值与 EXISTS 相反。

由于带有 EXISTS 的查询只返回逻辑值,因此由它引出的子查询中给出列名列表没有实际意义,一般用"*"作为目标列。

【例 4.8】 用 EXISTS 子查询来查询计算机应用技术专业的学生的学号和姓名。
SELECT Sno, Sname
FROM Student
WHERE EXISTS

```
（SELECT *
 FROM Class
 WHERE EXISTS
     （SELECT *
      FROM Professional
      WHERE Professional.Pname='计算机应用技术'
      AND Student.Classno=Class.Classno
      AND Class.pno=Professional.Pno
      AND Class.pno=Professional.Pno））
```

子任务 2.1　使用 IN 子查询进行数据的复杂查询

【任务需求】

查询与学号为 1201011101 学生同班的学生信息,包括学号和姓名字段。

【任务分析】

要查询学生的信息,可以首先确定的是在数据表 Student 中查找。但是要查询与学号为 1201011101 学生同班的学生,首先要知道他所在的班级,即班级编号的信息。可以利用学过的单表查询的知识,写出下面的代码来查询该班的班级编号,即:

```
SELECT Classno
FROM Student
WHERE Sno='1201011101'
```

查询结果是 12010111,而后再根据此班级编号查询该班其他学生的信息,代码为:

```
SELECT Sno,Sname
FROM Student
WHERE Classno='12010111'
```

仔细分析一下这两个查询的关系,第一个查询的结果正好是第二个查询中的一个筛选条件,因此也可以将刚才写的代码遵循子查询的格式合并成一段代码。IN 子查询的基本格式为:

```
SELECT 列名列表
FROM <表 A>
WHERE 字段 A IN（SELECT 字段 A
                FROM <表 B>
                WHERE <筛选条件>）
```

【任务实现】

在查询窗口编写如下代码:

```
SELECT Sno,Sname
FROM Student
WHERE ClassNo IN（SELECT Classno
                 FROM Student
                 WHERE Sno='1201011101'）
```

【程序说明】

上述的代码由两部分组成,括号内的部分是子查询部分,也是首先执行的代码,将查询出学号为 1201011101 学生所在班级的班级编号"12010111";括号外的部分是父查询部分,在获

得子查询结果后执行,也即父查询的语句在子查询执行后将变成以下代码:

SELECT Sno,Sname

FROM Student

WHERE Classno='12010111'

执行结果如图 4-13 所示。

图 4-13　查询与学号为 1201011101 学生同班的学生信息

【拓展任务】

(1)查询与教师编号"0201"相同职称的教师的编号和姓名。

(2)查询选修课考试不及格的学生信息,包括学号和姓名。

【小技巧】

(1)子查询执行时,先运行的是子查询部分,调试代码时可以将子查询的结果单独运行,观察结果是否正确。然后再运行整个查询,分段调试可以更容易排除代码中的错误。

(2)初学者书写子查询的时候可以先用分步查询的方法书写代码,最后将这些代码按照相应的格式进行合并。

(3)当子查询的结果不止一个时,条件语句中要使用 IN,否则会出现下面的错误提示信息,如图 4-14 所示。

图 4-14　子查询返回结果不止一个

子任务 2.2　使用 EXISTS 子查询进行数据的复杂查询

【任务需求】

查询选修了课程编号为"0101001"课程的学生的学号和姓名。

【任务分析】

完成这个查询,要用到两张数据表,分别是 Student 和 Result。可以使用 IN 子查询的方法。代码如下:

SELECT Sno 学号,Sname 姓名

FROM Student

WHERE Sno IN (SELECT Sno

　　　　　　FROM Result

　　　　　　WHERE Cno='0101001')

此外,也可以使用 EXISTS 来构造子查询。基本格式为:

SELECT 列名列表

FROM ＜表 A＞

WHERE EXISTS

　　(SELECT *

　　FROM ＜表 B＞

　　WHERE ＜筛选条件＞ AND 表 A.字段=表 B.字段)

【任务实现】

在查询窗口编写如下代码:

SELECT Sno 学号,Sname 姓名

FROM Student

WHERE EXISTS

　　(SELECT *

　　FROM Result

　　WHERE Student.Sno=Result.Sno AND Cno='0101001')

【程序说明】

上述代码由两部分组成,括号内的部分是子查询部分,不仅要写上筛选条件,还要将两表的连接关系写出来,即"Student.Sno=Result.Sno"。父查询中则比较简单,写出 WHERE EXISTS 就可以了。执行结果如图 4-15 所示。

图 4-15 查询选修了课程编号为"0101001"课程的学生信息

【拓展任务】

(1)查询软件与服务外包学院的学生信息,包括学号、姓名字段。

(2)查询选修了"平面设计"课程的学生的学号和姓名。

【小技巧】

如果子查询得出的结果集记录较少,主查询中的表较大且又有索引时应该用 IN 子查询,反之如果外层的主查询记录较少,子查询中的表大,又有索引时使用 EXISTS 子查询。

EXISTS 查询也可以用于检查查询结果是否存在,如在数据库创建前可以使用该查询检查要创建的数据库是否存在,如果存在则删除,代码可以写成:

```
IF EXISTS(SELECT * FROM sysdatabases WHERE NAME='StudentDB')
    DROP DATABASE StudentDB
GO
CREATE DATABASE StudentDB
```

任务 3　使用 UNION 进行联合查询

预备知识

要将两个不同的查询结果进行合并,可以使用 UNION 操作符,其语法格式为:

SELECT 字段列表

FROM ＜表 A＞

WHERE ＜筛选条件＞

UNION

SELECT 字段列表

FROM ＜表 B＞

WHERE ＜筛选条件＞

【任务需求】

查询在校的和已经毕业的姓陈女生的信息,包括学号和姓名字段。

【任务分析】

要查询在校学生的信息,可以在数据表 Student 中查找,而已经毕业的学生信息则在数据表 Student1 中。

【任务实现】

在查询窗口编写如下代码:

SELECT Sno 学号,Sname 姓名

FROM Student

WHERE Ssex='女' AND Sname LIKE '陈％'

UNION

SELECT Sno 学号,Sname 姓名

FROM Student1

WHERE Ssex='女' AND Sname LIKE '陈％'

【程序说明】

上述的代码由两个 SELECT 语句组成,前一个查询语句可查询出在校的陈姓女生信息,而后一个查询语句可以查询出已经毕业的陈姓女生的信息。UNION 操作符可以将这两个查询结果合并成一个结果集。执行结果如图 4-16 所示。

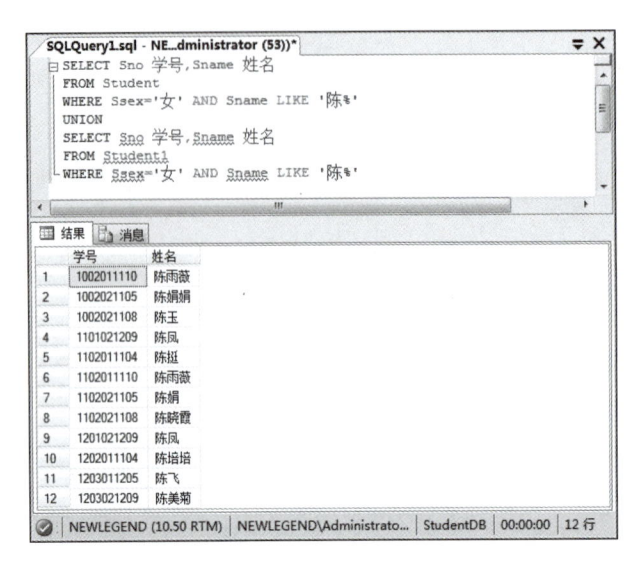

图 4-16 查询在校的和已经毕业的陈姓女生的信息

【拓展任务】

(1) 查询学生表中"11010111"班、"11010112"班和"11020111"班的学生信息。

(2) 查询在校师生中的姓陈的学生或教师的信息,包括学号(教师编号)和姓名。

【小技巧】

UNION 一般用于将不同数据表的查询结果合并成一个结果集,两个原始表的数据结构可以不同,但是选出的合并的列必须具有同样的数据类型,比如上述的拓展任务 2 中,Teacher 表和 Student 表的结构不同,但是 Sname 字段和 Tname 字段数据类型相同,因此可以进行合并操作。

任务 4　创建并应用视图

预备知识

1. 视图的概念和分类

视图是一种数据库对象,它是从一个或多个表或视图导出的虚表,即它可以从一个或多个表中的一列或多个列中提取数据,并按照表组成行和列来显示这些信息。视图中的数据在视图被使用时动态生成,数据随着源数据表的变化而变化。当源数据表删除后,视图也就失去了存在的价值。

SQL Server 2008 中的视图可以分为三类:标准视图、分区视图和索引视图。标准视图是视图的标准形式,它组合了一个或多个表的数据,用户可以通过它对数据库进行数据的增加、删除、更新以及查询的操作。分区视图是用户将来自不同的两个或多个查询结果组合成单一的结果集,在用户看来就像一个表一样。索引视图是通过计算并存储的视图。

使用视图具有以下优点:

(1) 视图可以简化用户对数据的理解。一般情况下,用户比较关心对自己有用的那部分信息,那些被经常使用的查询可以被定义为视图。如计应 1111 班的班主任比较关心的是自己班级的学生信息,就可以以全体学生的数据表为基础创建"计应 1111 班学生"视图。

(2)视图可以简化复杂的查询,从而方便用户进行操作。比如要查询计算机应用技术专业的学生时,需要用到多张数据表,每次查询都需要编写查询语句就显得太烦琐,此时就可以将查询语句定义为视图。

(3)视图能够对数据提供安全保护。通过视图用户只能查询和修改他们所能见到的数据,数据库中的其他数据则既看不见也取不到。数据库授权命令可以使每个用户对数据库的检索限制到特定的数据库对象上,但不能授权到数据库特定行和特定列上。通过视图,用户可以被限制在数据的不同子集上。

(4)视图可以使应用程序和数据库表在一定程度上独立。如果没有视图,应用一定是建立在表上的。有了视图之后,程序可以建立在视图之上,从而程序与数据库表分隔开来。

2. 视图的基本操作

视图的基本操作包括视图的创建、修改、重命名和删除等。

(1)视图的创建

视图的创建既可以使用操作的方式完成,也可以使用 CREATE VIEW 语句来创建,创建视图的基本语法为:

CREATE VIEW [schema_name.] view_name [(column [,...n])]
[WITH <view_attribute> [,...n]]
AS select_statement [;]
[WITH CHECK OPTION]
<view_attribute> ::=
{
[ENCRYPTION]
[SCHEMABINDING]
[VIEW_METADATA]}

其中主要参数的含义见表 4-5。

表 4-5　　　　　　　　　CREATE VIEW 语句中参数的说明

主要参数	说　明
view_name	新建视图的名称
column	视图中的列名
ENCRYPTION	表示对视图的创建语句进行加密
Select_statement	定义视图的 SELECT 语句
WITH CHECK OPTION	强制视图上执行的所有数据修改语句都必须符合由 select_statement 设置的条件

【例 4.9】 创建视图 view_xs1111,要求能够查询 11010111 班的学生信息。

程序代码:

CREATE VIEW view_xs1111
AS
SELECT *
FROM Student
WHERE Classno='11010111'
WITH CHECK OPTION

指定 WITH CHECK OPTION 选项后,如果在此视图上执行增加和修改操作,要求新数据必须符合指定的约束条件。

在数据库中创建视图,还需要注意用户是否对引用的数据表和视图拥有权限。另外,也要注意以下几点:

- 视图的命名要符合规范,不能和本数据库的其他数据库对象名称相同。
- 一个视图最多可以引用 1024 个字段。
- 视图的基表既可以是表,也可以是其他视图。
- 不能在视图上运用规则、默认约束或触发器等数据库对象。
- 只能在当前数据库中创建视图,但是视图所引用的数据库表和视图可以来自其他数据库甚至是其他服务器。
- 删除视图所依赖的数据表或其他视图时,视图的定义不会被系统自动删除。

(2)视图的运用

视图定义完成后,可以运用视图进行数据查询,也可以运用视图进行数据的增加、删除或更新。

【例 4.10】 利用视图"view_xs1111"为数据表 Student 增加一条记录。
```
INSERT INTO view_xs1111
    (Sno,Sname,Ssex,Sbirthday,EntranceTime,Classno,Email)
VALUES
    ('1101011197','李四','男','1995-9-1','2013-9-1','11010111','1101011199@sohu.com')
```

(3)视图的修改

视图定义完后,如果对其定义不太满意,既可以通过 SQL Server Management Studio 的可视化界面来修改,也可以使用 ALTER VIEW 语句进行修改。ALTER VIEW 的语句格式及参数与 CREATE VIEW 语句相似,下面举例说明:

【例 4.11】 修改视图 view_xs1111 为加密视图,要求能够查询 11010111 班的男生信息。
```
ALTER VIEW view_xs1111
WITH ENCRYPTION/* 加密视图 */
AS
SELECT *
FROM Student
WHERE Classno='11010111' AND Ssex='男'
```
经过加密后的视图语句就不能随意被人修改,从而保护视图本身的安全性。

(4)视图的重命名

视图的名称被定义后,如果要进行修改可以通过 SQL Server Management Studio 的可视化界面来修改,也可以使用系统存储过程 sp_rename 进行修改。使用系统存储过程 sp_rename 的语法格式为:

sp_rename old_name,new_name

说明:

- old_name:视图原来的名称。
- new_name:视图新的名称。

【例 4.12】 将视图"view_xs1111"重命名为"view_xs1111new"。
```
EXEC sp_rename 'view_xs1111','view_xs1111new'
```

(5)视图的删除

如果视图不需要时,可以通过 SQL Server Management Studio 的可视化界面来删除,也可以使用 DROP 语句进行删除。DROP 语句的语法格式为:

DROP VIEW view_name [,...n]

说明:

- view_name:视图的名称。
- 可以同时删除多个视图,视图的名称间用逗号分隔。

【例 4.13】 将视图"view_xs1111new"删除

DROP VIEW view_xs1111new

子任务 4.1 创建视图

【任务需求】

创建视图 view_rj,可以查询出软件与服务外包学院的学生信息,包括学号、姓名、性别和地址。

创建视图

【任务分析】

完成视图的创建,可以使用两种方法:一种是使用图形化的工具;另一种是直接编码完成。本任务中要查询学生信息,必须要用到数据表 Student。但是只用该数据表无法确定哪些是软件与服务外包学院的学生,因此还需要用到相关的数据表 Class、Professional 和 Department。

【任务实现】

方法一:

(1)在对象资源管理器的 StudentDB 节点中右击"视图",选择"新建视图"菜单项,弹出"添加表"对话框,依次添加数据表 Student、Class、Professional 和 Department。单击【添加】按钮,添加完毕后单击【关闭】按钮关闭"添加表"对话框。

(2)在视图设计窗口的关系图窗格中依次添加需要查询的列,分别为 Sno、Sname、Ssex 和 Address,如图 4-17 所示。

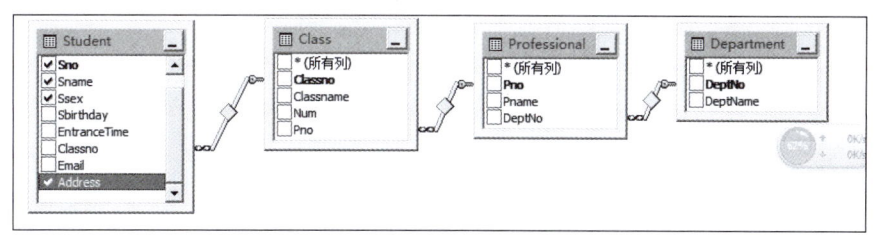

图 4-17 在"视图设计器"中添加查询的列

(3)选中 Department 数据表中的 DeptName 字段,将"输出"列中的 DeptName 中的勾选去掉,并在"筛选器"列中添加筛选条件"软件与服务外包学院",并单击工具栏上的 ! 按钮,可以查询出需要的结果,如图 4-18 所示。

其中第一个子窗口是关系图窗格,主要显示添加的表及其关系,用户可以通过双击字段,或在字段窗格里的列内单击来添加所需的字段。

第二个子窗口是条件窗格,主要显示用户选择的列的名称、别名、表、输出、排序类型、排序顺序以及筛选条件等属性,用户可以根据需要进行设置。

第三个子窗口是 SQL 窗格,主要显示视图运行的 SQL 语句。

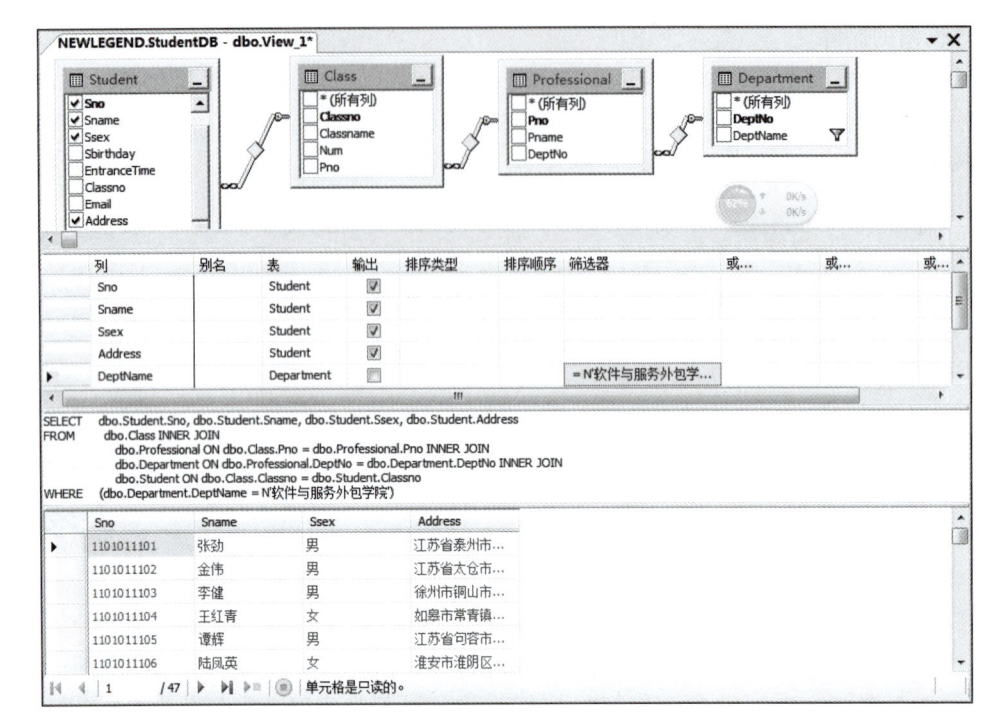

图 4-18 在"视图设计器"窗口添加筛选条件

第四个子窗口是结果窗格,主要显示视图运行的结果。可以单击对象资源管理器中的 ⚡ 按钮来观察查询的结果。

(4)查询结果正确后,单击工具栏上的【保存】按钮,弹出"选择名称"对话框,在该对话框中命名视图"view_rj",如图 4-19 所示。单击【确定】按钮,完成视图的保存。

图 4-19 保存视图

方法二:

在查询窗口编写如下代码:

IF EXISTS(SELECT * FROM sysobjects WHERE NAME='view_rj')

DROP VIEW view_rj

GO

CREATE VIEW view_rj

AS

SELECT Sno,Sname,Ssex,Address

FROM Student AS S INNER JOIN Class AS C

  ON S. Classno=C. Classno

  INNER JOIN Professional AS P

  ON C. Pno=P. Pno

  INNER JOIN Department AS D

ON P. DeptNo=D. DeptNo
WHERE D. DeptName='软件与服务外包学院'
GO

【程序说明】

程序分为两个部分:一部分主要是判断一下当前的数据库中是否存在视图,如果存在就先删除它;另一部分是使用 CREATE VIEW 命令创建视图,其主体部分是一句多表查询语句,目的是将软件与服务外包学院的学生筛选出来。视图创建后,如果以后再要查询该信息时,就不必重新写这么复杂的语句了。只要使用 SELECT * FROM view_rj,就可以实现同样的查询效果。执行结果如图 4-20 所示。

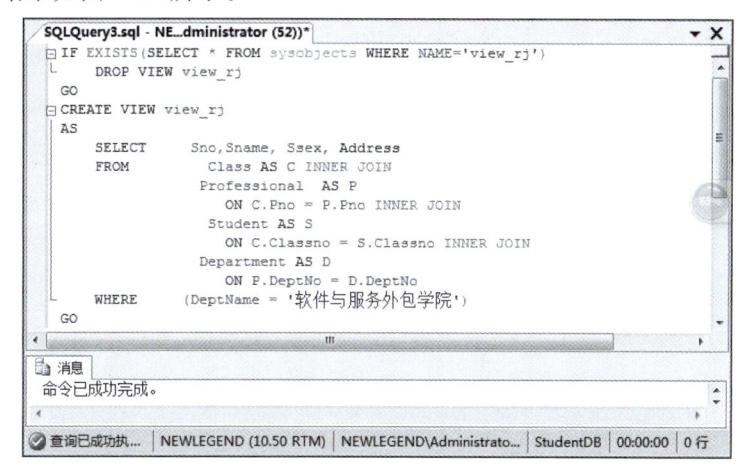

图 4-20　使用 CREATE VIEW 语句创建视图

【拓展任务】

使用操作及编码两种方式创建视图 view_jy,要求可以查询"计算机应用技术"专业所有学生的信息。

【小技巧】

1. 添加数据表后,关系图窗格会有点凌乱,如图 4-21 所示。可以根据数据表之间的关系适当调整数据表的布局,如图 4-22 所示。

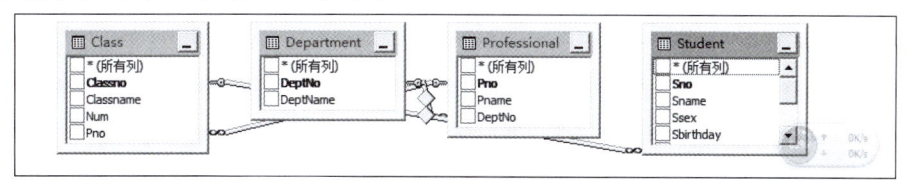

图 4-21　关系图窗格调整之前的情况

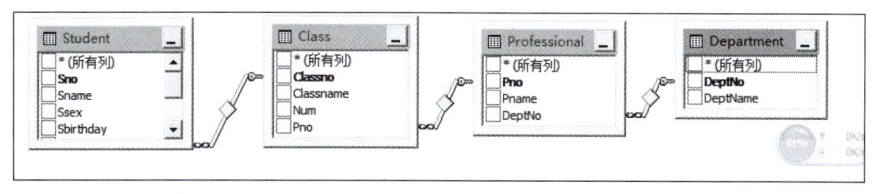

图 4-22　关系图窗格调整之后的情况

2. 创建较为复杂的查询时,也可以使用视图作为工具来理清表与表之间的关系。

子任务 4.2 应用视图

【任务需求】

使用视图 view_rj,查询软件与服务外包学院女生的学号、姓名和地址信息。

【任务分析】

视图 view_rj 创建完后,就可以像使用普通数据表那样用视图进行查询。本任务中要使用视图查询软件与服务外包学院中的女生信息,还需要在 WHERE 后面写上筛选条件。

【任务实现】

在查询窗口编写如下代码:

SELECT Sno 学号,Sname 姓名,Address 地址
FROM view_rj
WHERE Ssex='女'

【程序说明】

利用视图进行查询可以将视图当成一张普通的数据表,查询语句 SELECT 的基本格式和数据表查询完全相同。但由于视图 view_rj 中本来就是软件与服务外包学院的学生,因而 WHERE 子句中只需列出"Ssex='女'"的查询条件即可。执行结果如图 4-23 所示。

图 4-23 使用视图查询学生信息

【拓展任务】

使用视图 view_jy 查询计算机应用技术专业学生的学号、姓名、入学时间以及出生年月信息。

【小技巧】

视图是依赖于数据表而存在的,如果表被删除的话,视图也就无法运用了。比如将 Student 数据表删除后,再运行上述代码,便会报错,如图 4-24 所示。

图 4-24 数据表删除后视图不能运用

项目小结

本项目首先介绍了运用连接查询来进行多表查询,主要包括内连接、外连接(左外连接、右外连接和全外连接)和交叉连接。其中内连接查询是最常用的一种,其实现要求两表必须具有关联的字段,并以此作为连接条件来构建查询。

其次介绍了运用子查询来进行多表信息的查询。子查询也称为内部查询,而包含子查询的语句也称为外部查询或父查询。子查询是一个 SELECT 语句,它嵌套在一个 SELECT、SELECT...INTO 语句、INSERT...INTO 语句、DELETE 语句、UPDATE 语句或嵌套在另一子查询中。

最后介绍了视图这种新的数据库对象。视图的创建既可以使用 SQL Server Management Studio 中的操作完成,也可以使用 CREATE VIEW 语句完成。利用已生成的视图,可以进行数据的查询,也能对数据进行增加、更新和删除等操作。

同步练习与实训

一、选择题

1. 在 SQL 语言中,子查询是(   )。
   A. 返回单表中数据子集的查询语句
   B. 选取多表中字段子集的查询语句
   C. 选取单表中字段子集的查询语句
   D. 嵌入另一个查询语句之中的查询语句

2. 不能合并多个表中数据的方法是(   )。
   A. UNION   B. 子查询   C. 表连接   D. 角色

3. SQL 的视图是从(   )中导出的。
   A. 基本表   B. 视图   C. 基本表或视图   D. 数据库

4. 在 T-SQL 聚合函数中,以下(   )用于返回表达式中所有值的总和。
   A. SUM()   B. COUNT()   C. AVG()   D. MAX()

5. 使用 SQL 语句进行分组检索时,为了去掉不满足条件的分组,应当(   )。
   A. 使用 WHERE 子句
   B. 在 GROUP BY 后面使用 HAVING 子句
   C. 先使用 WHERE 子句,再使用 HAVING 子句
   D. 先使用 HAVING 子句,再使用 WHERE 子句

6. 如果要在查询结果中列出在最前面的 3 个记录,要在 SQL 语句的 SELECT 命令中添加参数(   )。
   A. next 3   B. record 3   C. first 3   D. top 3

7. 数据表 score 有 stu_id、names、math、English 以及 VB 几个字段,下列语句中正确的是(   )。
   A. SELECT stu_id,sum(math) FROM score
   B. SELECT sum(math),avg(VB) FROM score
   C. SELECT * ,sum(english) FROM score
   D. DELETE * FROM score

8. 在视图上不能完成的操作是(　　)。
A. 更新视图　　　　　　　　　　B. 查询
C. 在视图上定义新的表　　　　　D. 在视图上定义新的视图
9. 在 SQL 语言中,子查询是(　　)。
A. 返回单表中数据子集的查询语言
B. 选取多表中字段子集的查询语句
C. 选取单表中字段子集的查询语句
D. 嵌入另一个查询语句之中的查询语句
10. 字符串常量使用(　　)作为定界符。
A. 单引号　　　　B. 双引号　　　　C. 方括号　　　　D. 花括号

二、填空题

1. 对数据进行统计时,求平均值的函数是_____。
2. 表或视图的操作权限有 SELECT、UPDATE、DELETE 和_____。
3. SELECT 命令中,表示条件表达式用 WHERE 子句,分组用_____子句,排序用 ORDER BY 子句。
4. HAVING 子句与 WHERE 子句很相似,其区别在于:WHERE 子句作用于表和视图,HAVING 子句作用于_____。
5. 对数据进行统计时,求最小值的函数是_____。

三、简答题

1. 连接查询的种类有哪些? 它们之间有什么差别?
2. 子查询和表连接有什么联系和区别?
3. 简述视图与数据表之间的关系。

四、实训题

1. 使用前面项目中的图书管理系统中的数据表,根据需求分别编写查询语句。
(1) 查询刘晶晶罚款的总金额。
(2) 按照出版日期从后往前的顺序显示计算机类的图书信息,包括图书名称、作者、ISBN 和价格。
(3) 查询北京大学出版社 5 月份出版的图书的名称和价格。
2. 视图操作
(1) 创建视图
使用前面项目中的图书管理系统中的数据表创建可查询读者借阅的图书信息的视图,创建完成后如图 4-25 所示。
(2) 应用视图
利用视图查询某读者借书的情况,如刘晶晶借书的情况如图 4-26 所示。

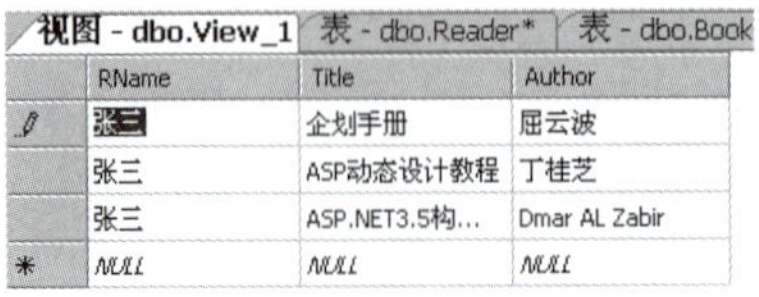

图 4-25　查询读者借阅的图书信息的视图 　　图 4-26　刘晶晶借阅的图书信息

项目 5　数据管理

学习导航

知识目标：
(1) 掌握 INSERT 语句的基本格式。
(2) 掌握 DELETE 语句的基本格式。
(3) 掌握 UPDATE 语句的基本格式。

技能目标：
(1) 能够使用 INSERT 语句增加数据。
(2) 能够使用 UPDATE 语句修改数据。
(3) 能够使用 DELETE 语句删除数据。

素质目标：
(1) 遵守国家的法律、法规的要求。
(2) 具有数据安全、数据保护的意识。

情境描述

数据是信息系统中的重要资源，系统的主要功能包括增加数据、修改数据和删除数据。比如新生入学后，需要将学生的基本信息录入教学管理系统；当学生的信息发生改变时，需要进行修改；当有学生转学后，需要在系统中将该学生的信息删除。本项目中要开始学习数据操纵语句，主要是数据增加语句（INSERT）、数据修改语句（UPDATE）和数据删除语句（DELETE）。另外，有时也需要将数据表中的某些信息提取出来生成一张新的数据表，比如可以将学生信息表中的姓名、地址和电子邮件等信息组成通讯录表。

任务实施

任务 1　增加数据

预备知识

数据表创建完后，有时需要向数据表进行数据的添加。具体来说，可以实现一条记录的增加或者多条记录的增加。

1. 数据库的语句类型

(1) 数据定义语句

DDL(Data Definition Language)是数据定义语句的英文缩写,主要是用于数据库各类对象的创建、修改和删除。该项目的数据库对象包括数据库、数据表、视图以及存储过程等。常见的 DDL 语句见表 5-1。

表 5-1 数据定义语句

DDL 语句的关键字	功 能	举 例
CREATE	创建新的数据库对象	CREATE DATABASE StudentDB (创建一个名为 StudentDB 的数据库)
ALTER	修改已有的数据库对象	ALTER TABLE Class ADD CONSTRAINT UQ_classname UNIQUE(Classname) (为 Class 表的 Classname 字段添加一个唯一约束 UQ_classname)
DROP	删除已有的数据库对象	DROP RULE rule_pno (删除规则 rule_pno)

(2) 数据查询语句

SELECT 语句是 SQL Server 中出现频率最高、功能最强大的语句之一,用户可以建立最简单的 SELECT 语句进行简单查询,也可以添加 WHERE、ORDER BY、GROUP BY 以及 HAVING 等多个子句实现复杂查询。这部分内容后面的项目会详细进行介绍,此处不再展开。

(3) 数据操纵语句

DML(Data Manipulation Language)是数据操纵语句的英文缩写,主要用于对数据库中的数据进行增加、修改和删除操作。主要包括:INSERT 语句、UPDATE 语句和 DELETE 语句。

2. INSERT 语句的基本格式

INSERT [INTO] <数据表名>/<视图名>

　　(字段1,字段2,字段3,……字段n)

VALUES

　　(值1,值2,值3,……值n)

3. INSERT 语句的基本应用

(1) 增加一条记录,包括表中所有的字段。

如果增加的记录包括表中所有字段,只要将字段和值依次列出,注意保持字段的顺序和值保持一致。

【例 5.1】 为专业表 Professional 增加一条记录。

INSERT INTO Professional

　　(Pno,Pname,DeptNo)

VALUES

　　('0107','大数据技术','01')

(2) 增加一条记录,包括表中部分的字段。

如果增加的记录只包括表中的部分字段,将要增加的字段和值依次列出,注意保持字段的顺序和值保持一致,字符、时间日期型的数据要加上一对单引号。

【例 5.2】 为教师表 Teacher 增加一条记录。
INSERT INTO Teacher
　　(Tno,Tname,Tsex,Tbirthday,Ttitle,PID)
VALUES
　　('0509','李湘','女','1986-9-2','讲师','3205761996090200013')

（3）增加多条记录。

可以使用 INSERT INTO...SELECT 语句,并使用 UNION 集合运算将多条记录同时插入数据表中。具体格式如下:

INSERT INTO ＜表名＞[列名列表]
SELECT 值列表 UNION
SELECT 值列表 UNION
……

【例 5.3】 为班级表 Class 增加记录。

在 Class 数据表中增加三个班级的信息,见表 5-2。

表 5-2　　　　　　　　　　要增加的多条班级记录

班级编号	班级名称	人　数	所属专业
12010312	软件 1212	35	0103
12010411	安全 1211	45	0104
12020212	会计 1212	42	0202

代码为:
INSERT INTO Class
SELECT '12010312','软件 1212',35,'0103' UNION
SELECT '12010411','安全 1211',45,'0104' UNION
SELECT '12020212','会计 1212',42,'0202'

注意事项:

(1)每个数据的数据类型、精度和小数位数必须与相应的列匹配。

(2)插入的数据是否有效,将按照整行的完整性的要求来进行检验。

(3)如果在设计表的时候就指定了某列不允许为空,则必须插入数据。

子任务 1.1　使用 INSERT 语句增加记录

【任务需求】

在 Student 数据表中插入一名学生的信息,具体信息见表 5-3。

表 5-3　　　　　　　　　　要增加的一条学生记录

学号	姓名	性别	出生日期	入学时间	班级编号	电子邮件	地址
1101011101	张劲	男	1993-3-12	2011-9-6	11010111	1101011101@sohu.com	江苏省泰州市小海镇温泉村二组

使用 INSERT 语句增加记录

【任务分析】

打开表设计器,如图 5-1 所示。

图 5-1　Student 数据表的结构

可以看到学生表 Student 中总共有 8 个字段，而任务需求中也分别给出了 8 个字段的值。根据 INSERT 语句的基本格式，可以按次序将相应的字段列表和值的列表填入其中。

【任务实现】

在查询窗口编写如下代码：

INSERT INTO Student
　　(Sno,Sname,Ssex,Sbirthday,EntranceTime,Classno,Email,Address)
VALUES
　　('1101011101','张劲','男','1993-3-12','2011-9-6','11010111','1101011101@sohu.com','江苏省泰州市小海镇温泉村二组')

思考：

记录是否顺利插入 Student 数据表中了，为什么？还需要解决什么问题？

【程序说明】

因为 Student 表事先已经设置了 Sno 字段为主键，并且数据表中已经存在学号为"1101011101"的一条记录，插入本条记录时违反了主键唯一的原则，因而记录并没有成功增加到数据表中，会出现下面的错误，如图 5-2 所示。

图 5-2　插入数据时违反主键约束

将学号修改为'1101011190'，记录成功插入数据库，如图 5-3 所示。

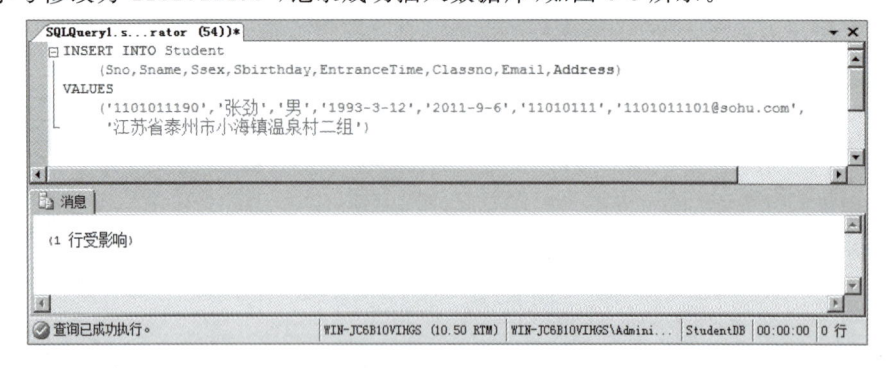

图 5-3　成功插入一条记录

【拓展任务】

(1) 增加软件 1213 班的班级信息。在 Class 数据表中使用 INSERT 语句插入如下数据，并将代码保存到以"Class.sql"命名的文件中。具体数据见表 5-4。

表 5-4　　　　　　　　　　　　　要增加的一条班级记录

班级编号	班级名称	人　数	所属专业
12010313	软件 1213	35	0103

(2)增加"市场营销""报关与国际货运"两个专业的信息。在 Professional 数据表中使用 INSERT 语句插入如下数据,并将代码保存到以"InsertProfessional.sql"命名的文件中。具体数据见表 5-5。

表 5-5　　　　　　　　　　　　　要增加的专业记录

专业编号	专业名称	系部编号
0203	市场营销	02
0204	报关与国际货运	02

【小技巧】

(1)写 INSERT 语句时,要在字符型数据、日期型数据上添加单引号。

(2)插入数据的时候,如果字段是自增列,则不需要在列表中出现该字段。如 User 表中的 UID 字段是自增列,则插入语句可以写成:

INSERT INTO User

　　(Uname,UPwd)

VALUES

　　('LISI','888888')

(3)如果插入表中所有的字段,并且值的列表和字段顺序一致,也可以省略字段列表。如任务中的代码可以写成:

INSERT INTO Student

VALUES

　　('11010111101','张劲','男','1993-3-12','2011-9-6','110010111','1101011101@sohu.com','江苏省泰州市小海镇温泉村二组')

子任务 1.2　使用 INSERT 语句和 SELECT 查询增加记录

【任务需求】

使用数据表 Student 为数据表 Student1 插入多条 12 级学生记录。

【任务分析】

数据表 Student1 的表结构和 Student 完全相同,可以直接使用 INSERT 语句结合查询语句来完成 12 级学生记录的插入,这样可以省去数据录入的时间,提高数据处理的效率。具体格式如下:

INSERT INTO <目标表>

字段列表

SELECT 字段列表

FROM <源表>

[WHERE <筛选条件>]

【任务实现】

在查询窗口编写如下代码：

INSERT INTO Student1

SELECT *

FROM Student

WHERE Sno LIKE '12%'

【程序说明】

SELECT 查询语句完成的是对数据表 Student 中 12 级学生的查询。这里 INSERT 语句后面没有跟上列名列表，是因为查询语句中将查询出来的所有列都增加到数据表 Student1 中了。

【拓展任务】

创建数据表 Teacher1，结构参照数据表 Teacher。使用 INSERT 和 SELECT 语句将女教师的记录插入数据表 Teacher1 中。

子任务 1.3 使用 SELECT...INTO 语句增加记录

【任务需求】

将 Student 数据表中的 11 级学生的记录复制到数据表 Student1 中。

【任务分析】

完成本任务可以使用 SELECT...INTO 语句，并且使用 WHERE 子句构建筛选条件。基本格式如下：

SELECT 列名列表

INTO ＜新表表名＞

FROM ＜表名＞

WHERE ＜筛选条件＞

说明：

此处的新表表名表示将查询的结果存放在一张新的数据表中。

【任务实现】

在查询窗口编写如下代码：

SELECT *

INTO Student1

FROM Student

WHERE Sno LIKE '11%'

【程序说明】

SELECT...INTO 语句可以将查询的结果保存到一个新建的数据表中。

【拓展任务】

将数据表 Result 的不及格的成绩复制到数据表 Result1 中。

【小技巧】

SELECT...INTO 语句适合于将查询的结果复制到一张新建立的数据表中的情况。如果 Student1 已经存在，要将 11 级学生的信息复制到该表中，就可以使用 INSERT INTO...SELECT 语句。

任务 2　修改数据

预备知识

由于数据库的数据会随着数据库系统的运行而发生改变,这就需要对数据库的数据进行更新,可以使用 UPDATE 语句实现。UPDATE 语句的基本格式如下:

UPDATE ＜表名＞

SET 列名＝更新值

［WHERE ＜筛选条件＞］

数据表建成后,数据有时会发生改变,这时就需要对原来的数据进行修改。具体来说,可以修改所有记录,也可以对部分记录进行修改。

子任务 2.1　修改所有记录

【任务需求】

将 Result 数据表中的所有分数都修改为 60。

【任务分析】

完成本任务可以使用 UPDATE 语句,首先分析修改的字段是成绩,而该字段来自数据表 Result。而后修改的内容是将原来的字段的值赋值为 60,可以写成:Result＝60。

【任务实现】

在查询窗口编写如下代码:

UPDATE Result

SET Result＝60

思考:

观察代码执行后 Result 数据表发生了什么变化?

【程序说明】

程序运行后,由于没有设置任何的筛选条件,发现 Result 数据表中所有记录的 Result 字段的值都更新了。这也许不是希望的结果,那么下一个任务中我们将要进行满足筛选条件的记录的批量修改。

【拓展任务】

将 Student 数据表中所有的电子邮件修改为"1001011101@qq.com",地址为江苏太仓。

【小技巧】

同时改变多个值的时候,可以在 SET 后面依次将要修改的字段及值列出,各个字段间使用逗号分隔。比如要修改 Student 数据表中所有的电子邮件和地址的值,可以写成:

UPDATE Student

SET Email＝'1001011101@qq.com',Address＝'江苏太仓'

子任务 2.2　修改符合条件的记录

【任务需求】

将选修了"0101005"课程的成绩不及格的学生的分数提高 5 分。

修改符合条件的记录

【任务分析】

本任务与上一个任务的不同之处就在于不是将所有课程的所有成绩提高 5 分,而是有选择性地提高某门课程的成绩,这就需要使用 WHERE 子句进行筛选。

【任务实现】

在查询窗口编写如下代码:

UPDATE Result

SET Result=Result+5

WHERE Cno='0101005' AND Result<60

【程序说明】

代码中使用 WHERE 子句对更新条件进行了限制,即课程编号为"0101005"的课程,并且课程成绩不及格的那些记录才能更新 Result 字段的值,就是只对部分记录进行了修改。"SET Result=Result+5"是 SQL Server 中赋值语句,表示将成绩字段在原来的基础上提高 5 分。执行结果如图 5-4 所示。

图 5-4 更新 Result 数据表部分记录

【拓展任务】

(1)将学号为"1101011101"的学生的地址修改为"浙江省杭州市幸福路 21 号"。

(2)将班级编号为"11010111"的学生的班级编号修改为"11010112"。

(3)将"平面设计"课程的学分修改为 6。

(4)将电子邮件为空的学生的电子邮件修改为"邮件不详"。

【小技巧】

(1)书写修改语句时,WHERE 条件不是必选项,如果没写表示修改所有记录。

(2)邮件为空使用 WHERE 子句构建条件的时候可以写成"WHERE Email IS NULL"。

任务 3 删除数据

预备知识

数据表创建完后,有些记录不需要时可以对其进行删除。具体来说,可以实现全部记录的删除或者部分记录的删除。

根据用户需求的不断变化,有时需要删除原先的数据表中的数据。对于批量信息的删除,可以使用 DELETE 语句实现。DELETE 语句的基本格式如下:

```
DELETE [FROM] <表名>
[WHERE <筛选条件>]
```

【法律课堂】

2020年2月23日18时56分许,贺某酒后因生活不如意、无力偿还网贷等个人原因,在其暂住地通过个人笔记本电脑连接其公司的虚拟专用网络、登录其就职的微盟公司的服务器,4分钟时间将公司服务器内的数据全部删除,导致微盟经济损失2260余万元,300余万用户(其中付费用户7万余户)无法正常使用该公司SaaS产品。事发后仅一天,微盟集团的市值就蒸发超过10亿港元。2020年8月26日,上海市宝山区人民法院法院认为,贺某违反国家规定,删除计算机信息系统中存储的数据,造成特别严重的后果,其行为已构成破坏计算机信息系统罪,应当依法追究刑事责任。公诉机关指控的犯罪事实清楚,证据确实充分,罪名成立。贺某最后被判处6年有期徒刑。

微盟公司也对该事件进行了反思:本次事故虽由员工的不当行为引起,但也暴露出本公司在数据安全管理方面的不足之处,以后需要加强意外事件快速应对能力以及运维人员的法律和职业道德学习等方面。

子任务 3.1　删除所有记录

【任务需求】

删除 Student 数据表中所有的记录。

【任务分析】

完成本任务可以使用 DELETE 语句,如果要删除表中所有的记录务必要非常谨慎,确保数据已经备份,具体备份的方法在后面的项目中详细介绍。

【任务实现】

在查询窗口编写如下代码:

```
DELETE FROM Student
```

思考:

DELETE 语句执行后,Student 数据表发生了什么变化?

【程序说明】

程序运行后,发现 Student 数据表中的数据并没有成功删除,因为 Student 和 Result 有依赖关系,有些同学选修了课程,如果 Student 表中的学生记录删除后,Result 表中的成绩就不知道是哪些学生的,也就无法保证数据的一致性了。要删除 Student 表的所有记录,只有先删除 Result 表。

【拓展任务】

(1)使用 DELETE 命令删除数据表 Teacher 中的记录。

(2)使用 TRUNCATE 命令清空数据表 Result 中的数据。

【小技巧】

如果要清空数据表中的所有数据,除了使用 DELETE 命令外,还可以使用 TRUNCATE 命令。TRUNCATE 语句的执行速度比 DELETE 语句快,格式如下:

```
TRUNCATE TABLE <表名>
```

子任务 3.2　删除符合条件的记录

【任务需求】

班级编号为"11010111"的学生毕业了,要删除其班级信息。

【任务分析】

完成本任务可以使用 DELETE 语句,并且使用 WHERE 子句构建删除的筛选条件。

【任务实现】

在查询窗口编写如下代码:

```
DELETE Class
 WHERE Classno='11010111'
```

思考:

DELETE 语句执行后,Class 数据表发生了什么变化?为什么?

【程序说明】

程序运行后,发现数据库中的 Class 表数据没有发生变化,说明该语句并未执行成功,这是因为该表与 Student 数据表存在依赖关系。设想如果该表的数据被清除,Student 表中的学生(1101011101,张劲,男,1993-3-12,2011-9-6,11010111,1101011101@sohu.com,江苏省泰州市小海镇温泉村二组),是哪个班级的学生就不清楚了,所以要删除班级的信息,必须先删除 Student 数据表中所有相关联的信息,也即删除 Student 表中该班级的所有学生,代码如下:

```
DELETE Student
 WHERE Classno='11010111'
```
代码的执行结果如图 5-5 所示。

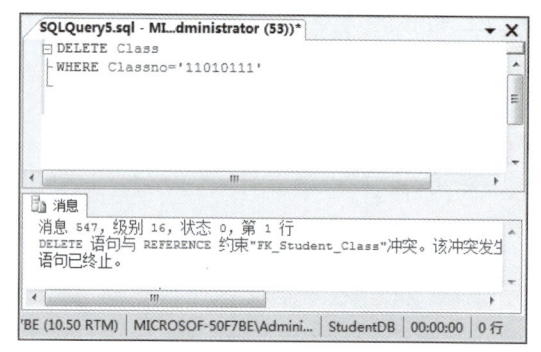

图 5-5　删除 Class 数据表的部分记录

【拓展任务】

(1)删除 Student 表中 11 级学生的所有信息。

(2)删除课程编号为"0101001"的课程信息。

【小技巧】

(1)写删除语句时,WHERE 条件不是必选项,如果没写表示删除所有记录。

(2)删除 11 级学生信息,可以使用通配符的表示方法,即"WHERE Sno LIKE '11%'"。

项目小结

数据库主要是用来管理数据的,当数据表建立后要对数据进行日常的管理,就要涉及数据的基本操作,即数据的增加、修改和删除。本项目主要介绍了如何使用 INSERT 语句、UPDATE 语句和 DELETE 语句来实现数据的增加、修改和删除。

同步练习与实训

一、选择题

1. 在 SQL 语言中，删除记录的命令是（　　）。
   A. DELETE　　　B. DROP　　　C. CLEAR　　　D. REMOVE

2. 要删除 Teacher 表中的数据，使用 TRUNCATE TABLE Teacher，运行结果将会（　　）。
   A. 表 Teacher 被删除
   B. 删除表中的所有行，表 Teacher 的约束依然存在
   C. 表 Teacher 中的数据没有被删除
   D. 表 Teacher 中不符合检查约束的数据被删除

3. 假设 Student 表中包含主键列 Sno，则执行更新语句：
   UPDATE Student
   SET Sno＝′1101011101′
   WHERE Sname＝′金伟′
   执行的结果可能是（　　）。
   A. 更新了多行数据　　　　　　　　B. 错误，主键列不能被更新
   C. 没有更新数据　　　　　　　　　D. 语法错误，不能执行

4. 假设 Student 表中的 Address 列的默认值为"地址不详"，Ssex 列的默认值为"女"，同时还有 Sno 和 Sname 列，则执行插入语句：
   INSERT INTO Student
   　　(Sno,Sname,Ssex)
   VALUES
   　　(′1101011115′,′黄晴′,default)
   下列说法中正确的是（　　）。
   A. 地址列为空　　　　　　　　　　B. Ssex 的值为"男"
   C. Sname 的值为空　　　　　　　　D. 地址列为"地址不详"

5. 在员工表（见表 5-6）和部门表（见表 5-7）中，若员工表的主键是员工号，部门表的主键是部门号。在部门表中，哪一行可以被删除？（　　）

表 5-6　　　　　　　　　　　　　　　员工表

员工号	雇员名	部门号	工资
001	刘丽	02	2 000
010	张宏	01	1 200
056	马林生	02	1 000
102	赵敏	04	1 500

表 5-7　　　　　　　　　　　　　　　部门表

部门号	部门名	主任
01	业务部	Zhang
02	销售部	Li
08	服务部	Wu
04	财务部	chen

A. 部门号＝'01'的行　　　　　　B. 部门号＝'02'的行
C. 部门号＝'08'的行　　　　　　D. 部门号＝'04'的行

6. 在 SQL Server 2008 的（　　）工具中，可以创建查询和其他 SQL 脚本，并执行查询或脚本。

A. 配置管理器　　B. 查询分析器　　C. 报表服务器　　D. 服务器网络实用工具

二、填空题

1. SQL 的全称是_____。

2. DDL 的全称是_____。

3. DML 的全称是_____。

4. 在 T-SQL 语言中，有 4 种常见的 DML 语句，分别为：_____、_____、_____和_____。

三、简答题

1. 如何实现多行数据的插入，请举例说明。

2. 删除数据时，可以使用 DELETE 和 TRUNCATE 语句，它们有什么区别？

3. SELECT...INTO 语句与 INSERT INTO...SELECT 语句有什么区别与联系，请举例说明。

四、实训题

1. 创建视图 view_Books，可以查询所有的字段为 82 的图书。应用该视图为 LibraryDB 数据库中的数据表 Books 增加数据，见表 5-8。

表 5-8　　　　　　　　　　　要插入的图书信息

BID	Title	Author	PubId	PubDate	ISBN	Price	CategoryId
5139	给孩子讲人工智能	涂子沛	19	2020-7-1	9787115538826	20.00	82
5142	机器学习入门到实战——MATLAB	冷雨泉	17	2019-2-1	9787302495147	59.00	82
5143	大数据架构详解：从数据获取到深度学习	朱洁	7	2019-10-1	9787121300004	69.00	82

2. 应用该视图修改 LibraryDB 数据库中的数据表 Books 中的数据，将图书编号为 5139 的图书的价格更新为"58.0"。

3. 使用 SELECT INTO 语句复制 Library 数据库中数据表 Books 中的数据到数据表 Books1 中。

4. 使用 DELETE 语句删除 Library 数据库中的数据表 Books，使用 TRUNCATE 语句删除数据表 Books1 中的数据。

第三篇

管理数据库

项目 6　管理教学管理系统数据库

学习导航

知识目标：
(1) 知道数据安全性的含义。
(2) 了解数据库的登录模式。
(3) 理解数据安全性的实现机制。
(4) 了解数据库备份的概念和作用。
(5) 知道数据库备份的类型。

技能目标：
(1) 会创建登录。
(2) 会创建数据库用户。
(3) 会给数据库用户授权。
(4) 能够备份、还原数据库。
(5) 会数据的导入与导出。

素质目标：
(1) 提高数据安全意识，养成及时备份数据的习惯。
(2) 遵守网络安全、数据安全等方面法律法规。

情境描述

数据库系统存在着来自操作系统、人员、网络三方面的威胁，作为系统管理员、数据库用户和程序设计人员，必须了解数据库系统安全的重要性。数据库的安全性是指保护数据库以防止不合法的使用所造成的数据泄密、更改或破坏。数据库的安全性和计算机系统的安全性是紧密联系的。

任务实施

任务 1　数据库的安全管理

预备知识

1. SQL Server 数据库的安全机制

SQL Server 数据库管理系统、Windows 操作系统和网络技术一起构成数据库系统的安全体系。Windows 用户要想访问 SQL Server 数据库，必须通过以下四道安全防线：

（1）操作系统的安全防线。用户需要一个有效的登录账户，才能对操作系统进行访问。

（2）SQL Server 的身份验证防线。SQL Server 通过登录账户来创建附加安全层，一旦用户登录成功，将建立与 SQL Server 的一次连接。

（3）SQL Server 数据库身份验证安全防线。当用户与 SQL Server 建立连接后，还必须成为数据库用户（用户 ID 必须在数据库系统表中），才有权访问数据库。

（4）SQL Server 数据库对象的安全防线。用户登录到要访问的数据库后，要使用数据库内的对象，必须得到相应权限。

SQL Server 2008 的安全性是指保护数据库中的各种数据，以防止因非法使用而造成数据的泄密和破坏。SQL Server 2008 的安全管理机制包括验证（authentication）和授权（authorization）两种类型。验证是指检验用户的身份标识，授权是指允许用户做些什么。在用户登录操作系统和 SQL Server 时，进行验证。在用户试图访问数据或执行数据操作命令时，进行授权。SQL Server 2008 的安全机制分为四级，其中第一层和第二层属于验证过程，第三层和第四层属于授权过程，如图 6-1 所示。

图 6-1　SQL Server 的四级安全机制

第一层次的安全权限是，用户必须登录到操作系统，第二层次的安全权限控制用户能否登录 SQL Server，第三层次的安全权限允许用户与数据库相连接，第四层次的安全权限允许用户拥有对指定数据库中某个对象的访问权限。

SQL Server 2008 的身份认证模式是指系统确认用户的方式。SQL Server 2008 有两种身份认证模式：Windows 验证模式和 SQL Server 验证模式。Windows 验证模式，只需要使用 Windows 账户就可以登录 SQL Server 服务器；SQL Server 验证模式安全性更高，需要使用 SQL Server 账户登录 SQL Server 服务器。

2. 数据库安全管理中的主要概念

SQL Server 的安全管理主要包括数据库登录管理、数据库用户管理、数据库角色管理、数据库权限管理、数据库备份与还原和制订数据库安全策略等方面，如图 6-2 所示。

（1）登录名

登录名是指有权限登录到某服务器的用户。使用 T-SQL 语句创建、删除登录名的方法如下：

①创建登录名

语法格式：

CREATE LOGIN login_name

WITH password=password|default_database=database|default_language=language

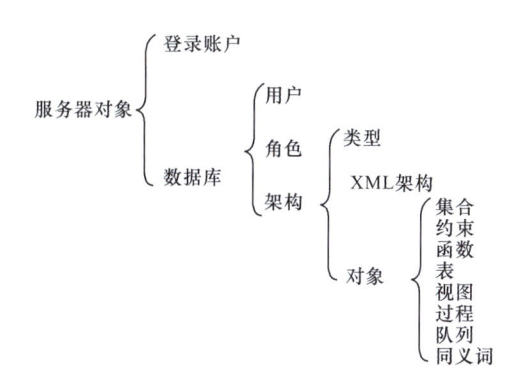

图 6-2 安全对象与架构关系

②删除登录名

- 删除 Windows 登录名,语法格式:

DROP LOGIN 计算机名\登录名

说明:登录名前需要加上计算机名。

- 删除 SQL Server 登录名,语法格式:

DROP LOGIN 登录名

(2)数据库用户

数据库用户,指有权限能操作数据库的用户。可以使用 CREATE USER 语句创建数据库用户,语法格式如下:

CREATE USER user [IDENTIFIED BY [PASSWORD] 'password']
[, user [IDENTIFIED BY [PASSWORD] 'password']]...

说明:

IDENTIFIED BY 语句为可选语句,在创建用户的同时,可以给账号赋予一个密码。

可以使用 CREATE ROLE 语句来创建数据库角色,语法格式如下:

CREATE ROLE role_name IDENTIFIED BY password

说明:

IDENTIFIED BY 语句为可选语句,可以给角色赋予一个密码。

(3)数据库角色

数据库角色,指一组固定的有某些权限的数据库用户。

(4)数据库架构

数据库架构是指数据库对象的容器。

那么,登录名与数据库用户是什么关系呢？一个登录名对应一个数据库中的一个数据库用户。使用 Microsoft SQL Server Manager Studio 管理工具,在登录名的属性窗口里选择"用户映射",就可以完成登录名与数据库用户的映射关系。

登录名、服务器角色、数据库用户、数据库角色、数据库架构之间的关系,如图 6-3 所示。

【法律课堂】

随着大数据、人工智能时代的到来,各类数据迅猛增长、海量聚集,对国家治理、社会发展、人民生活都产生了深刻影响。数据已经成为一种新的生产要素,与此相关的数据安全问题也日益凸显。为此我国第一部有关数据安全的基础性法律《中华人民共和国数据安全法》于 2021 年 9 月 1 日起开始施行,它的作用是规范数据处理活动,保障数据安全,促进数据开发利用,保护个人、组织的合法权益,维护国家主权、安全和发展利益。该法律成为国家大数据战略

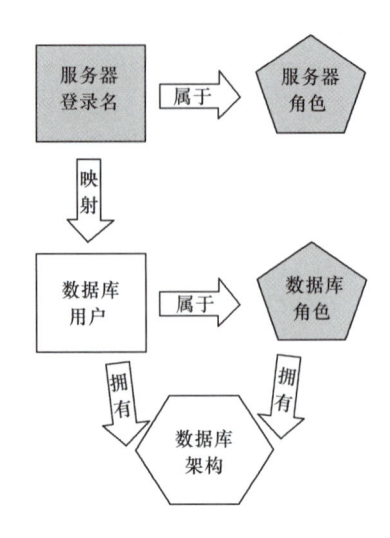

图 6-3　登录名、数据库用户、数据库角色、数据库架构之间的关系

中至关重要的法制基础,成为数据安全保障和数字经济发展领域的重要基石,数字经济发展得到必要保证。

例如:该法律的第三十二条规定,任何组织、个人收集数据,应当采取合法、正当的方式,不得窃取或者以其他非法方式获取数据。数据库的验证和授权就是为了保障数据的安全合法的使用,避免无关用户的非法访问。我们要学好用好《中华人民共和国数据安全法》,做知法、懂法、守法的社会主义公民。

子任务 1.1　创建数据库的登录名

【任务需求】

使用 SQL Server Management Studio 工具为 StudentDB 数据库创建登录名 John,使用 T-SQL 语句创建登录名 Mary。

创建数据库的登录名

【任务分析】

SQL Server 存在 Windows 验证和 SQL Server 验证这两种不同机制的身份验证方式,所以同时提供了两种登录名。第一种是 Windows 登录名,它与存储在 Windows AD 域管理或者 Windows 本地 SAM 数据库中的用户相关联。第二种是 SQL 登录名,它依赖于 SQL Server 存储和管理账户信息,SQL Server 将登录名和密码加密存储在 master 数据库中。这里主要介绍 SQL 登录名的创建。

数据库登录管理包括创建登录名、设置密码策略、查看登录名信息、修改和删除数据库登录名等操作。登录名和用户名的关系:当创建登录名时,系统会自动创建一个与登录名同名的用户,每个用户必须对应一个登录名。每个登录名可以对应多个用户,前提是这些用户是在不同的数据库中。

【任务实现】

(1)在对象资源管理器中,展开"安全性"子节点,右击"登录名",在弹出的快捷菜单中选择"新建登录名"选项,如图 6-4 所示。

图 6-4　选择"新建登录名"选项

(2)打开"登录名-新建"对话框,在"登录名"文本框中输入"John",并选择"SQL Server 身份验证",在"密码"文本框中输入登录密码,并在"确认密码"文本框中再次输入该密码。建议勾选"强制实施密码策略"复选框,确保密码安全。取消勾选"强制密码过期"。在"默认数据库"的下拉列表框中,设置默认数据库为"StudentDB",如图 6-5 所示。

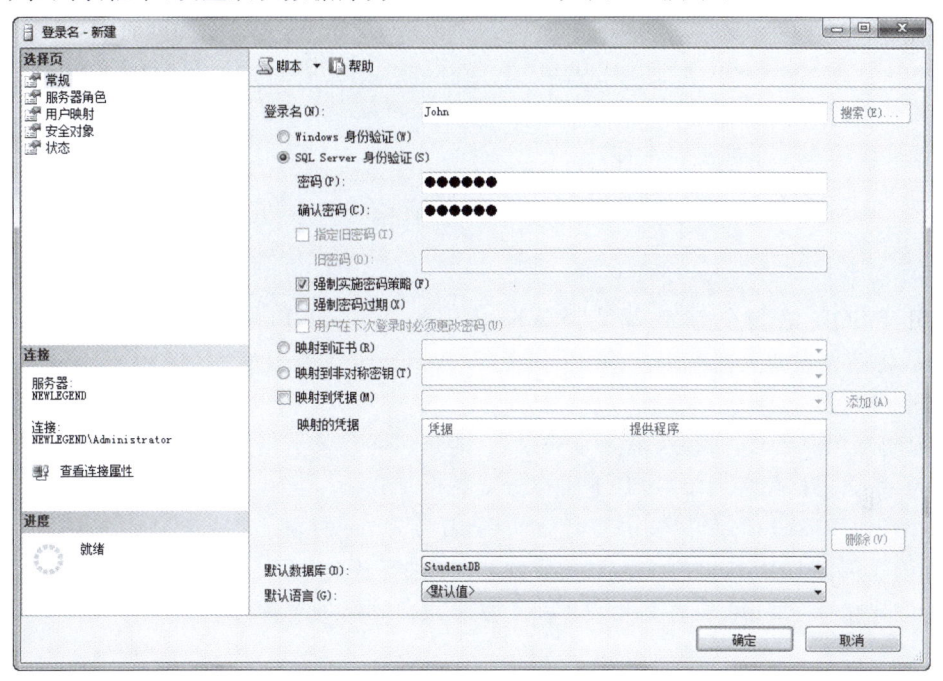

图 6-5 使用"SQL Server Management Studio"创建登录名

(3)单击【确定】按钮,完成登录名的创建。创建完毕后,可以在对象资源管理器的"登录名"子节点中,查看到 John 。

(4)使用 T-SQL 语句创建登录名 Mary。在查询编辑器中,输入如图 6-6 所示的 CREATE LOGIN 语句创建登录名 Mary。

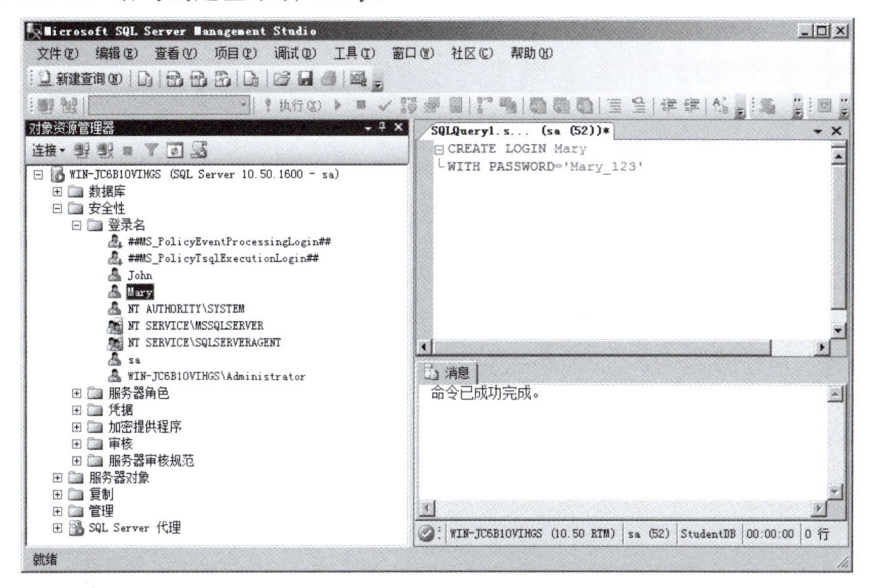

图 6-6 使用 T-SQL 创建登录名

【拓展任务】

分别使用 SQL Server Management Studio 和 T-SQL 语句两种方法将上述创建的登录名 John 和 Mary 的密码修改为"wjxvtc_2018"。

【小技巧】

在 SQL Server 中,系统存储过程提供了管理 SQL Server 的登录功能,主要包括:sp_grantlogin、sp_revokelogin、sp_denylogin、sp_addlogin、sp_droplogin 和 sp_helplogin 这六个系统存储过程。其中,sp_helplogin 用来显示 SQL Server 所有登录名的信息,包括每一个数据库与该登录名相对应的用户名称。

子任务 1.2 创建和管理数据库用户及角色

【任务需求】

使用 T-SQL 语句创建数据库 StudentDB 的用户 DBPeter,然后创建数据库角色 Auditors,将新创建的数据库用户 DBPeter 加入 Auditors 数据库角色。

【任务分析】

因为创建用户名时,必须关联一个登录名,通过建立登录与用户之间的联系来管理对数据库的访问,所以根据任务需求,本任务可以分成三个步骤:

(1)使用 CREATE LOGIN 语句,创建一个名为 Peter 的登录名。
(2)创建用户 DBPeter,并将它与登录名 Peter 进行映射关联。
(3)创建角色 Auditors,并将用户 Peter 加入 Auditors 数据库角色。

【任务实现】

在查询窗口编写如下代码:

```
USE StudentDB
GO
CREATE LOGIN Peter WITH password='123456'     --创建登录名 Peter,密码为 123456
GO
CREATE USER DBPeter FOR LOGIN Peter           --创建数据库用户 DBPeter
GO
CREATE ROLE Auditors                          --创建角色 Auditors
GO
EXECUTE sp_addrolemember 'Auditors','DBPeter' --将数据库用户加入 Auditors 角色
```

【程序说明】

程序首先使用 CREATE LOGIN 语句创建了一个登录名 Peter,密码为 123456。然后使用 CREATE USER 语句创建了一个数据库用户 DBPeter,并和登录名 Peter 建立了映射关系。而后使用 CREATE ROLE 创建了角色 Auditors,并使用系统存储过程 sp_addrolemember 将 DBPeter 加入了该角色。执行结果如图 6-7 所示。

【拓展任务】

使用 SQL Server Management Studio 创建数据库用户 DBLucy,并将新创建的数据库用户 Lucy 加入 Auditors 数据库角色。

【小技巧】

可以通过查询目录视图 sys.database_principals 来获取数据库用户信息,可以看到新建的数据库用户。

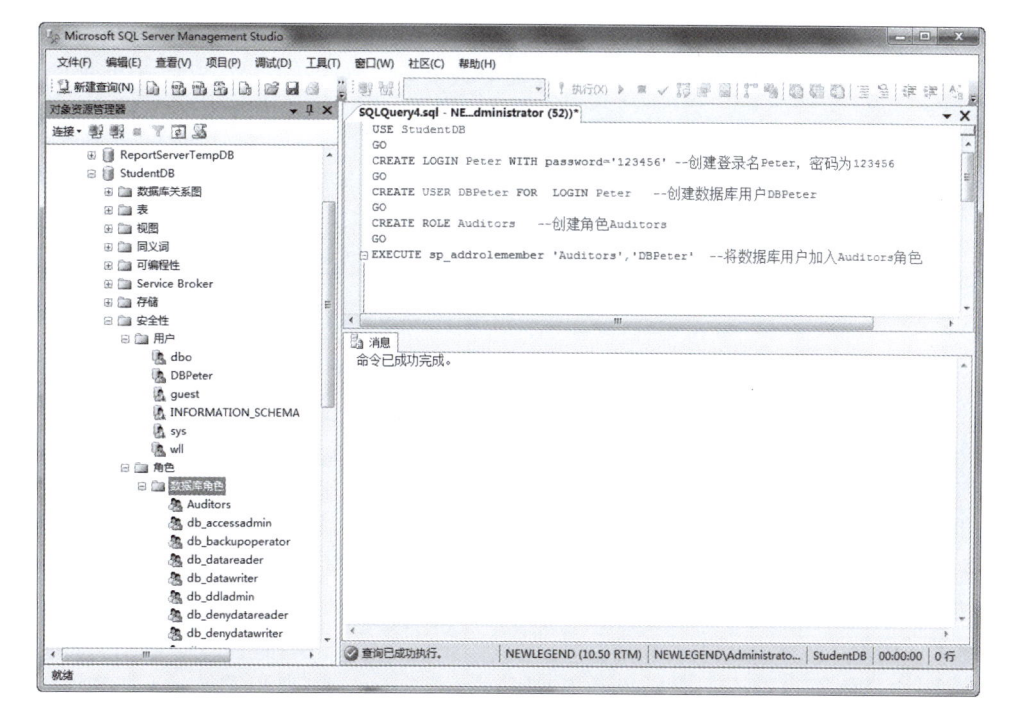

图 6-7　创建数据库用户和角色

一方面，登录名仅能连接到 SQL Server 服务器，但是并不提供访问数据库对象的用户权限。一个登录名必须与某个数据库中的一个用户名相关联后，用这个登录名连接的用户才能访问该数据库中的对象。

另一方面，用户名只有在特定的数据库内才能被创建，一个用户若要连接到 SQL Server，就必须使用特定的登录账户标识自己，所以创建用户名时，必须关联一个登录名。一个登录名可能关联所有的数据库，但在一个数据库内，一个登录名只关联一个用户。

子任务 1.3　管理数据库用户权限

【任务需求】

使用 T-SQL 语句完成授予用户 DBPeter 查看 StudentDB 数据库中 Course 表和 Teacher 表的权限，完成拒绝其查看 Teacher 表的权限，完成撤销其查看 Course 表的权限。

【任务分析】

根据任务要求，可以分别使用 GRANT、DENY 和 REVOKE 语句来完成权限的管理。GRANT 命令用于将权限授予某一用户，以允许该用户执行针对某数据库对象的操作或允许其运行某些语句。DENY 命令可以用来禁止用户对某一对象或语句的权限，它不允许该用户执行针对数据库对象的某些操作或不允许其运行某些语句。REVOKE 命令可以用来撤销用户对某一对象或语句的权限，使其不能执行操作，除非该用户是角色成员，且角色被授权。

(1) GRANT 语句的基本格式为：

GRANT 权限 ON 数据库对象 TO 用户或角色

(2) DENY 语句的基本格式为：

DENY 权限 ON 数据库对象 TO 用户或角色

(3) REVOKE 语句的基本格式为：

REVOKE 权限 ON 数据库对象 FROM 用户或角色

或者

REVOKE 权限 FROM 用户或角色

【任务实现】

在查询窗口编写如下代码：

```
USE StudentDB
GO
GRANT SELECT ON Course TO DBPeter        --给 DBPeter 用户授予查看 Course 表的权限
GRANT SELECT ON Teacher TO DBPeter       --给 DBPeter 用户授予查看 Teacher 表的权限
GO
DENY SELECT ON Teacher TO DBPeter        --拒绝 DBPeter 用户查看 Teacher 表的权限
GO
REVOKE SELECT ON Course TO DBPeter       --撤销 DBPeter 用户查看 Course 表的权限
GO
```

【程序说明】

本程序中先使用 GRANT 语句授予了 DBPeter 查看 Course 表和 Teacher 表的权限，而后分别使用 DENY 和 REVOKE 拒绝和撤销了其查看 Teacher 表和 Course 表的权限。上述程序运行时，可以分步运行，并即时查看其结果。具体可参见执行结果。

(1) 执行上述 GRANT 语句后，可以单击 按钮新建连接，并使用 Peter 登录名登录，如图 6-8 所示。

图 6-8　新建连接

单击【连接】按钮后，在左侧的"对象资源管理器"中，依次展开"数据库"→"StudentDB"→"安全性"→"用户"→"DBPeter"，右击并选择"属性"，打开"数据库用户"对话框，单击"安全对象"选项，可以查看到其拥有的安全对象：Course 表和 Teacher 表，如图 6-9 所示。

展开"表"节点，可以查看到 Course 表和 Teacher 表两张表。

(2) 以 Administrator 为登录名执行上述 DENY 语句后，以 Peter 为登录名再次登录 SQL 服务器，在"表"节点中将无法看到 Teacher 表。

(3) 以 Administrator 为登录名执行上述 REVOKE 语句后，以 Peter 为登录名再次登录 SQL 服务器，在"表"节点中将无法看到 Course 表。

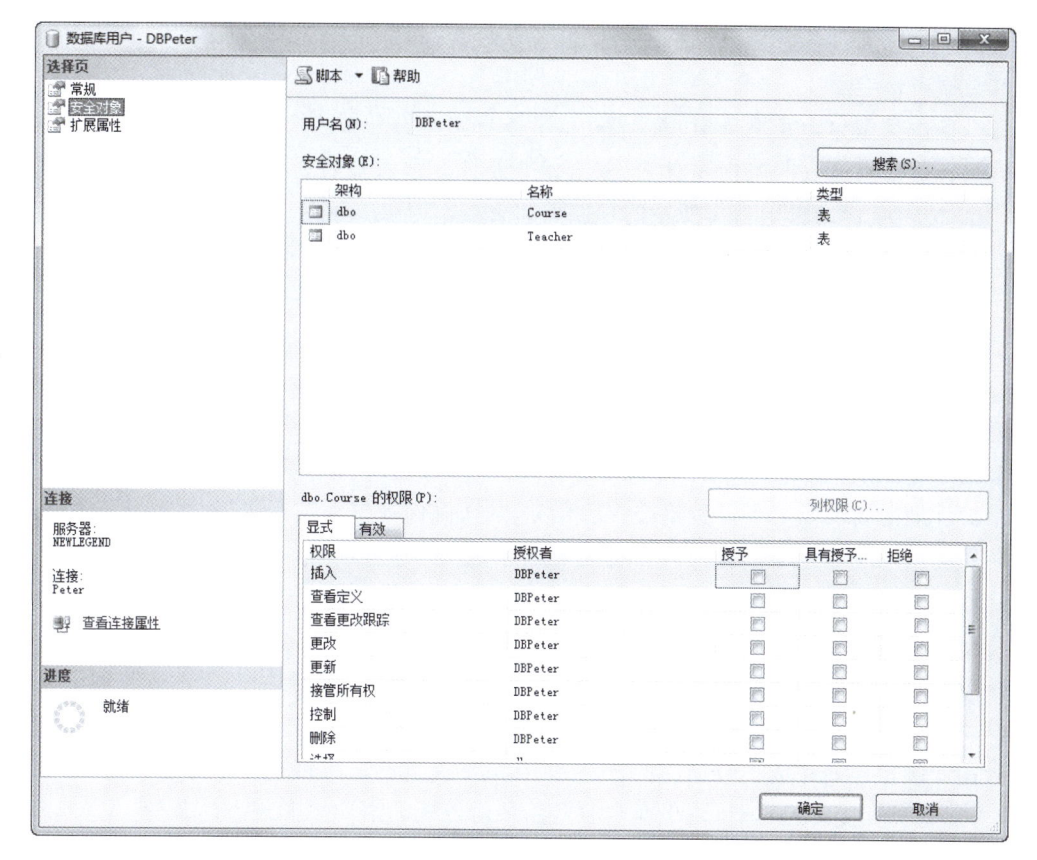

图 6-9　数据库用户拥有的安全对象

【拓展任务】

使用 SQL Management Studio 工具实现用户名 Lucy 仅仅能访问 StudentDB 数据库中 Class 表和 Student 表。

【小技巧】

(1)使用存储过程 sp_addrolemember 可以添加角色的成员,语句格式如下：

sp_addrolemember '数据库角色名','数据库用户名'

(2)使用存储过程 sp_droprolemember 可以删除角色的成员,语句格式如下：

sp_droprolemember '数据库角色名','数据库用户名'

任务 2　备份数据库

预备知识

1. 备份

备份是数据库管理员维护数据库安全性和完整性的重要操作。

备份操作,要根据数据特点制订备份方案,一是备份时间和内容的选择,二是备份介质的选择。

备份类型有两种:永久备份和临时备份。永久备份就是备份那些基本不会变的数据,对永久备份的数据备份一次即可;临时备份就是要根据具体数据的变动频次进行多次备份,一般可一天备份一次称为日备,也可以周备或月备,或是日备、周备、月备结合起来进行。

2. 数据备份类型

数据备份类型分为完整备份、差异备份、事务日志备份三种。

完整备份是指所有的数据库对象、数据和事务日志都将被备份。与事务日志备份和差异备份相比,完整备份的每个备份使用的存储空间更多。

差异备份只记录自上次完整备份后发生更改的数据。在执行差异备份时,应该在两个差异备份的时间间隔内执行事务日志备份,将数据损失的风险降到最小。

事务日志是自上次备份事务日志后对数据库执行的所有事务的一系列记录,使用事务日志备份将数据库恢复到特定即时点或恢复到故障点时的状态。采用事务日志备份,在故障发生时尚未提交的事务将会丢失。所有在故障发生时已经完成的事务都将会被自动恢复。

3. 数据库维护计划

维护计划向导可以用于设置核心维护任务,从而确保数据库执行良好,做到定期备份数据库以防系统出现故障。维护计划向导可创建一个或多个 SQL Server 代理作业,代理作业将按照计划的间隔自动执行这些维护任务。它可以执行多种数据库管理任务,包括备份、运行数据库完整性检查,或以指定的间隔更新数据库统计信息。创建数据库维护计划可以让 SQL Server 有效地自动维护数据库,保持数据库运行在最佳状态,并为数据库管理员节省了宝贵的时间。

数据库维护计划完成了数据库的自动备份,最终设置的结果都是一个作业(JOB)调度,因此,也可以通过直接创建作业,由作业定时调用备份处理的语句来实现自动备份。

4. 制订数据库恢复策略

(1)简单恢复策略。指在进行数据库恢复时仅使用了完整备份和差异备份,而不涉及事务日志备份。

(2)完全恢复策略。指通过使用数据库备份和事务日志备份将数据库恢复。

当数据有丢失或其他系统故障需要恢复时,一般恢复顺序为:

①备份当前的事务日志。

②恢复最近一次的完整备份。

③恢复离完整备份最近一次的差异备份。

④顺序恢复最近一次差异备份之后的每一个事务日志备份。

⑤恢复第一步备份的当前事务日志。

子任务 2.1　使用操作备份数据库

【任务需求】

使用 SQL Server Management Studio 完整备份 StudentDB 数据库,备份文件名为 Student.bak,存放在 D 盘根目录中。

【任务分析】

根据任务要求,首先在 D 盘根目录中新建文件 Student.bak,刚创建的该备份文件字节数为 0,当数据库备份完成后再次查看该备份文件,发现文件的字节数会变大。

【任务实现】

(1)打开 Microsoft SQL Server Management Studio,在"对象资源管理器"窗口中展开"数

据库"→"StudentDB",右击 StudentDB,在弹出的快捷菜单中选择"任务"→"备份",如图 6-10 所示。

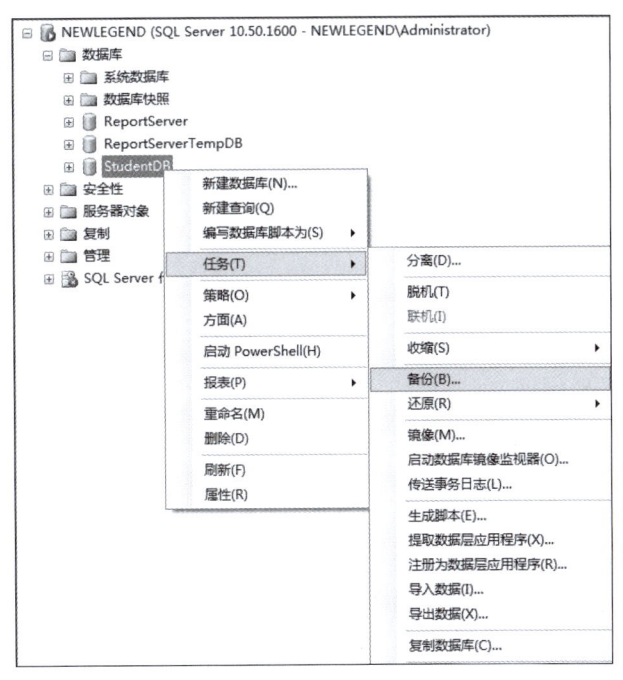

图 6-10 打开"备份数据库"选项

(2)在打开的"备份数据库"窗口中,单击右侧的【添加】按钮,打开"选择备份目标"对话框,如图 6-11 所示。

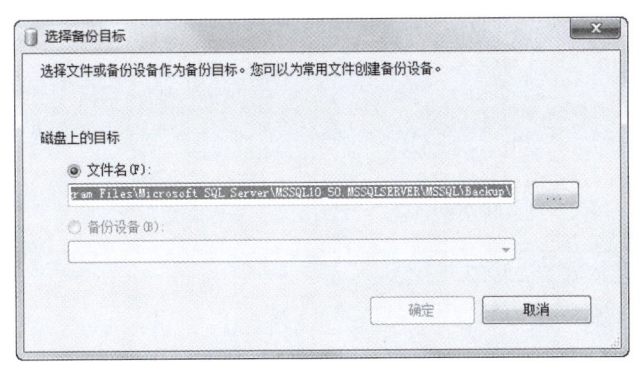

图 6-11 选择备份目标

(3)单击"文件名"文本框右侧的 按钮,打开"定位数据库文件"窗口,选择备份文件 D:/Student.bak,如图 6-12 所示。

(4)单击【确定】按钮,返回"选择备份目标"对话框。

(5)单击【确定】按钮,返回"备份数据库"窗口,将默认的备份文件删除,并单击【确定】按钮,弹出提示框说明备份已经完成,如图 6-13 所示。

【拓展任务】

使用 SQL Server Management Studio 差异备份 StudentDB 数据库,备份文件名为 Student1.bak,存放在 D 盘根目录中。

图 6-12　选择备份文件

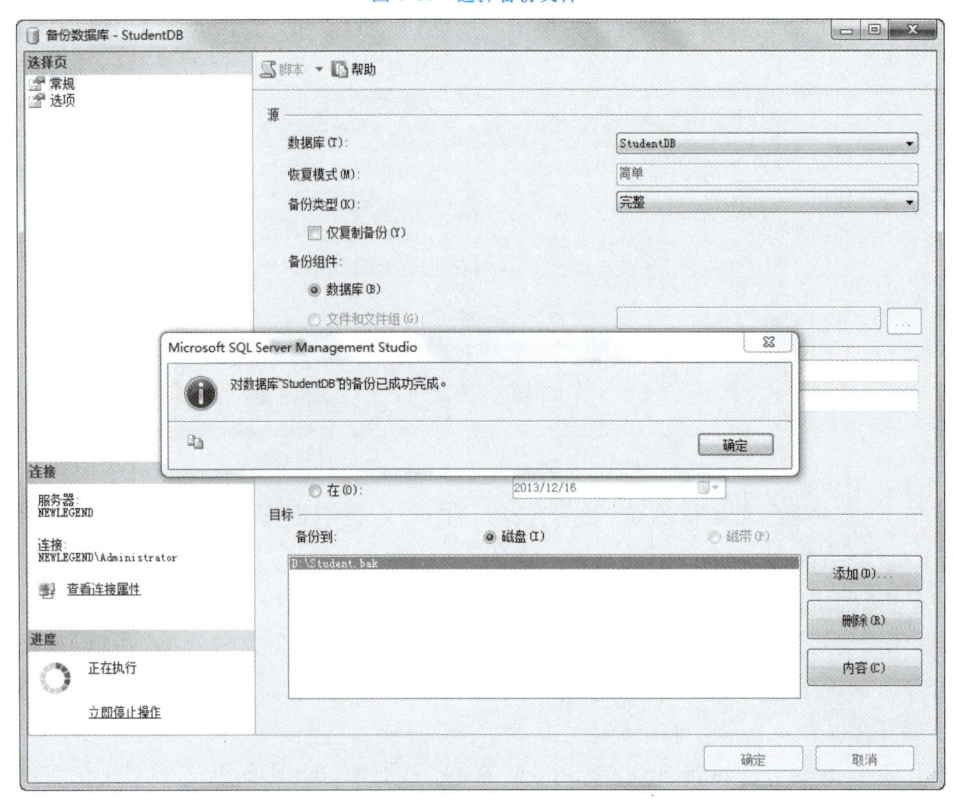

图 6-13　生成备份文件

子任务 2.2　使用 T-SQL 语句备份数据库

【任务需求】

将 StudentDB 数据库完整备份到设备 mybackup，该备份设备以 Student2.bak 作为文件名存放在 D 盘根目录中。

【任务分析】

根据任务要求，首先创建一个永久备份设备 mybackup，然后才能将 StudentDB 数据库备份到该备份设备。备份设备是用来存储数据文件、事务日志文件的存储介质，可以是硬盘、磁带，备份设备在硬盘中以文件方式存储。数据库完整备份，可每周备份一次。

【任务实现】

在查询窗口编写如下代码：

USE master
GO
EXEC sp_addumpdevice 'disk', 'mybackup', 'd:\Student2.bak'
--完整备份数据库 StudentDB 到备份设备 mybackup
BACKUP DATABASE StudentDB TO mybackup
WITH INIT,
NAME='Student2',
DESCRIPTION='Full backup of StudentDB'

【程序说明】

该程序分为两个部分，首先创建了一个备份设备 mybackup，而后将数据库 StudentDB 的数据备份到了 D 盘根目录的 Student2.bak 文件中，备份类型是完整备份。执行结果如图 6-14 所示。

图 6-14　使用 T-SQL 语句备份数据库

【拓展任务】

使用 T-SQL 语句差异备份 StudentDB 数据库,备份文件命名为 StudentDBdiffbackup.bak。

提示:需要在备份的 WITH 选项中指明 DIFFERENTIAL 和 NOINIT。

【小技巧】

(1)每一个备份设备都可以存储多个备份。可以通过 BACKUP DATABASE 语句的参数来指定是否覆盖或添加设备上已经存在的备份。用于覆盖的选项是 INIT,用于添加的选项是 NOINIT,默认值是 NOINIT。

(2)差异备份只存储上一次完整备份之后发生改变的数据。差异备份的优点在于它只备份更改过的数据,所备份的数据量也会比完整备份的数据量要小。差异备份可以每天备份一次,其与完整备份的关系如图 6-15 所示。

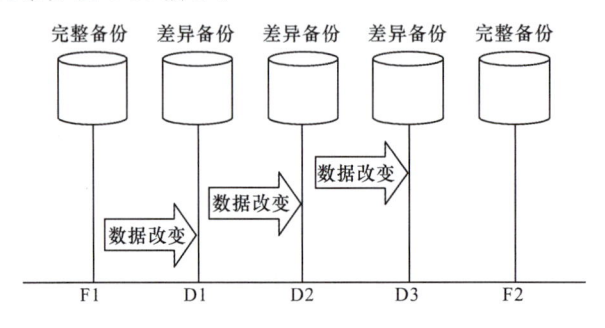

图 6-15　差异备份与完整备份的关系

子任务 2.3　制订数据库的维护计划

【任务需求】

现在有一个生产系统的数据库需要进行备份,数据库中的数据很多,数据文件很大,如果每次都进行完整备份,那么备份文件会占用很大的空间,而且备份时间长,维护也麻烦。

现在计划采用的数据库备份方案:服务器每周日 0:00 时自动对 StudentDB 数据库进行完整备份,每天 0:00 时进行差异备份,让服务器自动实施上述数据库备份方案。

【任务分析】

依据任务要求,制订简单恢复的策略,即使用完整备份＋差异备份,每周日进行一次完整备份,每天晚上进行一次差异备份。使用差异备份可以减小备份文件,同时还可以提高数据库备份的速度。其缺点就是必须使用上一次完整备份的文件和差异备份的文件才能还原差异备份时刻的数据库,单独只有差异备份文件是没有意义的。

【任务实现】

(1)在 Microsoft SQL Server Management Studio 的对象资源管理器中展开"管理"节点,右击"维护计划",选择"维护计划向导",会弹出"维护计划向导"窗口,如图 6-16 所示。

(2)单击【下一步】按钮,为维护计划命名后,继续单击【下一步】按钮进入"选择维护任务"窗口。向导列出了多项维护计划,选择其中的"备份数据库(差异)",如图 6-17 所示。

图 6-16　维护计划向导

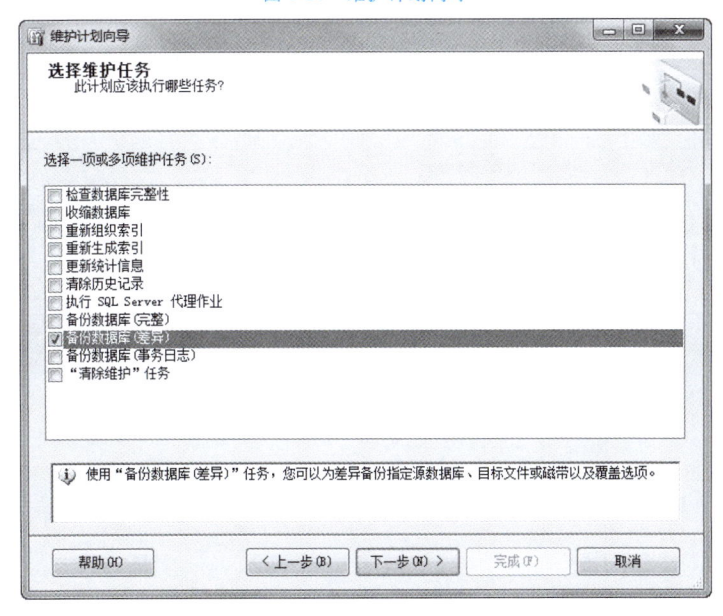

图 6-17　选择维护任务

(3) 单击【下一步】按钮，进入"选择维护任务顺序"窗口，这里可以通过【上移】与【下移】按钮来调整任务的执行顺序，如图 6-18 所示。

(4) 单击【下一步】按钮，进入"定义'备份数据库（差异）'任务"窗口，选择要备份的数据库 StudentDB 和备份文件存放的位置。"备份集过期时间"指定一个过期日期以指明其他备份可以覆盖该备份集的时间。若要使备份集在特定天数后过期，则单击"晚于"（默认选项），并输入备份集从创建到过期的所需天数。此值范围为 0 到 99999 天；0 天表示备份集将永不过期。这里选择是备份集在 7 天后过期，如图 6-19 所示。

图 6-18　选择维护任务顺序

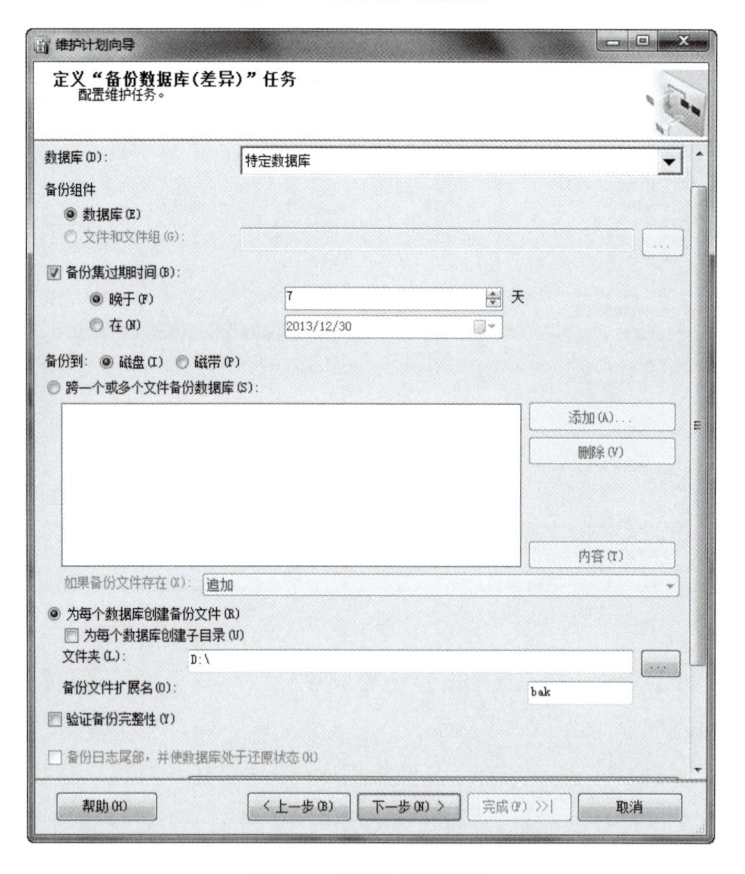

图 6-19　设置备份集属性

(5)单击【下一步】按钮,进入"选择报告选项"窗口,可将维护计划的执行报告写入文本文件,如图 6-20 所示。

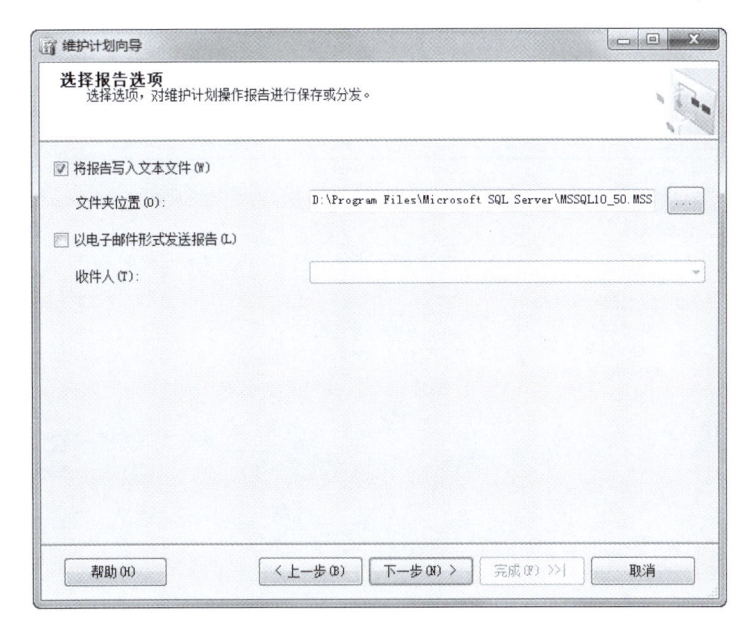

图 6-20　选择报告选项

(6)单击【下一步】按钮,进入"完成该向导"窗口,列出了向导要完成的工作,如图 6-21 所示。

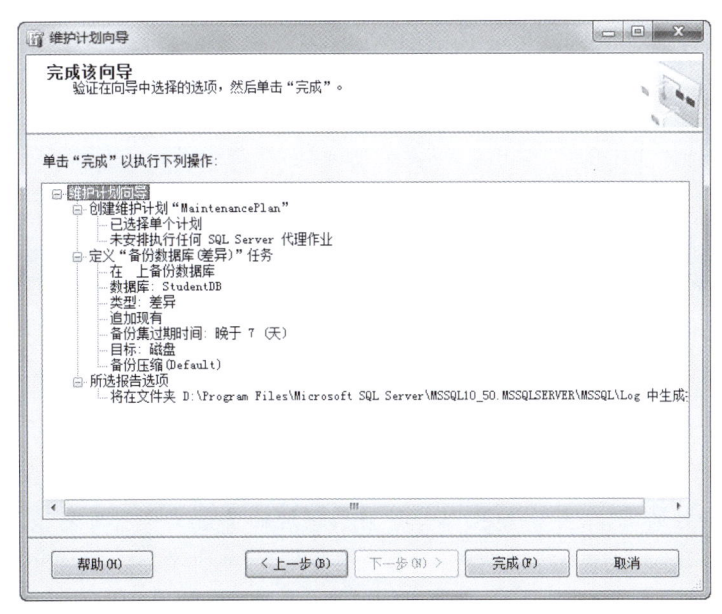

图 6-21　查看维护计划和该计划对应的作业

(7)单击【完成】按钮,向导将创建对应的 SSIS 包和 SQL 作业,如图 6-22 所示。刷新对象资源管理器后,可以看到对应的维护计划和该计划对应的作业。

维护计划创建完成后,可在"作业"中查看维护计划执行的效果,右击 DbBackupPlan. Subplan_1,选择"作业开始步骤",系统便立即执行该作业,如图 6-23 所示。系统运行完成后,便可在 D 盘根目录中找到差异备份的文件。

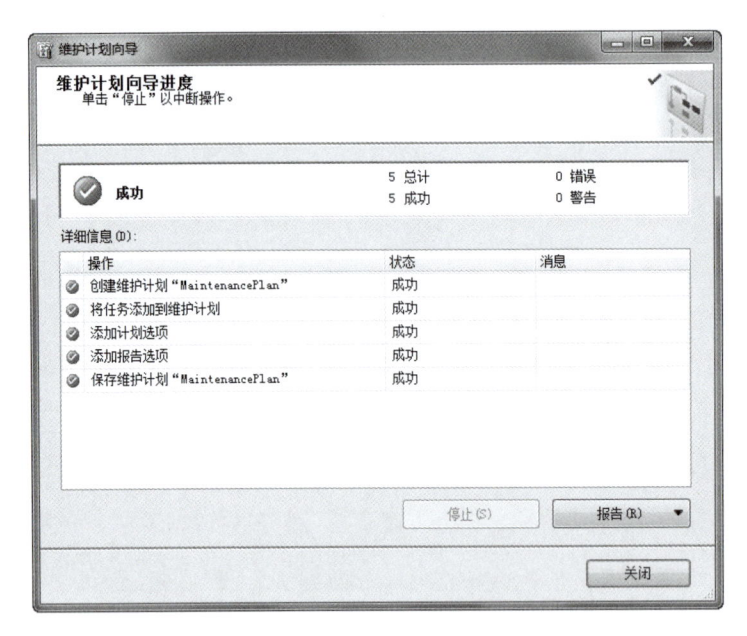

图 6-22　维护计划创建成功

图 6-23　作业成功完成

【拓展任务】

制订数据库的维护计划,实现完整备份。

【小技巧】

在 SQL Server 2008 中提供了压缩备份的新特性,使得备份文件更小,备份速度更快。数据库备份是一个周期性的工作,要让 SQL Server 按照制订的备份方案自动完成各种备份,前提条件要把 SQL Agent 服务设置为自动启动。具体操作是打开 SQL Server 2008 的 Configuration Manager,启用 SQL Server Agent(实例名)。

任务 3　还原数据库

预备知识

还原操作,要根据需求从不同的备份类型还原数据库,分为从完整备份、差异备份、事务日志备份还原三种方法。这里重点介绍从完整备份中还原。

子任务 3.1　使用操作还原数据库

【任务需求】

现在 StudentDB 数据库中的数据出现了问题,需要使用之前的备份文件还原数据库。

【任务分析】

依据任务需求,通过查看备份设备的文件属性,找到最近一次的备份文件作为还原对象,进行数据库还原。

【任务实现】

(1)在对象资源管理器中,右击"数据库",在打开的快捷菜单中选择"还原数据库"命令,如图 6-24 所示。

图 6-24　还原数据库 StudentDB

(2)在弹出的"还原数据库"窗口中的目标数据库文本框中输入要还原的数据库名称"StudentDB",在"还原的源"中选择"源设备"单选按钮,如图 6-25 所示。

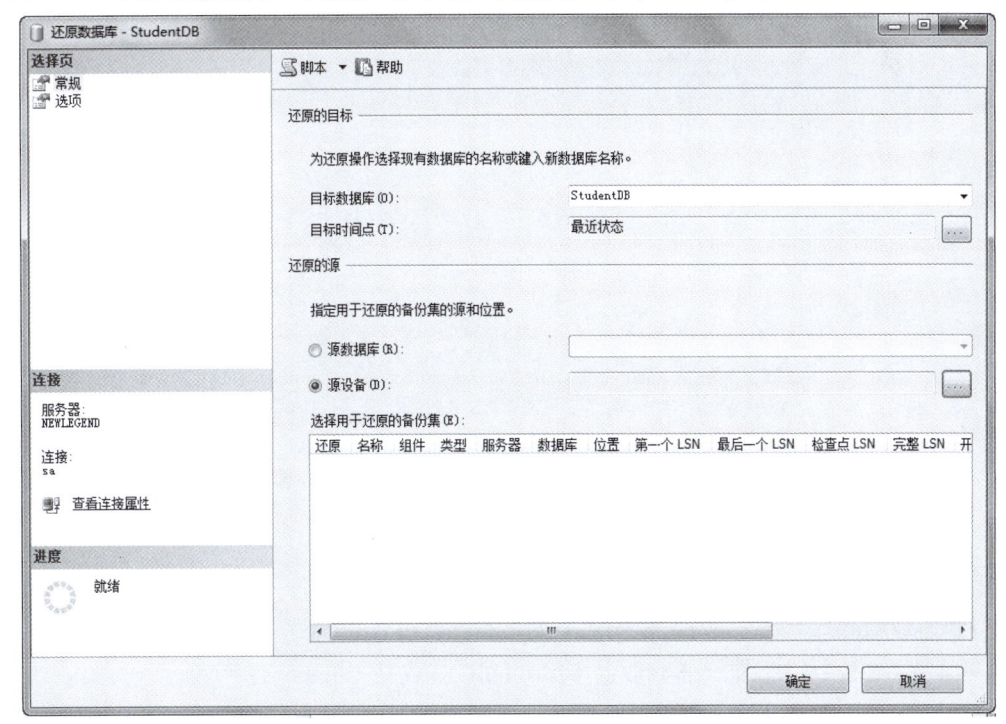

图 6-25　选择还原目标

(3)单击"源设备"右侧的 ... 按钮,打开"指定备份"对话框,如图6-26所示。

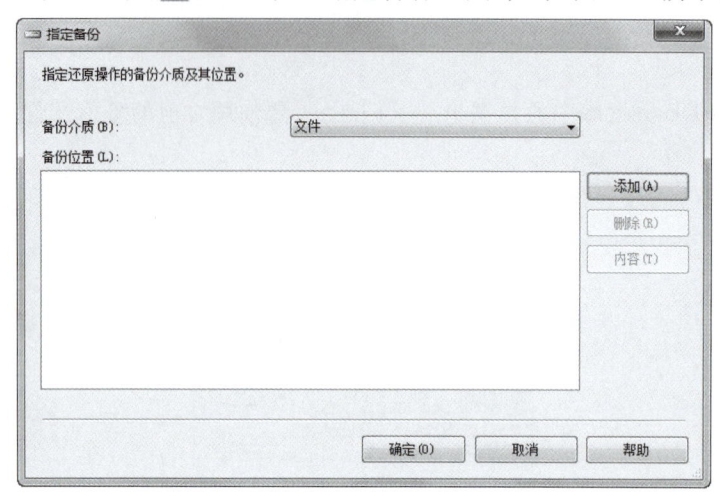

图6-26 添加备份的文件位置

(4)单击右侧的【添加】按钮,打开"定位备份文件"对话框,选择备份文件,如图6-27所示。

图6-27 定位备份文件

(5)单击【确定】按钮,返回"指定备份"对话框。确认所添加的文件正确后,单击【确定】按钮,返回"还原数据库"窗口。勾选用于还原的备份集Student2备份文件,如图6-28所示。

(6)单击【确定】按钮,显示还原数据库StudentDB成功,如图6-29所示。

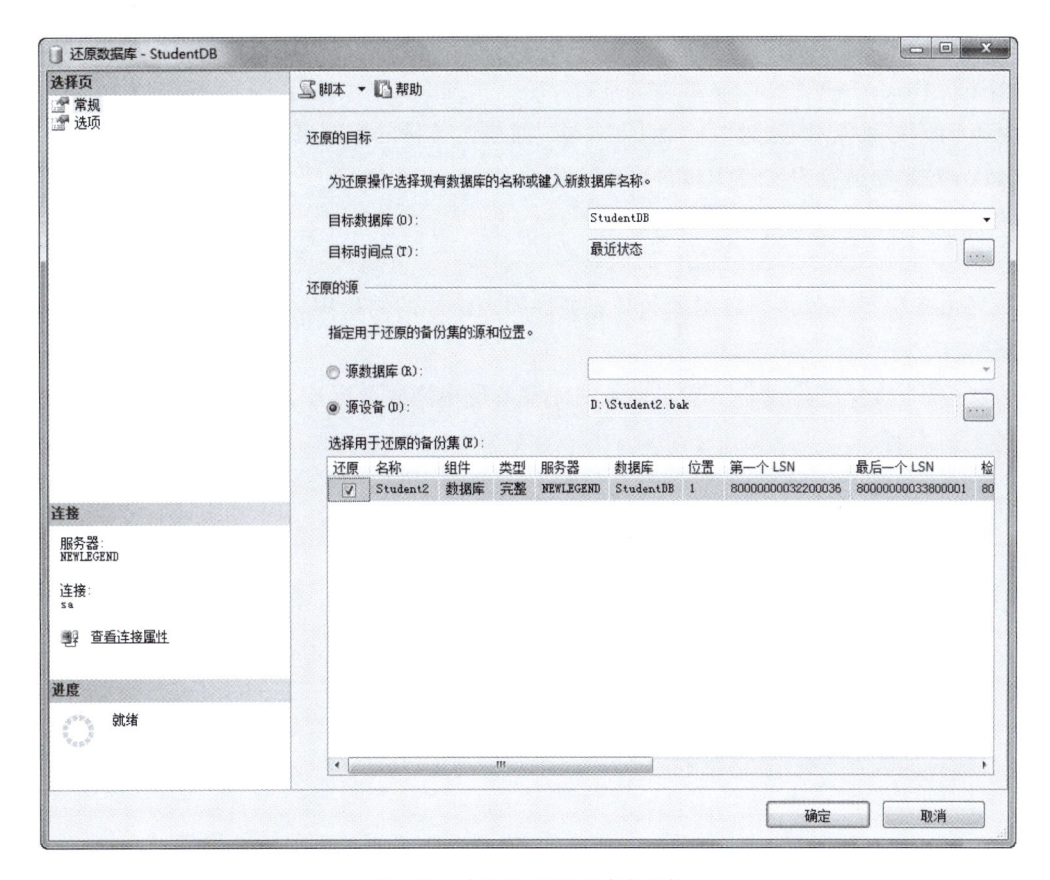

图 6-28　确认用于还原的备份文件

图 6-29　还原数据库成功

【小技巧】

在还原数据库时,有时会出现"因为数据库正在使用,所以无法获得对数据库的独占访问权"的错误。

解决方法:右击需要还原的数据库,然后选择"属性",在出现的"数据库属性"对话框中,选择"选项",在"状态"中找到"限制访问"。选择"SINGLE_USER",单击【确定】按钮,就可按照正常步骤成功还原数据库。

子任务 3.2　使用 T-SQL 语句还原数据库

【任务需求】

已经创建了一个名为 mybackup 的备份设备,现要求使用 T-SQL 语句将该备份设备文件完全恢复为 StudentDB 数据库。

【任务分析】

通常情况,使用备份文件还原数据库,首先需要知道数据库名,通过如下 T-SQL 语句来找出原来的数据库名：

Restore HeaderOnly From <backup_device>

从返回的结果集中，通过"DatabaseName"列描述备份的数据名，就可以找出数据库名。

其次，需要知道备份文件中包含哪些数据文件、日志文件，以及文件的路径。通过使用如下 T-SQL 语句获得备份文件逻辑名：

Restore FileListOnly From <backup_device>

返回由备份集内包含的数据库和日志文件列表组成的结果集。

【任务实现】

方法一：直接从备份设备 mybackup 的完整备份中恢复数据库，前提条件是已经知道了要还原的数据库名。

USE master
RESTORE DATABASE StudentDB FROM mybackup WITH REPLACE
/* with replace 表示覆盖现有数据库 */

方法二：如果不知道要还原的数据库名，则首先要从备份设备 mybackup 找出原来的数据库名，如图 6-30 所示。

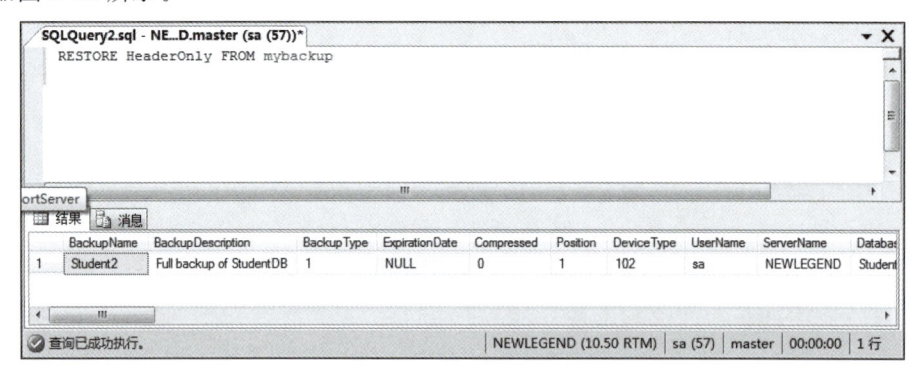

图 6-30 从备份设备找出原来的数据库名

然后，使用 RESTORE FileListOnly FROM mybackup 语句找出要还原的数据库文件列表，查询结果，如图 6-31 所示。

图 6-31 从备份设备找出要还原的数据库文件列表

最后，可以构造出还原数据库 T-SQL 语句：

RESTORE DATABASE StudentDB
FROM Disk='d:\student2.bak' WITH REPLACE
/* with replace 表示覆盖现有数据库 */

任务 4 导入导出数据

预备知识

SQL Server 为我们提供了强大、丰富的数据导入导出功能,并且在导入导出的同时可以对数据进行灵活的处理。导入导出功能可以将数据复制到提供托管 .NET Framework 数据访问接口或本机 OLE DB 访问接口的任何数据源,也可以从这些数据源复制数据。可用访问接口的列表包括下列数据源:SQL Server、平面文件、Microsoft Office Access、Microsoft Office Excel 等,可以方便地实现数据库与数据库、数据库与文本文件、数据库与 Access 以及数据库与 Excel 等之间的转换。

如果要成功完成 SQL Server 的导入和导出,必须至少具有下列权限:

(1)连接到源数据库和目标数据库或文件共享的权限。在 Integration Services 中,这需要服务器和数据库的登录权限。

(2)从源数据库或文件中读取数据的权限。在 SQL Server 中,这需要对源表和视图具有 SELECT 权限。

(3)向目标数据库或文件写入数据的权限。在 SQL Server 中,这需要对目标表具有 INSERT 权限。

(4)如果希望创建新的目标数据库、表或文件,则需要具有创建新的数据库、表或文件的足够权限。在 SQL Server 中,这需要具有 CREATE DATABASE 或 CREATE TABLE 权限。

(5)如果希望保存向导创建的包,则需要具有向 msdb 数据库或文件系统进行写入操作的足够权限。在 Integration Services 中,这需要对 msdb 数据库具有 INSERT 权限。

在 SQL Server 中主要有三种方式进行导入导出数据:使用数据转换服务(DTS)对数据进行处理;使用 Transact-SQL 对数据进行处理;调用命令行工具 bcp 处理数据。本任务重点介绍第一种方式。

子任务 4.1 将 Excel 数据导入 SQL Server 数据库

【任务需求】

将一张记录管理员信息的 Excel 表格——管理员表,导入 StudentDB 数据库的 Admin 表中。

【任务分析】

SQL Server 2008 推出了一个强大的数据集成和转换应用程序,叫作 SQL Server 集成服务(简称 SSIS)。SSIS 的主要功能是将数据导入和导出 SQL Server。外部的数据源可以是其他数据文件格式存在,例如 Oracle 数据库文件、Excel 工作表、XML 文件、文本文件等。

【任务实现】

(1)在"对象资源管理器"窗口,右击数据库对象 StudentDB,并在快捷菜单中选择"任务"→"导入数据"命令,如图 6-32 所示。

(2)在弹出的"导入导出向导欢迎"页面中单击【下一步】按钮。在"选择数据源"页面中,从数据源下拉列表框中选择"Microsoft Excel",并选择 Excel 文件路径,如图 6-33 所示。

图 6-32　选择"导入数据"命令

图 6-33　选择数据源

(3)单击【下一步】按钮,在"选择目标"页面的在目标下拉列表框中选择要导入的类型及数据库的名称、身份验证方式等,如图 6-34 所示。

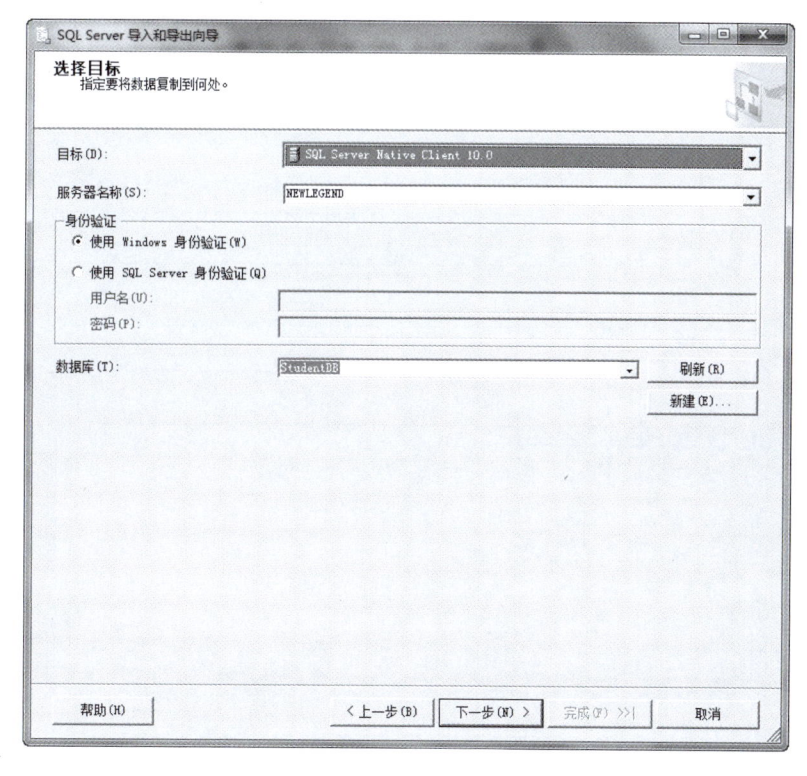

图 6-34 设置要导入的数据库

（4）单击【下一步】按钮，在"指定表复制或查询"页面中设置指定复制的类型，这里采用默认选项，如图 6-35 所示。

图 6-35 设置指定表复制类型

(5)单击【下一步】按钮,在"选择源表和源视图"页面中选择要导入的表。单击预览可以看到导入后的效果,如图 6-36 所示。

图 6-36　选择要导入的表

(6)单击【确定】按钮后,单击【下一步】按钮,在"保存并运行包"页面中选择"立即运行",如图 6-37 所示。

图 6-37　保存并运行包

（7）单击【下一步】按钮，在"完成该向导"页面中，单击【完成】按钮，转到在"执行成功"页面中，完成数据导入，如图 6-38 所示。

图 6-38　完成数据导入

（8）在对象资源管理器窗口，刷新 StudentDB 数据库，打开数据表查看成功导入的数据，如图 6-39 所示。

【拓展任务】

1. 创建一个包含管理员信息的文本文件 Admin，内容如图 6-40 所示。

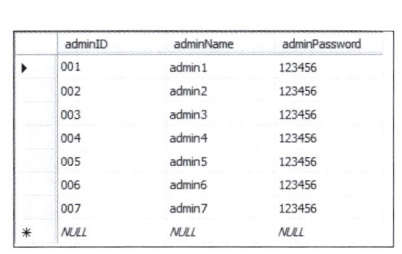

图 6-39　查看导入的数据　　　　　图 6-40　导入的文本文件中的数据

2. 导入文本文件到 StudentDB 数据库，生成表名为"Admin"的新表。

【小技巧】

导入文本文件时，数据源应该选择为"平面文件源"。导入的文本中的分隔符可以使用任何分隔符，包括普通格式的 Tab、竖线、空格和逗号等。如有必要的话，选择"在第一个数据行中显示列名称"选项。如图 6-41 所示。

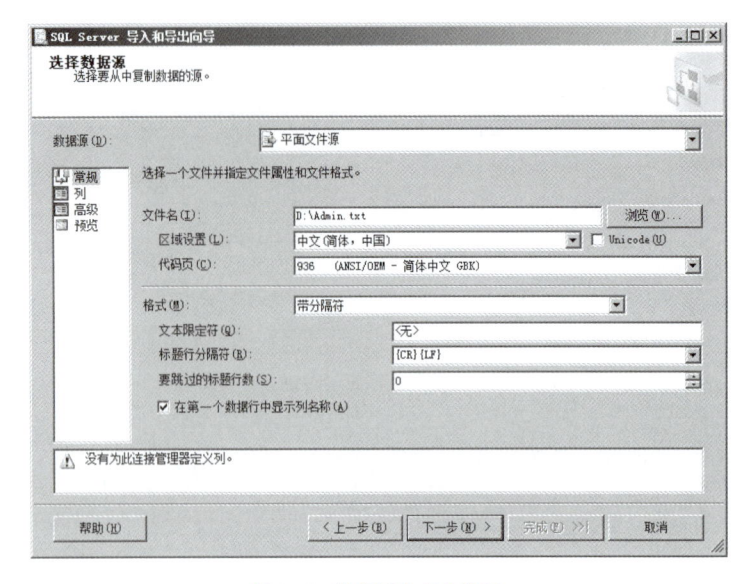

图 6-41 数据源选项的设置

子任务 4.2 将 SQL Server 数据导出到 Access 数据库

【任务需求】

将学生表 Student 中班级为 11010111 的数据导出到 Access 数据库的 Student 数据表中。

【任务分析】

操作数据库的过程中,有时需要将 SQL Server 数据库中的数据转换为其他格式的数据文件,这个时候就要用到任务中的数据的导出操作。本任务中,要将 SQL Server 中的数据库中的 Student 表的部分记录导出至 Access 数据库中。这里 Access 库中需要事先建立好一个名为 StudentDB1 的数据库。

【任务实现】

(1)右击"对象资源浏览器"窗口的节点"StudentDB",在弹出的快捷菜单中选择"任务"→"导出数据",如图 6-42 所示。

图 6-42 导出数据

(2)打开"SQL Server 导入和导出向导"窗口，单击【下一步】按钮，进入"选择数据源"页面。在"数据源"下拉列表框中选择"SQL Server Native Client 10.0"，在"数据库"下拉列表框中选择数据库"StudentDB"，如图 6-43 所示。

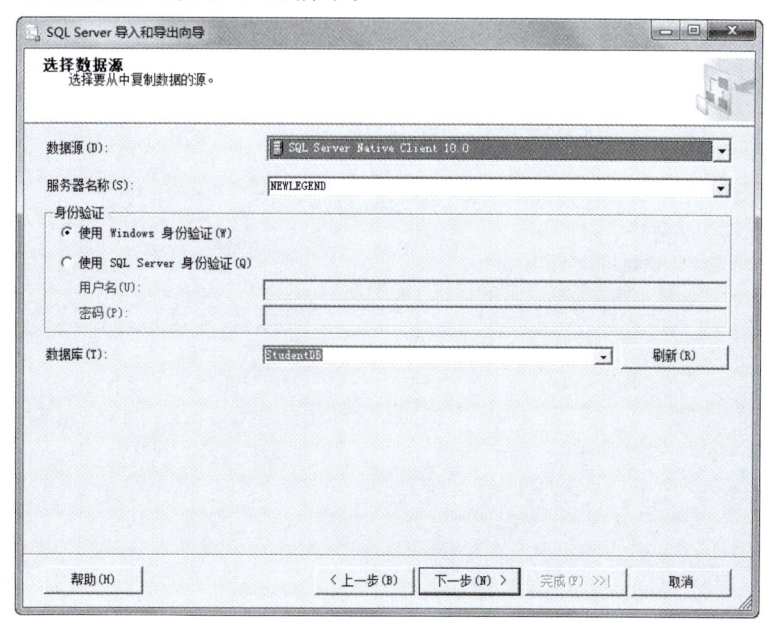

图 6-43　选择数据源

(3)单击【下一步】按钮，进入"选择目标"页面。在"目标"下拉列表框中选择"Microsoft Access"，在"文件名"文本框后面的【浏览】按钮中选择 Access 文件所在的路径及名称，如图 6-44 所示。

图 6-44　选择目标

(4)单击【下一步】按钮,进入"指定表复制或查询"页面。选中"编写查询以指定要传输的数据"单选按钮,如图 6-45 所示。

图 6-45 选择导出对象

(5)单击【下一步】按钮,进入"提供源查询"页面。在 SQL 语句文本框中,输入代码"SELECT * FROM Student WHERE ClassNo='11010111'",如图 6-46 所示。

图 6-46 输入查询语句

(6)单击【下一步】按钮,进入"选择源表和源视图"页面。在"目标"文本框中,输入"Student",如图6-47所示。

图6-47 选择源表和源视图

(7)单击【下一步】按钮,进入"查看数据类型映射"页面,如图6-48所示。

图6-48 查看数据类型映射

(8)单击【下一步】按钮,进入"保存并运行包"页面。选择"立即运行"复选框,如图6-49所示。如果需要保存SSIS包,以便以后执行,则选中"保存SSIS包"复选框和"SQL Server"单选按钮。

图6-49 保存并运行包

(9)单击【下一步】按钮,进入"完成该向导"窗口,并显示前面的设置,如图6-50所示。单击【上一步】按钮可以进行修改。

图6-50 导入和导出向导完成

(10) 单击【完成】按钮,执行导出操作,并且显示执行步骤及执行状态,如图 6-51 所示。

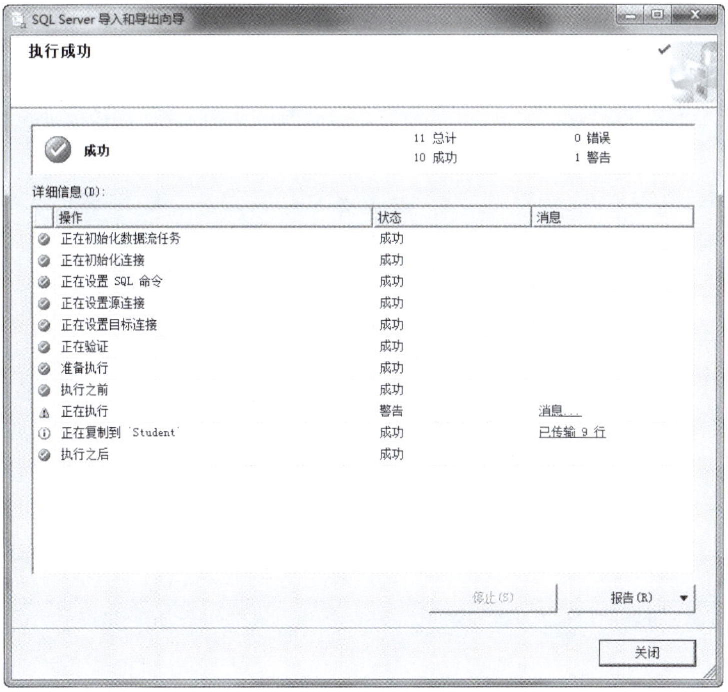

图 6-51　执行成功

(11) 单击【关闭】按钮,关闭"SQL Server 导入和导出向导"窗口。打开 Access 中的相应数据库,就可以看到从 SQL Server 中导出的数据表了。

【拓展任务】

导出上一拓展任务中导入的"Admin"信息到 Excel 文件中。

子任务 4.3　将 SQL Server 数据导出到 XML 文档

在程序开发中 XML 被越来越多地作为数据的统一格式,因此掌握 XML 与数据库之间的转换显得尤为重要。SQL Server 2008 实现了对 XML 文档和数据的存储与查询。XML 数据可以与 SQL Server 应用程序进行互操作,SQL Server 还提供了管理 XML 数据的功能,支持 XML 数据类型。XML 数据类型专门用于保存和操作 XML 数据,XML 类型字段以 BLOB 的二进制形式保存,可以保存 2 GB 的 XML 代码,层次最多可达 128 层。XML 数据类型还有检验 XML 数据完整性的功能。

用户将 XML 数据存入数据库的时候,可以使用 XML 的字符串,SQL Server 会自动将这个字符串转化为 XML 类型,并存储到数据库中。T-SQL 语句提供对 XML 操作的函数,来配合 SQL Server 中 XML 字段的使用。

(1) 定义 XML 类型变量

在表设计器中,XML 字段不能用来作为主键或者索引键。XML 数据类型列中,能够存储格式良好的 XML 文档以及 XML 内容片段。

(2) FOR XML 子句

FOR XML 子句能够将 SELECT 语句返回的关系型行集合聚合为 XML 数据。FOR XML 支持三种模式。

RAW 模式:该模式为每行都生成名为 row 的单个元素。

AUTO 模式:该模式根据衍生关系,能够生成一个元素名称,代表一个级别的层次。

EXPLICIT 模式:该模式能够生成专用的可映射为 XML 结构的行集合格式。

(3)OPENXML 函数

OPENXML 函数的作用是 XML 文档转换为行结果集,能够像访问数据库中的数据表一样,实现访问 XML 数据。

函数的语法结构:

OPENXML(idoc int [in], rowpattern varchar [in], [flags byte [in]])

[WITH (SchemaDeclaration | TableName)]

(4)XQuery 语言

T-SQL 支持用于查询 XML 数据类型的 XQuery 语言。XQuery 基于现有的 XPath 查询语言以及构造必需的 XML 的功能。Path 查询会对 XML 文档进行分析,而结果会采用树形式的模型。这个树由节点组成。XPath 表达式用于选择树中的节点,见表 6-1。

表 6-1　　　　　　　　　　常用的 XPath 路径表达式

路径表达式	表达式的含义
/	指明 XML 文档的根节点
//	指明当前节点的所有子代,包括当前节点
.	指明 XML 文档的当前节点
..	指明当前节点的父节点
./@属性名 或 @属性名	指明当前节点的具有名称属性名的属性
./子级名	指明当前节点的那些具有名称子级名的元素的子级

【任务需求】

查询 StudentDB 数据库的 Course 表中课程的具体信息,将查询结果以 XML 文档保存。

【任务分析】

该任务使用 FOR XML PATH 语句实现。FOR XML 语句中,使用 PATH 选项来表示输出的查询结果集以层级的方式输出到 XML 文档中。PATH()括号内的参数是控制节点名称,可通过带有特殊字符'@'将某列标识为元素的属性,通过'/'产生多层次的 XML 结构。

FOR XML PATH 的输出的格式为:字段名 AS [节点名/子节点名]

如果需要将某一字段定义为某元素的属性,可以使用如下形式:字段名 AS [节点名/@属性名]。其中,字段名与属性名绑定,即属性名的值为字段名的值。

【任务实现】

(1)新建查询,输入如下所示的程序代码:

USE StudentDB

SELECT Cname AS '课程名称',Credits AS '学分',Cnature AS '是否必修'

FROM Course

FOR XML PATH('课程开设情况'),root('健雄职业技术学院')

成功执行后可以看到在"结果"窗格中生成了 XML 节点。

(2)单击 XML 节点，可以查看详细的 XML 数据，如图 6-52 所示。

图 6-52　查看详细的 XML 数据

【小技巧】

还可以将上述的查询结果另存为 XML 文档，如图 6-53 所示。

图 6-53　将结果另存为 XML 文档

项目小结

本项目主要介绍了 SQL Server 数据库的安全管理方法，通过创建登录、数据库用户、角色等，并赋予相应的权限就能够保证数据的安全访问。此外介绍了数据的备份和还原的方法，并能对各类的数据进行导入导出操作，从而能够方便地对数据的格式进行转换。

同步练习与实训

一、选择题

1. 可以在 SQL Server 中执行任何任务的角色是（　　）。

A. db_owner　　　　B. sysadmin　　　　C. serveradmin　　　　D. setupadmin

2. 下列关于 public 角色的陈述中，错误的是（　　）。

A. 捕获数据库中用户的所有默认权限

B. 该角色无法删除

C. 该角色只存在于系统数据库，在用户创建的数据库中不存在

D. 该角色包含在每个数据库中，包括 master、msdb、tempdb、model 和所有用户数据库

3. 向用户授权的 SQL 语句是(　　)。

A. CREATE　　　B. REVOKE　　　C. SELECT　　　D. GRANT

4. 新建登录的系统存储过程是(　　)。

A. sp_revokedbaccess　　　　　　B. sp_addlogin

C. sp_grantlogin　　　　　　　　D. sp_grantabacess

5. SQL 数据定义语言中包含了权限授予和回收的命令,下面叙述错误的是(　　)。

A. GRANT 语句用来授予权限,REVOKE 语句用来回收权限

B. 缺省情况下,在 SQL 中被授予权限的用户允许将该权限授予其他用户

C. 权限 all privileges 可以用作授予所有权限的缩写形式,用户名 public 指系统所有当前用户和将来的用户

D. 如果希望授予权限并允许接受授权者将权限传递给其他用户,将 WITH GRANT OPTION 子句附加在适当的 GRANT 命令后即可

二、填空题

1. 数据库管理系统的安全性通常包括两个方面,一是指数据访问的安全性,二是指数据_____的安全性。

2. SQL Server 有_____验证模式和 Windows 验证模式两种身份验证模式。

3. 数据库备份的目的是_____。

4. SQL Server 2008 通过 SELECT 语句的_____扩展功能,支持在服务器端以 XML 文档的形式返回 SQL 查询结果。

5. _____模式将查询结果集中的每一行映射到一个 XML 元素,并将行中的每一列映射到一个属性。

三、简答题

1. 什么是角色,有哪些固定的服务器角色和固定的数据库角色?

2. 数据库有哪些备份类型?

3. 如何把 XML 数据插入 SQL Server 数据库中?

四、实训题

1. 使用 SQL Server Management Studio 操作实现如下的安全管理方案。

(1)创建 SQL Server 登录名 Mike,并设置可以访问 Library 数据库的 db_owner 的角色。

(2)设置该登录名对应 Library 数据库的用户名为 MikeDBUser,然后测试该用户访问数据库的情况。

2. 使用 T-SQL 语句实现如下的安全管理方案。

(1)创建一个登录名,名称是姓名的拼音,密码自行定义。

(2)创建数据库 Library 的数据库用户,用户名为"自己姓名的拼音+DBUser",该用户与第(1)小题创建的登录名相关联。

(3)授予该数据库用户查看及更新 Books 数据表的权限。

第四篇

开发教学管理系统

项目 7　数据库高级应用

学习导航

知识目标：
(1) 知道编程的基本要素。
(2) 掌握存储过程的基本概念。
(3) 理解触发器的概念和作用。
(4) 了解触发器的基本原理。

技能目标：
(1) 能够遵循代码的编写规范进行编程。
(2) 能够运用 IF、CASE、WHILE 等流程控制语句。
(3) 能够创建、修改并调用存储过程。
(4) 会创建、修改、删除触发器。

素质目标：
(1) 能够遵循代码的编程规范。
(2) 具有对代码功能不断完善、精益求精的工匠精神。

情境描述

通过前面项目的学习，读者已经初步具备 SQL Server 数据库技术应用的能力，但是在程序员的日常工作中，除了要进行增、删、改和查语句的编写外，还要具有一定的数据库编程能力。在这个项目中，将要了解数据库编程的基本元素和逻辑语句，初步接触存储过程和触发器等数据库对象。

任务实施

任务 1　认识 T-SQL 语言的编程要素

预备知识

1. BEGIN...END 语句块

如果两个或两个以上的 SQL 语句要作为一个单元来执行的话，就要使用 BEGIN...END 语句，这些语句被称为语句块。它的语法格式为：

BEGIN
  语句 1
  语句 2
  ……
  语句 N
END

2. IF…ELSE 语句

该语句可以使程序根据条件产生不同的程序分支，从而实现不同的功能。它的语法格式为：

IF ＜条件表达式＞
  语句 1

［ELSE
  语句 2］

说明：

①ELSE 子句为可选项。

②如果条件表达式的值为 TRUE，则执行语句 1；否则，就执行语句 2。

③IF…ELSE 语句可以嵌套使用。

基本的逻辑如图 7-1 所示。

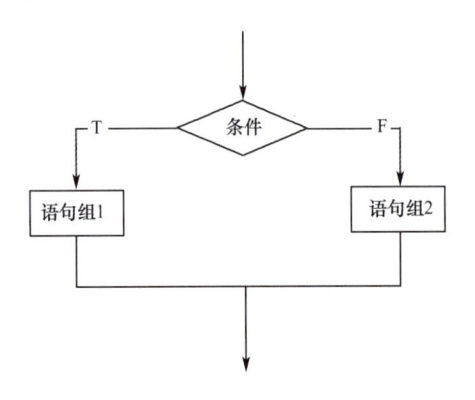

图 7-1 IF 语句的流程图

3. CASE 语句

CASE 语句可以使程序根据条件产生多个程序分支，从而实现不同的功能。但是不能够单独使用，而只能作为一个可以单独执行的语句的一部分来使用。它的语法格式可以表示为：

CASE ＜条件表达式＞
  WHEN 结果 1 THEN 语句 1
  ［WHEN 结果 2 THEN 语句 2］
  ［……］
  ［ELSE 语句 N］
END

说明：

①WHEN 和 ELSE 子句为可选项。

②如果条件表达式的值与结果 1 相符，则执行语句 1；如果条件表达式的值与结果 2 相符，就执行语句 2；以此类推。如果跟所有的结果均不符，则执行 ELSE 语句中的语句 N。

4. WHILE 语句

使用 WHILE 语句可以进行循环控制，其基本格式为：

WHILE 条件
BEGIN
  语句 1
  语句 2
  ……
  BREAK
END

说明：

- 如果有多条语句，需要 BEGIN...END 语句块。
- BREAK 语句表示退出循环。

5. 变量

变量是 SQL Server 中用来传递数据的途径之一，在 SQL Server 中一般分为两类：全局变量和局部变量。

①全局变量

全局变量是系统提供并赋值的一类变量，用户无权建立和修改。它是以"@@"开始的一组特殊的函数。

【例 7.1】 显示 SQL Server 当前安装的日期、版本和处理器的时间。

程序代码为：

PRINT '当前所用的 SQL Server 的版本为'
PRINT @@VERSION --显示版本信息

程序执行效果如图 7-2 所示。

图 7-2　全局变量的使用

这里调用了全局变量@@VERSION，可以返回 SQL Server 当前安装的日期、版本和处理器类型等相关信息。

②局部变量

局部变量是在程序中用来保存数值的对象，可以由用户定义。局部变量的声明，其语法格式为：

```
DECLARE
{{ @local_variable data_type }
| { @cursor_variable_name CURSOR }
| { table_type_definition }
} [ ,...n ]
```

参数的含义见表 7-1。

表 7-1　　　　　　　　　　DECLARE 语句中参数的含义

参　数	含　义
@local_variable	变量的名称
data_type	任何由系统提供的或用户定义的数据类型
@cursor_variable_name	游标变量的名称
CURSOR	指定变量是局部游标变量
table_type_definition	定义表数据类型
n	表示可以指定多个变量并对变量赋值的占位符

说明：
- 局部变量必须先声明后使用。
- 局部变量名必须以"@"开头。
- 在一个 DECLARE 语句中,可以同时定义多个变量,只要用","分隔即可。

用 DECLARE 语句声明局部变量后,变量的初值为 NULL。如果要改变它的值可以使用赋值语句 SET 或者 SELECT。

a. SET 语句

语法格式：

SET @local_variable=表达式

b. SELECT 语句

语法格式：

SELECT @local_variable=表达式[,...n]

【例 7.2】 声明六个局部变量@sno、@sname、@ssex、@sbirthday、@entrancedate 以及@classno,并对它们赋值,并插入表 student 中。程序代码如下：

```
USE StudentDB
GO
DECLARE @sno char(10),@sname char(10),@ssex char(2),@sbirthday DATETIME,
@entrancedate DATETIME,@classno char(8)
SET @sno='1101011111'
SET @sname='王明'
SET @ssex='男'
SET @sbirthday='1989/7/09'
SET @entrancedate='2011/9/09'
SET @classno='11010111'
INSERT INTO student
    (Sno,Sname,Ssex,Sbirthday,EntranceTime,Classno)
```

VALUES

　　(@sno,@sname,@ssex,@sbirthday,@entrancedate,@classno)

程序执行后的效果如图 7-3 所示。

```
USE StudentDB
GO
DECLARE @sno char(10),@sname char(10),@ssex char(2),@sbirthday DATETIME,@entrancedate DATETIME,@classno char(8)
SET @sno='1101011111'
SET @sname='王明'
SET @ssex='男'
SET @sbirthday='1989/7/09'
SET @entrancedate='2011/9/09'
SET @classno='11010111'
INSERT INTO student
  (Sno,Sname,Ssex,Sbirthday,EntranceTime,Classno)
VALUES
  (@sno,@sname,@ssex,@sbirthday,@entrancedate,@classno)
```

(1 行受影响)

图 7-3　局部变量的声明与赋值

局部变量的作用域指可以使用该变量的范围，它从声明变量开始到声明它们的批处理或存储过程的结束。

如果将上面例子中 INSERT 前加上一句 GO，则出现如图 7-4 所示的效果。出错提示显示，要使用 @sno 等变量必须要声明，这是由于 GO 已经将程序分做两个批处理语句，@sno 是在上一个批处理中声明的变量，在其他批处理语句中失效。

```
USE StudentDB
GO
DECLARE @sno char(10),@sname char(10),@ssex char(2),@sbirthday DATETIME,@entrancedate DATETIME,@classno char(8)
SET @sno='1101011111'
SET @sname='王明'
SET @ssex='男'
SET @sbirthday='1989/7/09'
SET @entrancedate='2011/9/09'
SET @classno='11010111'
GO
INSERT INTO student
  (Sno,Sname,Ssex,Sbirthday,EntranceTime,Classno)
VALUES
  (@sno,@sname,@ssex,@sbirthday,@entrancedate,@classno)
```

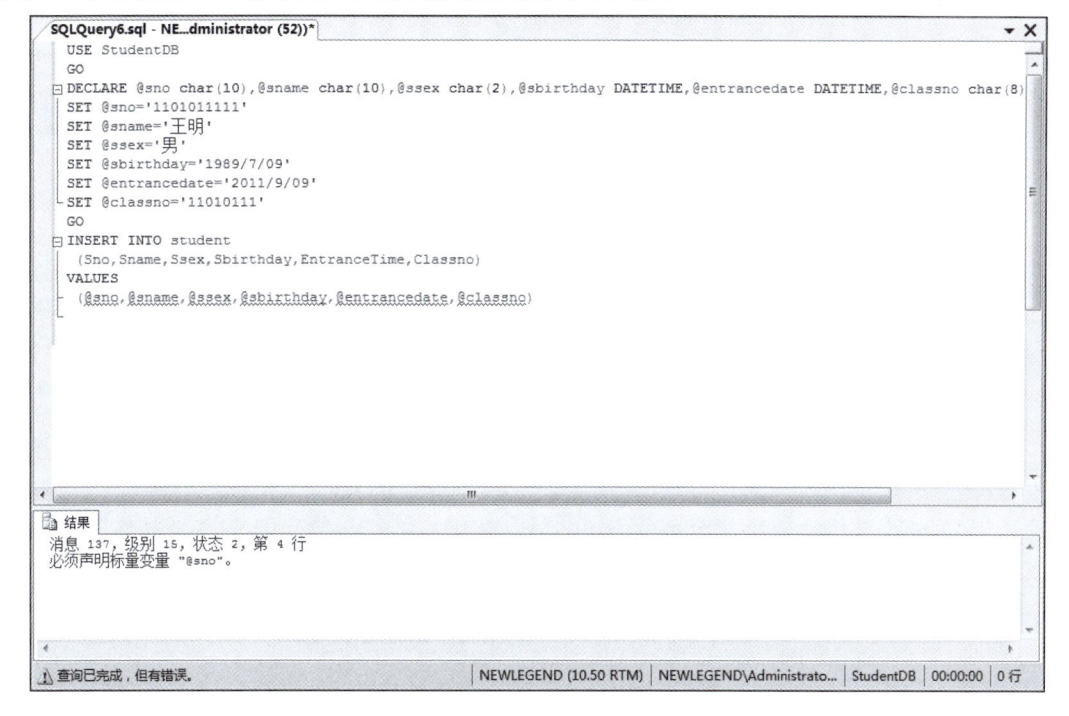

消息 137，级别 15，状态 2，第 4 行
必须声明标量变量 "@sno"。

图 7-4　局部变量的作用域

子任务 1.1　使用全局和局部变量

【任务需求】

输出数据库服务器的名称。

【任务分析】

要得到数据库服务器的名称,可以直接输出数据库的全局变量@@SERVERNAME的值。

【任务实现】

在查询窗口编写如下代码:

```
SELECT '服务器名称:'+@@SERVERNAME
DECLARE @SERVERNAME CHAR(12)            --定义一个局部变量
SET @SERVERNAME=@@SERVERNAME            --设置变量的值
PRINT '服务器名称:'+@SERVERNAME         --打印输出局部变量
```

【程序说明】

上面的代码使用两种方法输出数据库服务器的名称:一种是使用 SELECT 语句直接输出全局变量@@SERVERNAME 的值;另一种是首先定义了一个局部变量,并将全局变量的值赋给了该局部变量,最后使用 PRINT 语句将该局部变量的值进行输出。执行结果如图 7-5 所示。

图 7-5　输出数据库服务器的名称

【拓展任务】

输出 SQL Server 的版本信息。

【小技巧】

可以通过打开"工具"菜单中的"选项"命令,在打开的"选项"对话框的"查询结果"中设置查询结果的格式为"以文本格式显示结果"(默认的方式是"以网格显示结果"),如图 7-6 所示。设置完毕后,并不对已经打开的查询窗口起作用,而会在新打开的查询中应用新的结果显示方式。

子任务 1.2　使用程序控制语句 IF…ELSE

【任务需求】

查询学号为"1201011101"的学生所有课程的平均分,如果平均分大于或者等于 90 分,输出"成绩优秀",否则输出"成绩合格"。

使用程序控制语句 IF…ELSE

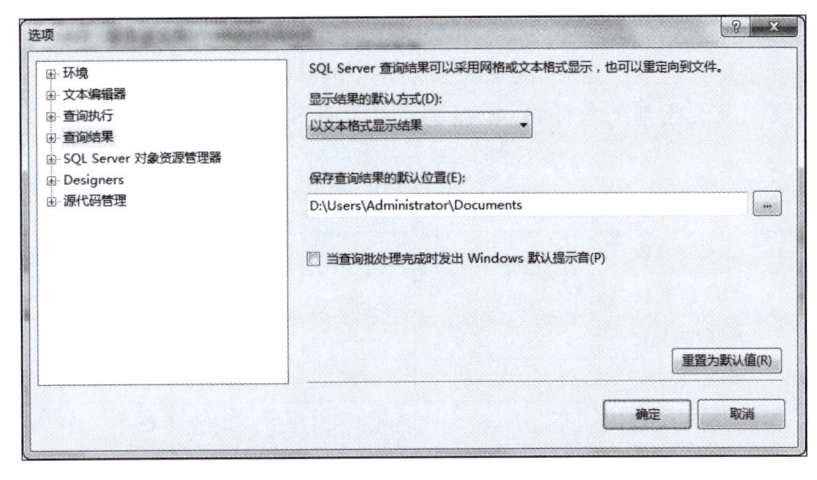

图 7-6 更改显示结果的方式

【任务分析】

要实现这个任务,首先要使用查询语句求出该学生的所有选修课程的平均成绩,然后根据平均成绩的分值进行判断,如果分值大于或等于 90 分,输出成绩优秀;如果分值小于 90 分,则输出成绩合格。实现这样的判断,要用到 IF...ELSE 语句。

【任务实现】

在查询窗口编写如下代码:

```
DECLARE @avg FLOAT          --定义局部变量@avg 用来存放平均分
SELECT @avg＝AVG(Result)    --使用 AVG 函数查询平均分,并赋值给局部变量@avg
FROM Result
WHERE Sno＝'1201011101'
IF @avg＞＝90
    PRINT '成绩优秀'        --如果平均分大于等于 90 分,则打印成绩优秀
ELSE
    PRINT '成绩合格'        --如果平均分小于 90 分,则打印成绩合格
```

【程序说明】

这段程序中使用 DECLARE 定义了一个局部变量@avg,然后将 SELECT 语句查询的平均分赋给该变量。接着使用了一组 IF...ELSE 语句进行逻辑判断,并根据条件输出相应的结果。执行结果如图 7-7 所示。

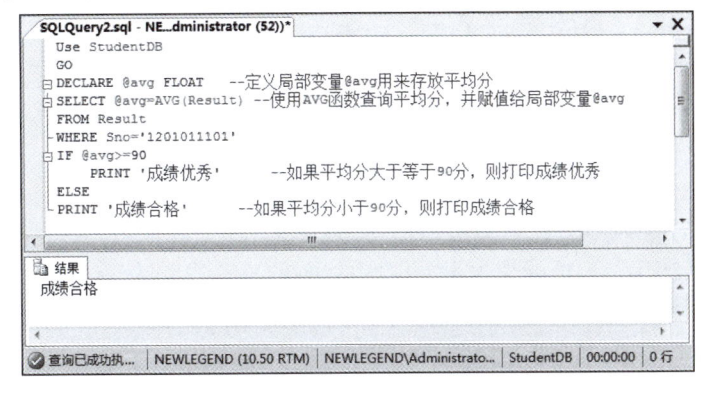

图 7-7 逻辑控制语句的使用

【拓展任务】

仔细阅读程序及查看程序结果,大家是否发现了问题。如果成绩低于 90 分,都是合格吗?拓展任务中要求大家细化判断条件,根据表 7-2 中的内容重新编写 IF...ELSE 语句,并输出相应的结果。

表 7-2　　　　　　　　　　　课程等级判断条件

成绩范围	等级
90 以上(包括 90)	优秀
80 到 90(包括 80)	良好
70 到 80(包括 70)	中等
60 到 70(包括 60)	及格
60 以下	不及格

参考代码如下:

```
DECLARE @avg FLOAT            --定义局部变量@avg 用来存放平均分
DECLARE @msg VARCHAR(50)      --定义局部变量@msg 用来存放课程等级
SELECT @avg=AVG(Result)       --使用 AVG 函数查询平均分并赋值给局部变量@avg
FROM Result
WHERE Sno='1201011101'
IF (@avg>=90)
    SET @msg='优秀'           --如果平均分大于等于 90 分,则局部变量@msg 赋值为优秀
ELSE IF (@avg>=80)
    SET @msg='良好'           --如果平均分大于等于 80 分,则局部变量@msg 赋值为良好
ELSE IF @avg>=70
    SET @msg='中等'           --如果平均分大于等于 70 分,则局部变量@msg 赋值为中等
ELSE IF @avg>=60
    SET @msg='及格'           --如果平均分大于等于 60 分,则局部变量@msg 赋值为及格
ELSE
    SET @msg='不及格'         --如果不符合上述条件,局部变量@msg 赋值为不及格
PRINT '成绩'+@msg             --打印输出最终的成绩情况
```

【小技巧】

(1)在撰写判断条件"分数在 80 至 90 之间"的时候,可以直接写成 ELSE IF (@avg>=80),而不是 ELSE IF (@avg>=80 AND @avg<90),是因为 ELSE IF 不符合前面的判断条件就意味着满足平均分小于 90 这个条件,如果再写就会重复。

(2)可以在判断语句中使用赋值语句 SET 将要输出的值进行临时保存,最后再输出结果。

子任务 1.3　使用程序控制语句 CASE...END

【任务需求】

查询学号为"1201011101"的学生所有课程的平均分,并根据表 7-2 输出成绩的等级。

【任务分析】

实现这个任务,除了可以使用上述任务中的 IF...ELSE 语句外,还可以使用 CASE 语句。它表示多分支的情况,与 IF...ELSE 表达的逻辑相似。

【任务实现】

在查询窗口编写如下代码：

```
DECLARE @avg FLOAT              --定义局部变量@avg 用来存放平均分
DECLARE @msg VARCHAR(50)        --定义局部变量@msg 用来存放课程等级
SELECT @avg=AVG(Result)         --使用 AVG 函数查询平均分并赋值给局部变量@avg
FROM Result
WHERE Sno='1201011101'
SET @msg=CASE
    WHEN @avg>=90 THEN '优秀'   --如果平均分大于等于 90 分,则局部变量@msg 赋值为优秀
    WHEN @avg>=80 THEN '良好'   --如果平均分大于等于 80 分,则局部变量@msg 赋值为良好
    WHEN @avg>=70 THEN '中等'   --如果平均分大于等于 70 分,则局部变量@msg 赋值为中等
    WHEN @avg>=60 THEN '及格'   --如果平均分大于等于 60 分,则局部变量@msg 赋值为及格
    ELSE '不及格'                --否则局部变量@msg 赋值为不及格
    END
PRINT '成绩'+@msg               --打印输出最终的成绩情况
```

【程序说明】

本程序中将任务 1.2 中的等级进行了细化,分为"优秀""良好""中等""及格"和"不及格"。因此这里用 CASE…END 这个多分支语句来实现程序判断,根据输入的值,用 SET 语句对局部变量@msg 进行赋值。执行结果如图 7-8 所示。

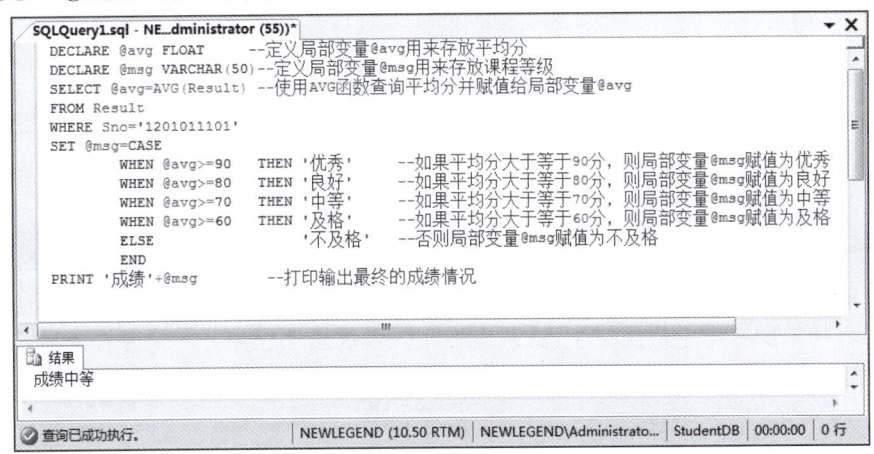

图 7-8 使用 CASE 语句

【拓展任务】

使用 CASE 语句来判断课程编号为 0101006 的通过情况。

【小技巧】

(1)CASE 语句不能单独使用,只能嵌入 SELECT 或 SET 等语句中使用。
(2)CASE、WHEN 和 ELSE 表达式中的数据类型必须相同。

子任务 1.4 使用程序控制语句 WHILE

【任务需求】

检查课程编号为 0101006 的课程的考试是否有不及格的学生,如果有考试不及格的学生则每人加 2 分(高于 95 分的学生不再加分),直到所有学生这次考试的成绩均及格。

【任务分析】

实现这个任务首先可以使用统计函数 COUNT 来统计课程 0101006 中是否有不及格的学生,并定义一个局部变量将查询结果暂时保留下来。根据情况给学生加分,可以使用 IF 语句进行判断,并使用 UPDATE 语句更新数据表的相关信息。但是问题是假如该课程如果有不及格的学生,并且他的成绩是 53 分,就不只要进行一次加分,那么该如何进行处理呢?这里要使用 WHILE 语句来进行循序控制。

【任务实现】

在查询窗口编写如下代码:

```
DECLARE @count INT              --定义局部变量@count 存放不及格人数
WHILE (1=1)
BEGIN
    SELECT @count=COUNT(*)   --使用 COUNT 函数查询不及格人数并赋值给局部变量@count
    FROM Result
    WHERE Result<60 AND Cno='0101006'
    IF @count>0
        UPDATE Result
        SET Result=Result+2
        WHERE Result<95 AND Cno='0101006'  --如果课程中有不及格则每人加 2 分
    ELSE
        BREAK                   --如果课程中都及格则退出循环
END
SELECT *
FROM Result
WHERE Cno='0101006'             --查询课程加分后的成绩情况
```

【程序说明】

这段程序中首先定义了一个局部变量@count 用于保存统计的不及格人数。然后运用循环语句,并根据查询出的不及格人数来决定是否进行加分操作,即如果存在不及格的学生,那么执行加分;如果所有学生都及格了,就跳出循环。最后将课程加分的情况查询显示出来。执行结果如图 7-9 所示。

图 7-9 使用程序控制语句 WHILE

【拓展任务】

用字符"★"拼成直角三角形,如图 7-10 所示。

图 7-10　直角三角形图案

【小技巧】

WHILE 后面是逻辑表达式,如果逻辑表达式的值为真就执行,如果为假就退出循环。有时为了控制循环,也可以将循环条件设置为永真,比如任务 1.4 所示,而使用 BREAK 语句控制循环退出。

任务 2　创建存储过程

预备知识

1. 存储过程的含义

存储过程是一种重要的数据库对象,是为了实现某种特定的功能,将一组预编译的 SQL 语句以存储单元的形式存储在服务器上,供用户调用。存储过程的使用,可以提高代码的执行效率。

存储过程可以实现多种功能,既可以查询表中的数据,也可以向表中添加记录、修改记录和删除记录,还可以实现复杂的数据处理。

2. 存储过程的分类

存储过程可以分为系统存储过程、用户自定义存储过程以及扩展存储过程。SQL Server 中提供了大量的系统存储过程(以"sp_"为前缀),主要是用来收集系统信息和维护数据库实例。而用户自定义存储过程是用户根据需要,为完成某个特定的功能,自行设计的 SQL 代码的集合。扩展存储过程以"xp_"为前缀,是关系数据库引擎的开放式数据服务层的一部分,可以使用户在动态链接库文件所包含的函数中实现逻辑。

3. 存储过程的基本操作

(1)创建存储过程

使用 CREATE PROCEDURE 语句创建存储过程的语法格式为:

CREATE PROC [EDURE] procedure_name [; number]
[{ @parameter data_type }
[VARYING] [=default] [OUTPUT]
] [,...n]
[WITH
{ RECOMPILE | ENCRYPTION | RECOMPILE , ENCRYPTION }]
[FOR REPLICATION]
AS sql_statement [...n]

参数具体含义见表 7-3。

表 7-3　　　　　　　　　　CREATE PROCEDURE 语句中参数的含义

参数名称	含　义
procedure_name	新存储过程的名称
number	是可选的整数，用来对同名的过程分组
@parameter	过程中的参数，可以声明一个或多个参数
data_type	参数的数据类型
VARYING	指定作为输出参数支持的结果集
default	参数的默认值
OUTPUT	表明参数是返回参数
RECOMPILE	表明 SQL Server 不会缓存该过程的计划，该过程将在运行时重新编译
ENCRYPTION	表示 SQL Server 加密 syscomments 表中包含 CREATE PROCEDURE 语句文本的条目
FOR REPLICATION	指定不能在订阅服务器上执行为复制创建的存储过程
AS	指定过程要执行的操作
sql_statement	过程中要包含的任意数目和类型的 T-SQL 语句
n	表示此过程可以包含多条 T-SQL 语句的占位符

【例 7.3】　创建一个存储过程，功能是可以实现用户登录验证的过程。如果登录成功，就更新最新的登录时间。

程序代码为：

```
CREATE PROC proc_upUserLogin
@LoginName VARCHAR(20),
@LoginPwd VARCHAR(20),
@blnReturn BIT OUTPUT
AS
DECLARE @strPwd VARCHAR(20)
BEGIN
    SELECT @strPwd=AdminPassword
    FROM Admin
    WHERE AdminName=@LoginName
    IF @LoginPwd=@strPwd
        BEGIN
            SET @blnReturn=1
            UPDATE Admin
            SET uLastLogin=GETDATE()
            WHERE AdminName=@LoginName
        END
    ELSE
        SET @blnReturn=0
END
DECLARE @result BIT
EXEC proc_upUserLogin 'admin','123456',@result OUTPUT
PRINT @reDate
```

【程序说明】

本段程序的主要功能是验证用户登录密码,并更新用户的登录时间。程序中分别定义了两个输入参数和一个输出参数,其中@LoginName 用来接收登录用户名,@LoginPwd 用来接收登录密码,输出参数@blnReturn 用来反馈登录情况。

在存储过程的内部定义了一个局部变量@strPwd,用来临时存放用户的登录密码。SELECT 语句用来查询数据表中的用户密码,并赋值给局部变量@strPwd。IF 语句则用来对接收到的用户登录密码进行检查,如果和数据表中的一致则说明输入密码正确,更新用户的登录时间,并将@blnReturn 设置为 1;否则说明登录不正确,将@blnReturn 设置为 0。

(2)删除存储过程

删除存储过程的语法格式为:

DROP PROCEDURE { procedure } [,...n]

参数说明:

- procedure 是要删除的存储过程或存储过程组的名称。
- n 表示可以指定多个过程的占位符。

【例 7.4】 删除存储过程 proc_upUserLogin。

程序代码为:

DROP PROCEDURE proc_upUserLogin
GO

(3)执行存储过程

对于在服务器上的存储过程,可以使用 EXECUTE 语句来执行。其语法格式为:

[{ EXEC | EXECUTE }]
{ [@return_status =] { procedure_name [;number] | @procedure_name_var}
[[@parameter =] { value | @variable [OUTPUT] | [DEFAULT] }]
[,...n]
[WITH RECOMPILE] }

其中各个参数与创建存储过程命令中的参数意义相似。

说明:

- 如果存储过程是第一条语句,则可以使用存储过程的名字来执行它,而省略 EXECUTE 语句。
- @procedure_name_var 是一个可选的整型变量,用来代表存储过程的名字。

【编程规范】

在数据库开发的整个生命周期中,编程人员往往不是同一个人。遵循编程规范就能让编写出的 SQL 的代码风格保持一致,提高程序的可读性和可维护性,从而保障软件质量。例如:

- 存储过程的命名一般采用 Pascal 样式命名,例如 AddUser。
- 在存储过程的头部使用 SET NOCOUNT ON,通过@@ROWCOUNT 来控制,这样可以减少网络流量和避免潜在的问题,而在结束时设置 SET NOCOUNT OFF。
- 不使用 SP_作为存储过程的名称,建议用 USP_,这个会影响数据库的执行时间。

大家要养成规范意识,团队精神不是一句空话,可以从遵循编程规范这些小事做起。

子任务 2.1　调用存储过程

【任务需求】

创建数据库 LibraryDB,要求保存在目录 C:\Library 下。

【任务分析】

创建数据库时,如果指定的物理文件夹不存在,需要手动在操作系统中进行创建,否则系统就会报错,如图 7-11 所示。

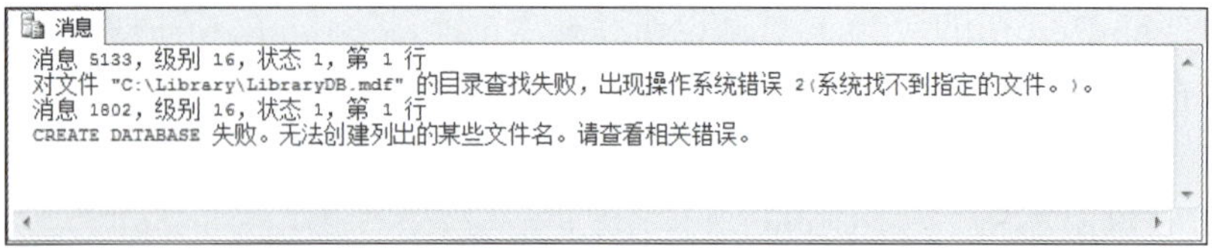

```
消息
消息 5133,级别 16,状态 1,第 1 行
对文件 "C:\Library\LibraryDB.mdf" 的目录查找失败,出现操作系统错误 2(系统找不到指定的文件。)。
消息 1802,级别 16,状态 1,第 1 行
CREATE DATABASE 失败。无法创建列出的某些文件名。请查看相关错误。
```

图 7-11　不存在物理文件夹情况下创建数据库出错

除了手动创建文件夹外,还可以调用系统存储过程 xp_cmdshell 在 SQL Server 中创建文件夹,其调用的基本格式如下:

EXEC xp_cmdshell DOS 命令 [NO_OUTPUT]

说明:

- 可以执行 DOS 命令下的一些操作。
- 以文本行方式返回输出结果。

【任务实现】

在查询窗口编写如下代码:

```
USE master                            --打开系统数据库 master
GO
EXEC xp_cmdshell 'mkdir C:\Library',NO_OUTPUT   --调用存储过程在 C 盘下创建文件夹 Library
GO
IF EXISTS(SELECT * FROM sysdatabases WHERE NAME='LibraryDB')
DROP DATABASE LibraryDB
GO                                    --如果数据库已经存在就删除
CREATE DATABASE LibraryDB
ON PRIMARY                            --创建数据库
(
    NAME='LibraryDB',
    FILENAME='C:\Library\LibraryDB.mdf'
)
EXEC xp_cmdshell 'DIR C:\Library'     --调用存储过程查看 C 盘下所创建文件夹 Library 中的文件情况
```

【程序说明】

这段程序首先打开系统数据库 master,而后调用系统存储过程在 C 盘中建立文件夹 C:\Library,在数据库创建完毕后再次调用系统存储过程查看文件夹中存放文件的情况,从而验证数据库创建操作是否成功。执行结果如图 7-12 所示。

【拓展任务】

(1)调用系统存储过程,列出服务器上的所有数据库。

(2)调用系统存储过程,更改数据库 LibraryDB 的名称为 LibraryDB1。

(3)调用系统存储过程,列出当前环境中的所有存储过程。

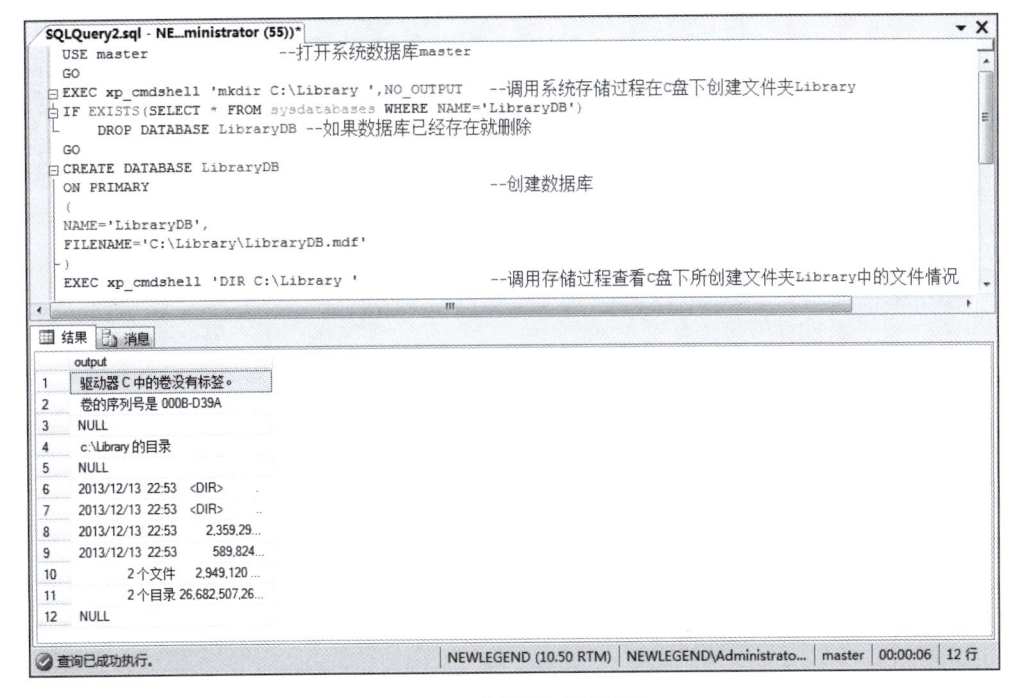

图 7-12　使用系统存储过程

【小技巧】

(1) 系统存储过程 xp_cmdshell 默认是处于禁用状态,如果要开启的话,要使用下面的代码:

--允许高级选项被修改

EXEC sp_configure 'show advanced options', 1

GO

--更新现在配置的选项

RECONFIGURE

GO

--开启 xp_cmdshell

EXEC sp_configure 'xp_cmdshell', 1

GO

--更新现在配置的选项

RECONFIGURE

GO

(2) sp_help 可以查看系统中所有类型对象的汇总信息,代码如下所示:

USE master

GO

EXEC sp_help

GO

如果想返回某一类对象,则可以加上参数。比如返回数据表 Class 的基本情况,可以编写如下代码:

USE StudentDB

GO

EXEC sp_help 'Class'

GO

子任务 2.2　创建无参的存储过程

【任务需求】

检查课程编号为 0101006 课程的考试平均分,如果该平均分高于 70 分则考试成绩优秀,否则较差,并查询未通过考试的学员名单。

【任务分析】

这个任务首先要查询出课程 0101006 的平均分,并根据平均分给课程的考试情况给出评价,最后要将未通过考试的学生信息查询出来。不难发现这个程序中不但涉及多个查询,还存在着程序控制语句,并能实现一定的功能,这种情况下可以将代码编写成存储过程存放在数据库端。如果前台程序需要调用时,可以按照一定的语法格式进行调用。在存储过程的创建中要注意的是,有些特殊语句不能包含在存储过程定义中,如 CREATE VIEW、CREATE DEFAULT 和 CREATE FUNCTION 等。此外,还要注意:

(1)数据库对象均可在存储过程中创建。

(2)存储过程最大可达 128 MB。

(3)不要以"sp_"为前缀创建存储过程,因为它用来命名系统的存储过程,这样做可能会引起系统冲突。

存储过程的基本语法格式为:

CREATE PROC[EDURE] 存储过程名

@参数 1 数据类型=默认值

……,

@参数 n 数据类型=默认值 OUTPUT

AS

SQL 语句

说明:

(1)和 C 语言的函数类似,参数可选。

(2)参数分为输入参数和输出参数。

【任务实现】

在查询窗口编写如下代码:

```
CREATE PROCEDURE proc_grade
AS
DECLARE @avg float            --定义局部变量@avg 用来存放平均分
SELECT @avg=AVG(Result)
FROM Result
WHERE Cno='0101006'
PRINT '平均分:'+CONVERT(VARCHAR(10),@avg)
IF (@avg>=70)
    PRINT '本课程考试成绩:优秀'
ELSE
    PRINT '本课程考试成绩:较差'
PRINT '---------------------------------------------------------------'
```

PRINT '考试成绩不及格的学生信息：'
SELECT Student.Sno 学号,Sname 姓名,Result 成绩
FROM Student
INNER JOIN Result
ON Student.Sno＝Result.Sno
WHERE Result＜60 AND Cno＝'0101006'
GO
/＊----调用存储过程----＊/
EXECUTE proc_grade   --调用存储过程的语法：EXEC 过程名［参数］

【程序说明】

这段程序主要分为两个部分：存储过程的创建和调用。

第一部分中使用 CREATE PROCEDURE 关键字创建了一个名为 proc_grade 的存储过程。存储过程的主体部分包括以下几个内容：

(1)定义一个局部变量存放课程的平均分，通过查询为该变量赋值，并打印输出该变量的值。

(2)根据平均分的值进行判断，如果高于 70 分，则成绩优秀，否则成绩较差。

(3)查询考试成绩不及格的学生信息，包括学号、姓名和成绩。

第二部分是存储过程的调用。由于此存储过程是不带参数的，因此调用的方法比较简单，用 EXECUTE 语句并写上存储过程的名称即可。

程序中还运用了 CONVERT 函数，对局部变量的数据类型进行了转换，便于最后的打印输出。

执行结果如图 7-13 所示。

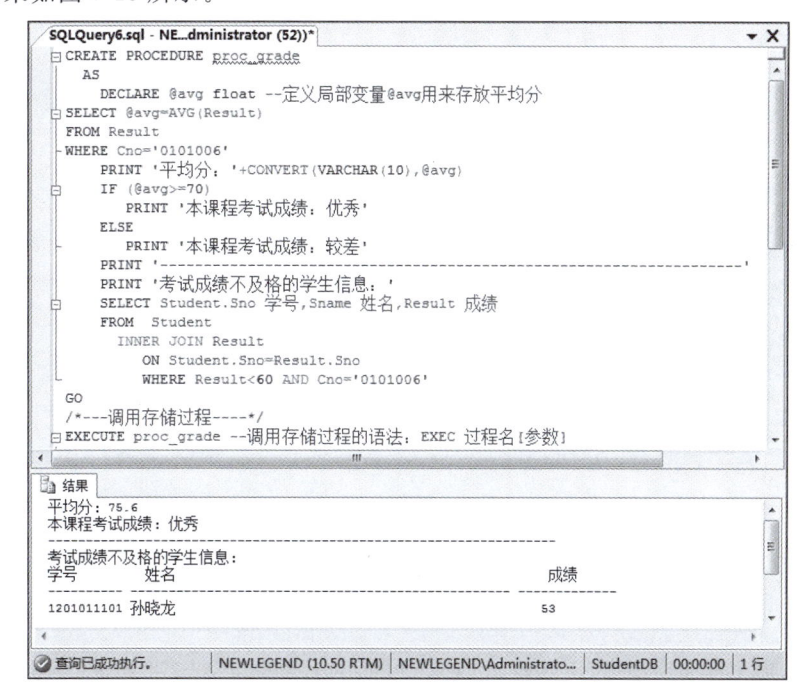

图 7-13　创建无参的存储过程

【拓展任务】

创建一个存储过程 proc_rj,执行该存储过程可以返回软件与服务外包学院学生的信息,包括学号、姓名、性别和出生日期字段。

【小技巧】

(1)存储过程定义语句中 PROCEDURE 可以简写成 PROC,同样道理,EXECUTE 也可以简写成 EXEC。

(2)CONVERT 函数还可以对日期类型的数据进行转换,如:

SELECT CONVERT(VARCHAR(10),GETDATE(),110)

执行后显示:11-03-2018。

具体的类型样式表见表 7-4。

表 7-4　　　　　　　　　　　　　日期类型数据的样式表

样式编号	样式格式
100 或者 0	mon dd yyyy hh:miAM（或者 PM）
101	mm/dd/yy
102	yy.mm.dd
103	dd/mm/yy
104	dd.mm.yy
105	dd-mm-yy
106	dd mon yy
107	Mon dd, yy
108	hh:mm:ss
109 或者 9	mon dd yyyy hh:mi:ss:mmmAM（或者 PM）
110	mm-dd-yy
111	yy/mm/dd
112	yymmdd
113 或者 13	dd mon yyyy hh:mm:ss:mmm(24h)
114	hh:mi:ss:mmm(24h)
120 或者 20	yyyy-mm-dd hh:mi:ss(24h)
121 或者 21	yyyy-mm-dd hh:mi:ss.mmm(24h)
126	yyyy-mm-ddThh:mm:ss.mmm(没有空格)
130	dd mon yyyy hh:mi:ss:mmmAM
131	dd/mm/yy hh:mi:ss:mmmAM

子任务 2.3　创建带输入参数的存储过程

【任务需求】

由于每次考试的难易程度不一样,每次考试的及格线可能会发生变化(不再是 60 分),这导致考试不及格的学生信息也相应变化。同样道理,如果查询的课程不是"0101006",而是其他课程,如何修改任务 2.2 的程序使之满足需求。

【任务分析】

该任务主要解决的是程序的通用性问题，如果及格线发生变化，原来的程序由于将及格线定义为一个常量，即 60 分，就不适合现在的情况。同理，如果查询的课程发生变化，不再是课程"0101006"，也不适用上述的程序。那么可以通过使用输入参数解决这个问题，可以将及格线和课程编号分别定义为存储过程的输入参数。

【任务实现】

在查询窗口编写如下代码：

```
/*----检测是否存在:存储过程存放在系统表 sysobjects 中----*/
IF EXISTS (SELECT * FROM sysobjects WHERE name='proc_grade')
DROP PROCEDURE proc_grade
GO
/*----创建存储过程----*/
CREATE PROCEDURE proc_grade
    @labPass INT,              --定义输入参数@labPass,用于存放及格线
    @Cno VARCHAR(10)           --定义输入参数@Cno,用于存放课程编号
AS
DECLARE @avg float             --定义局部变量@avg 用来存放平均分
SELECT @avg=AVG(Result)
FROM Result
WHERE Cno=@Cno
PRINT '平均分:'+CONVERT(VARCHAR(10),@avg)
IF (@avg>=70)
    PRINT '本课程考试成绩:优秀'
ELSE
    PRINT '本课程考试成绩:较差'
PRINT '------------------------------------------------------------'
PRINT '考试成绩不及格的学生信息:'
SELECT Student.Sno 学号,Sname 姓名,Result 成绩
FROM Student
INNER JOIN Result
ON Student.Sno=Result.Sno
WHERE Result<@labPass AND Cno=@Cno
GO
/*----调用存储过程----*/
EXEC proc_grade 70,'0102002'   --调用存储过程的语法:EXEC 过程名[参数]
```

【程序说明】

这段程序的基本构成与任务 2.2 类似，这里不再赘述。主要是在 CREATE PROCEDURE 语句后加入了两个输入参数的定义，比如@labPass INT，定义了输入参数的名称、数据类型和长度，并且在最后一组查询语句中对原来的条件进行了修改，变成 WHERE Result<@labPass AND Cno=@Cno。

这样就使得程序具有了一定的通用性，不再是为特定问题的解决而编制的了。

存储过程创建后,在调用的时候如果该存储过程已经定义了输入参数,则要将参数的值指明,便于传入存储过程的内部,从而返回正确的结果。如:

EXEC proc_grade 70,′0102002′

执行结果如图 7-14 所示。

```
结果
平均分：74.2143
本课程考试成绩：优秀
----------------------------------------------------
考试成绩不及格的学生信息：
学号            姓名                              成绩
1101011101    张劲                               65
1101011106    谭辉                               61
1101011107    丛扬子龙                           61
1201011110    季莉                               64
```

图 7-14　创建带输入参数的存储过程

【拓展任务】

创建一个存储过程 proc_rj,执行该存储过程可以返回某系部学生的信息,包括学号、姓名、性别和出生日期字段。

【小技巧】

(1)可以给输入参数定义默认值,例如定义上述输入参数时,可以使用下述代码:

@labPass INT＝60,

@Cno VARCHAR(10)＝′0102001′

调用存储过程时,可以都采用默认值,也可以将某一个输入参数设为默认值。可以写成:

EXEC proc_grade   --都采用默认值

EXEC proc_grade 70   --课程编号采用默认值

EXEC proc_grade 70,′0102002′   --都不采用默认值

EXEC proc_grade @Cno＝′0102002′   --希望考试及格线采用默认值,课程编号为 0102002

但是不能写成:

EXEC proc_ grade ,′0102002′   --希望考试及格线采用默认值,课程编号为 0102002

(2)定义的输入参数的类型要与数据表中的字段匹配,比如定义课程编号的输入参数 @Cno 时,不能将其定义为 INT 类型,因为在数据表 Result 中字段是字符类型的数据。

子任务 2.4　创建带输出参数的存储过程

【任务需求】

修改任务 2.3 的程序,使得调用该存储过程后能够返回未通过考试的学生人数。

【任务分析】

存储过程执行后要能够返回值,必须要在创建存储过程的时候给其定义好输出参数,并在调用前定义一个局部变量用来接收存储过程中返回的值,最后使用 EXEC 语句调用存储过程即可实现。修改后的程序代码如下:

【任务实现】

在查询窗口编写如下代码:

```
/*----检测是否存在:存储过程存放在系统表 sysobjects 中---- */
IF EXISTS (SELECT * FROM sysobjects WHERE name=′proc_grade′)
    DROP PROCEDURE proc_grade
GO
```

```
/*----创建存储过程----*/
CREATE PROCEDURE proc_grade
    @labPass INT,                        --定义输入参数@labPass,用于存放及格线
    @Cno VARCHAR(10),                    --定义输入参数@Cno,用于存放课程编号
    @notpassSum INT OUTPUT               --定义输出参数@notpassSum,用于返回不及格人数
AS
DECLARE @avg float                       --定义局部变量@avg用来存放平均分
SELECT @avg=AVG(Result)
FROM Result
WHERE Cno=@Cno
PRINT '平均分:'+CONVERT(VARCHAR(10),@avg)
IF (@avg>=70)
    PRINT '本课程考试成绩:优秀'
ELSE
    PRINT '本课程考试成绩:较差'
PRINT '-------------------------------------------------------------'
PRINT '考试成绩不及格的学生信息:'
SELECT Student.Sno 学号,Sname 姓名,Result 成绩
FROM Student
INNER JOIN Result
ON Student.Sno=Result.Sno
WHERE Result<@labPass AND Cno=@Cno
/*----统计并返回没有通过考试的学员人数----*/
SELECT @notpassSum=COUNT(Cno)
FROM Result
WHERE Result<@labPass AND Cno=@Cno
GO
/*----调用存储过程----*/
DECLARE @sum INT
SET @sum=0
EXEC proc_grade 70,'0102002',@sum OUTPUT --都不采用默认值
PRINT '-----------------------------------------------'
PRINT '未通过人数:'+CONVERT(varchar(10),@sum)+'人'
```

【程序说明】

这段程序的基本构成与任务 2.3 类似,这里不再赘述。主要是在 CREATE PROCEDURE 语句后加入了一个输出参数的定义,即@notpassSum INT OUTPUT,定义了输出参数的名称、数据类型、长度和参数类型。在存储过程的主体部分,通过加入一个查询语句,将统计出来的不及格人数,赋值给了输出参数 @notpassSum。

在调用存储过程的部分,变化较大。首先定义了一个局部变量@sum 并给其赋值,用于接收存储过程的输出值。执行存储过程的语句中,按照定义时的次序依次提供输入参数的值,以及要接收的局部变量的变量名。特别要注意的是输出参数必须要加上 OUTPUT 关键字。

执行结果如图 7-15 所示。

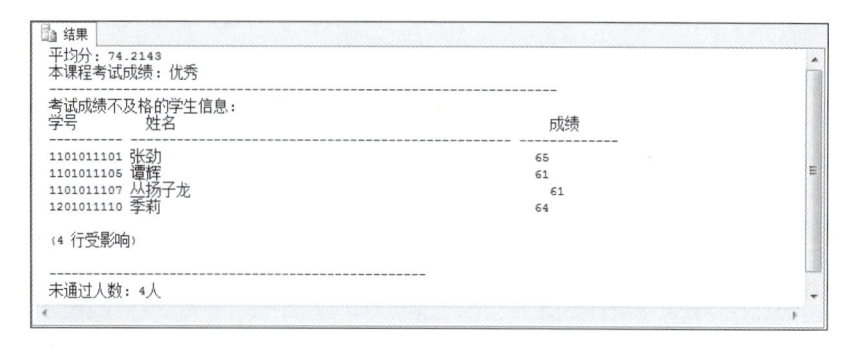

```
结果
平均分：74.2143
本课程考试成绩：优秀
------------------------------------------------
考试成绩不及格的学生信息：
学号              姓名                              成绩
------------------------------------------------
1101011101    张劲                                65
1101011105    谭辉                                61
1101011107    丛扬子龙                             61
1201011110    李莉                                64

(4 行受影响)
------------------------------------------------
未通过人数：4人
```

图 7-15 创建带输出参数的存储过程

【拓展任务】

创建一个存储过程 proc_rj，执行该存储过程可以返回某系部学生的信息，包括学号、姓名、性别和出生日期字段，并返回该系部学生总人数。

【小技巧】

(1) 存储过程执行时，一般按照参数的次序传递参数值。如果不按照参数的顺序传递参数值，则要依次指定参数名。否则会报错，如图 7-16 所示。

```
SQLQuery6.sql - NE...dministrator (52)*
/*---调用存储过程----*/
DECLARE @sum INT
SET @sum=0
EXEC proc_grade @cno='0102002',@labPass=70,@sum OUTPUT  --都不采用默认值
print '------------------------------------------------'
PRINT '未通过人数：'+CONVERT(varchar(10),@sum)+ '人'

结果
消息 119，级别 15，状态 1，第 4 行
必须传递参数 3，并以 '@name = value' 的形式传递后续的参数。一旦使用了 '@name = value' 形式之后，所有后续的参数就必须以 '@name = value' 的形式传递。
```

图 7-16 存储过程不按顺序进行参数传递报错

应该将其中的执行语句改成：

EXEC proc_grade @Cno='0102002',@labPass=70,@notpassSum=@sum OUTPUT

(2) 存储过程执行时，可以使用 DEFAULT 代替参数的默认值。例如：

EXEC proc_grade @Cno=DEFAULT,@labPass=70,@notpassSum=@sum OUTPUT

任务 3 创建触发器

预备知识

1. 触发器的概念及分类

触发器是一种特殊类型的存储过程，它是一个功能强大的工具。它主要通过事件触发而被执行；它与表紧密联系，在表中数据发生变化时自动执行。触发器可以用于 SQL Server 约束、默认值和规则的完整性检查，还可以完成难以用普通约束实现的复杂功能。

触发器可以分为两类，即 AFTER 触发器和 INSTEAD OF 触发器。AFTER 触发器又称为后触发器，它是在引起触发器执行的修改语句成功完成之后执行。INSTEAD OF 触发器又称为替代触发器，当引起触发器执行的修改语句停止执行时，该类触发器代替触发操作执行。

2. 触发器的基本原理

每个触发器有两个特殊的表：插入表 inserted 和删除表 deleted。这两张表是逻辑表，并且这两张表是由系统管理的，存储在内存中，不存储在数据库中，因此不允许用户直接对其修改。它们的结构和与该触发器作用的表相同，主要用来保存因用户操作而被影响到的原数据的值或新数据的值。

3. 触发器的基本操作

（1）创建触发器

使用 CREATE TRIGGER 语句创建触发器的语法格式为：

```
CREATE TRIGGER trigger_name
ON｛table｜view｝
[WITH ENCRYPTION]
{{{FOR｜AFTER｜INSTEAD OF}｛[DELETE][,][INSERT][,][UPDATE]｝
[WITH APPEND]
[NOT FOR REPLICATION]
AS
[｛IF UPDATE ( column )
[｛AND｜OR｝UPDATE ( column )]
[...n]
｜IF ( COLUMNS_UPDATED ( ) ｛bitwise_operator｝ updated_bitmask )
｛comparison_operator｝ column_bitmask [...n]
｝]
sql_statement [...n]
}}
```

参数的含义见表 7-5。

表 7-5　　　　　　　　　CREATE TRIGGER 语句中参数的含义

参　　数	含　　义
trigger_name	触发器的名称
table｜view	在其上执行触发器的表或视图
WITH ENCRYPTION	加密 syscomments 表中包含 CREATE TRIGGER 语句文本的条目
AFTER	表示触发器类型为后触发器
INSTEAD OF	表示触发器类型为替代触发器
｛[DELETE][,][INSERT][,][UPDATE]｝	指定在表或视图上执行哪些数据修改语句时将激活触发器的关键字
WITH APPEND	指定应该添加现有类型的其他触发器
NOT FOR REPLICATION	表示当复制进程更改触发器所涉及的表时，不应执行该触发器
AS	是触发器要执行的操作
sql_statement	是触发器的条件和操作

（2）修改触发器

使用 ALTER TRIGGER 语句修改触发器的语法格式为：

```
ALTER TRIGGER trigger_name
ON｛table｜view｝
［WITH ENCRYPTION］
｛｛｛FOR｜AFTER｜INSTEAD OF｝｛［DELETE］［,］［INSERT］［,］［UPDATE］｝
［WITH APPEND］
［NOT FOR REPLICATION］
AS
［｛IF UPDATE（column）
［｛AND｜OR｝UPDATE（column）］
［…n］
｜IF（COLUMNS_UPDATED（））｛bitwise_operator｝updated_bitmask）
｛comparison_operator｝column_bitmask［…n］
｝］
sql_statement［…n］
｝｝
```

其中的参数与创建触发器中的参数相同。

（3）删除触发器

删除触发器的语法格式为：

`DROP TRIGGER｛trigger｝［,…n］`

参数说明：

- trigger 是要删除的触发器名称。
- n 表示可以指定多个触发器的占位符。

子任务 3.1　创建 UPDATE 触发器

【任务需求】

为 StudentDB 数据库中的 Student 表创建一个名为 update_sname 的 UPDATE 触发器，该触发器的功能是禁止更新 Student 表中的 Sname 字段的内容。

【任务分析】

该任务主要是完成一个更新触发器的创建，它的功能主要是如果要修改 Student 表中的 Sname 字段时，系统不允许修改操作，并且能够显示"不能修改学生的姓名"的信息，如图 7-17 所示。

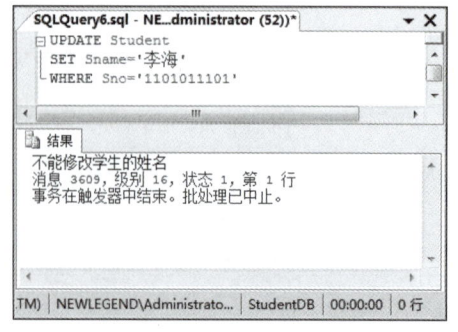

图 7-17　UPDATE 触发器的应用

【任务实现】

在查询窗口编写如下代码：

```sql
IF EXISTS(SELECT * FROM sysobjects WHERE NAME='update_sname')
DROP TRIGGER update_sname        --如果数据库中存在触发器,则删除
GO
CREATE TRIGGER update_sname      --创建触发器
ON Student
FOR UPDATE
AS
IF UPDATE(Sname)
BEGIN
    PRINT '不能修改学生的姓名'
    ROLLBACK TRANSACTION    --回滚事务
END
GO
UPDATE Student
SET Sname='李海'
WHERE Sno='1101011101'
```

【程序说明】

程序首先判断了该触发器是否存在于目前的数据库中，如果存在就删除。然后用CREATE TRIGGER 关键字为表 Student 创建了一个名为 update_sname 的触发器，并且规定了该触发器会由 UPDATE 语句触发执行。触发器的主体部分是由 IF 判断语句构成的，判断条件为是否更新 Sname 字段。如果更新了 Sname 字段的话，就显示"不能修改学生的姓名"的信息，并用 ROLLBACK TRANSACTION 语句恢复已经改变的状态。

触发器创建成功后，可以使用 UPDATE 语句更新 Student 表中的学号为"1101011101"学生的姓名进行测试，结果无法更新，说明创建的触发器已经发生作用了。执行结果如图 7-18 所示。

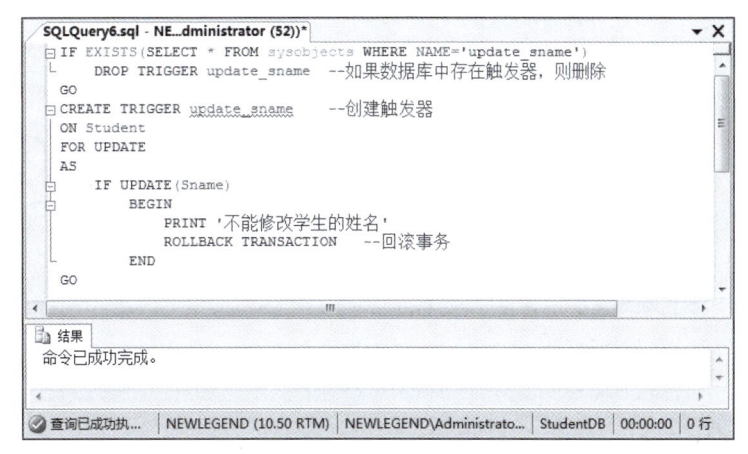

图 7-18 创建 UPDATE 触发器

【拓展任务】

为 StudentDB 数据库中的 Teacher 表创建一个名为 update_tname 的 UPDATE 触发器，该触发器的功能是禁止更新 Teacher 表中的 Tname 字段的内容。

【小技巧】

可以使用系统存储过程 sp_helptext 来查看触发器的创建代码。例如：

EXEC sp_helptext 'update_sname'

子任务3.2 创建 DELETE 触发器

【任务需求】

为 Student 数据表创建一个名为 delete_student 的 DELETE 触发器，该触发器的功能是当删除记录时能够检查 Result 表中是否存在某学生记录，如果存在就不执行删除操作。

【任务分析】

该任务主要是要完成一个删除触发器的创建，它的功能主要是如果要删除 Student 表中的与 Result 关联的记录时，不允许删除，并且显示"该学生在成绩表中存在，不能删除！"的信息，如图7-19所示。

图 7-19 DELETE 触发器的作用

【任务实现】

在查询窗口编写如下代码：

IF EXISTS(SELECT * FROM sysobjects WHERE NAME='delete_student')

DROP TRIGGER delete_student

GO

CREATE TRIGGER delete_student

ON Student

INSTEAD OF DELETE

AS

IF(SELECT COUNT(*) FROM Result INNER JOIN DELETED ON Result.Sno=DELETED.Sno)>0

BEGIN

  PRINT '该学生在成绩表中存在，不能删除！'

  ROLLBACK TRANSACTION

END

ELSE

PRINT '记录已经删除'

GO

【程序说明】

程序首先判断了该触发器是否存在于目前的数据库中，如果存在就删除。然后用

CREATE TRIGGER 关键字为表 Student 创建了一个名为 delete_student 的触发器，并且规定了该触发器会由 DELETE 语句触发执行。触发器的主体部分是由 IF...ELSE 判断语句构成的，判断条件为在 DELETED 表中是否能找到和 Result 表相关联的记录。如果找到这样的记录的话，就显示"该学生在成绩表中存在，不能删除！"的信息，并用 ROLLBACK TRANSACTION 语句恢复已经改变的状态；如果不能找到这样的记录，就显示"记录已经删除"的信息。

DELETE 语句试图删除学号为"1201011102"的记录时，由于数据表 Result 中有该学生的成绩记录，无法删除，说明创建的触发器发生了作用。执行结果如图 7-20 所示。

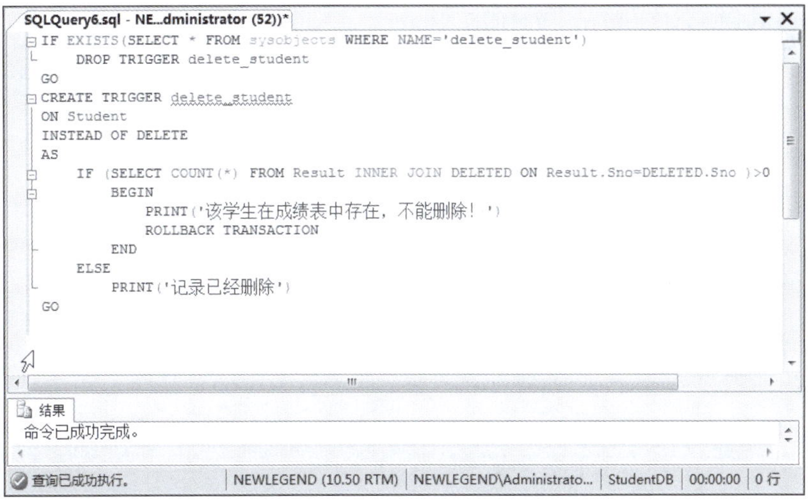

图 7-20　创建 DELETE 触发器

【拓展任务】

为 Department 数据表创建一个名为 delete_department 的 DELETE 触发器，该触发器的功能是当删除记录时能够检查 Professional 表中是否存在相关记录，如果存在就不执行删除操作。

项目小结

本项目首先介绍了 SQL Server 编程中的基本元素之———变量，重点介绍了局部变量的声明、赋值和使用的一些要点。然后介绍了一些常用的流程控制语句的格式和应用，主要包括 IF...ELSE 语句、CASE...END 语句和 WHILE 语句等。

其次介绍了存储过程的创建和应用，它是一种重要的数据库对象，是为了实现某种特定的功能，将一组预编译的 SQL 语句以存储单元的形式存储在服务器上，供用户调用。它可以分为系统存储过程和用户自定义存储过程。

最后介绍了触发器的基本功能和创建方法。触发器是一种特殊类型的存储过程，它是一个功能强大的工具。触发器主要通过事件触发而被执行；它与数据表紧密联系，在表中数据发生变化时自动执行。触发器可以用于 SQL Server 约束、默认值和规则的完整性检查，还可以完成难以用普通约束实现的复杂功能。

同步练习与实训

一、选择题

1. 可以从 WHILE 循环中退出的命令为（　　）。
   A. CLOSE　　　　B. END　　　　C. BREAK　　　　D. CONTINUE

2. 如果某个 SQL 语句需要执行 10 次，则需要（　　）语句来完成。
   A. IF…ELSE　　　B. WHILE　　　C. CASE　　　　D. 都可以

3. 下面的查询语句中填写什么运算符比较合适：
   SELECT * FROM Student WHERE Sno(　　)(SELECT Sno FROM Result WHERE Result<60)。
   A. =　　　　　　B. EXISTS　　　C. IN　　　　　D. LIKE

4. 有关存储过程的说法，正确的是（　　）。
   A. 存储过程必须带参数
   B. 存储过程的输入参数必须要有默认值
   C. 存储过程提高了执行效率
   D. 存储过程不可以返回值

5. 在 SQL Server 服务器上，存储过程是一组预先定义并（　　）的 T-SQL 语句。
   A. 保存　　　　　B. 编译　　　　C. 解释　　　　D. 编写

6. 下列标识符可以作为局部变量使用（　　）。
   A. Myvar　　　　B. My var　　　C. @Myvar　　　D. @My var

7. 下列说法中正确的是（　　）。
   A. SQL 中局部变量可以不声明就使用
   B. SQL 中全局变量必须先声明再使用
   C. SQL 中所有变量都必须先声明后使用
   D. SQL 中只有局部变量先声明后使用；全局变量是由系统提供的用户不能自己建立。

8. 修改存储过程的 SQL 语句是（　　）。
   A. CEREATE PROC　　　　　　B. ALTER PROC
   C. DROP PROC　　　　　　　D. DELETE PROC

9. 下列对触发器的描述中（　　）是错误的。
   A. 触发器属于一种特殊的存储过程
   B. 触发器与存储过程的区别在于触发器能够自动执行并且不含有参数
   C. 触发器有助于在增、删、改表中的记录时保留表之间已定义的关系
   D. 既可对 inserted，deleted 临时表进行查询，也可以进行修改

10. 创建存储过程，则对该存储过程正确调用的是（　　）。
    CREATE PROC proc_stu @passMark int=60,@notpassSum int OUTPUT
    AS
    SELECT @notpassSum=count(stuNo)
    FROM stuMarks

WHERE writtenExam<@passMark
GO

A. DECLARE @sum int EXEC proc_stu @passMark=62,@notpassSum=@sum OUTPUT

B. DECLARE @sum int EXEC proc_stu @sum OUTPUT,64

C. DECLARE @sum int EXEC proc_stu @notpassSum=@sum OUTPUT

D. DECLARE @sum int EXEC procstu @sum OUTPUT

二、填空题

1. 触发器定义在一个表中，当在表中执行 INSERT、_____ 或 DELETE 操作时被触发自动执行。

2. 用于触发器的两个逻辑表是_____表和_____表。

3. 用于创建触发器的 SQL 语句是_____。

4. SQL 编程中，分支选择语句有_____和_____。

5. 全局变量以_____开始，而局部变量以_____开始。

三、简答题

1. 使用存储过程的优点有哪些？

2. 什么是触发器？

3. SQL 的局部变量和全局变量有什么区别？

四、实训题

1. 根据图书罚款表中 Ptype 字段的不同情况（1 表示"过期"，2 表示"损坏"，其他数值表示"遗失"），使用 CASE 语句查询数据表中的内容，如图 7-21 所示。

图 7-21　图书罚款表的信息

2. 创建存储过程，可以显示某出版社出版的图书信息，输入参数为出版社的名称。

3. 创建触发器，不允许修改 Books 中的图书名称。

项目 8 使用C#开发教学管理数据库应用程序

学习导航

知识目标：
(1) 掌握设计数据库的基本步骤。
(2) 掌握 E-R 图的基本符号。
(3) 理解关系的基本类型。
(4) 理解数据库设计规范化。

技能目标：
(1) 能够根据系统需求分析进行模块划分和功能设计。
(2) 能够依据需求完成数据库设计。
(3) 能够利用 C# 开发数据库应用程序。
(4) 能够对应用程序进行安装与部署。
(5) 熟练运用数据库设计的基本步骤分析实体及其关系。
(6) 会使用 Visio 绘制 E-R 图、数据库模型图。

素质目标：
(1) 遵循 C# 语言、SQL 的编程规范，培养团队合作精神。
(2) 提高发现问题、解决问题的能力。

情境描述

.NET 技术团队需要为学院开发一个高等学校教学管理系统，主要针对学校每年新生入学，毕业生离校和各种其他变动，如学籍变动、个人信息修改、教师的调入调出，以及对系部、班级、课程、成绩的管理等。如何有效地管理这些信息，帮助学校、教师管理和掌握这些情况，方便教师和学生对各类信息的管理与查询，这就是教学管理系统需要实现的基本功能。

任务实施

任务 1 系统需求分析与功能结构设计

预备知识

- **软件开发的基本步骤**

软件开发是根据用户要求设计出软件系统的过程。软件开发一般情况下要经过需求分析、系统设计、系统实现、系统测试、系统维护五个步骤。

(1)需求分析

在用户提出需求后,项目组进行调研,为了解决用户提出的需求问题,需要确定目标系统必须做什么,主要是确定目标系统必须具备哪些功能。

在该阶段使用的主要工具有:用例图、数据流图和数据字典等。这里介绍用例图的基本知识。

用例图用来描述系统提供什么样的功能给什么样的用户使用。它由用例、参与者和关系组成。用例是系统功能的分解,做什么,执行什么任务。参与者是系统外部的参与者,可以是人、外部硬件或其他系统等,它表明是由谁执行任务。用例图中涉及的关系有关联、泛化、包含、扩展,具体见表8-1。

表8-1 用例图中各关系及符号表

关系类型	说 明	表示符号
关联	参与者与用例间的关系	→
泛化	参与者之间或用例之间的关系	▷
包含	用例之间的关系	＜＜include＞＞
扩展	用例之间的关系	＜＜extends＞＞

(2)系统设计

系统设计可以分为概要设计和详细设计两个阶段。实际上软件设计的主要任务就是将软件分解成模块,即能实现某个功能的数据和程序说明、可执行程序的程序单元。可以是一个函数、过程、子程序、一段带有程序说明的独立的程序和数据,也可以是组合、分解和更换的功能单元。概要设计就是结构设计,其主要目标就是给出软件的模块结构,用软件结构图表示。详细设计的任务就是设计模块的程序流程、算法和数据结构。

(3)系统实现

系统实现即软件编码的过程。指把软件设计转换成计算机可以接受的程序,即写成以某一程序设计语言表示的"源程序清单"。充分了解软件开发语言、工具的特性和编程风格,有助于开发工具的选择以及保证软件产品的开发质量。当前软件开发中除在专用场合,大部分使用的是面向对象的开发语言。而且面向对象的开发语言和开发环境大都合为一体,大大提高了开发的速度。

(4)系统测试

除了在编码过程中进行测试外,在软件设计完成之后还要进行严密的测试,以发现软件在整个软件设计过程中存在的问题。整个测试阶段分为单元测试、集成测试、系统测试、验收测试等阶段进行。测试方法主要有白盒测试和黑盒测试。

(5)系统维护

维护是指在已完成对软件的研制工作并交付使用之后,根据软件运行的情况,对软件进行适当修改,以适应新的要求,以及纠正运行中发现的错误。编写软件问题报告、软件修改报告。

【哲学观点】

系统是普遍存在的,世界上任何事物都可以看成是一个系统。大至渺茫的宇宙,小至微观的原子,一粒种子、一台机器、一个工厂、一个学会团体、一个软件……都是系统,整个世界就是系统的集合。系统具有整体性、关联性、层次性、开放性和动态性、自组织性。软件系统开发的时候可以采用软件生命周期法对系统进行结构化分析,即将一个系统分成几个子系统,每个系统继续细分为模块,每个模块实现特定的功能,最终整个系统由这些子系统、模块组成。模块跟模块之间通过接口传递信息,模块最重要的特点就是独立性,模块之间还有上下层的关系,上层模块调用下层模块来实现一些功能。

【任务需求】

设计一个教学管理系统,方便教师和学生对各类信息的管理与查询。要求对系统进行整体分析后进行模块划分,进而绘制出系统功能结构图。

【任务分析】

对教学管理系统进行需求分析,要搞清楚 5W:What、Why、Who、Where 和 When。即要做什么,为什么要做,由谁来做,在什么地方做和什么时候做。

解决这个问题可以进行调查并设计用例图。需求分析阶段的成果是用例图、系统功能结构图等一系列图表。在用例建模的过程中,用例图是实现建模的强有力工具。画用例图的步骤是先找出参与者,再根据参与者确定每个参与者相关的用例,最后再细化每一个用例的用例规约。参与者是指所有存在于系统外部并与系统进行交互的人或其他系统。通俗地讲,参与者就是我们所要定义的系统的使用者。寻找参与者可以从以下问题入手:

系统开发完成之后,有哪些人会使用这个系统?

系统需要从哪些人或其他系统中获得数据?

系统会为哪些人或其他系统提供数据?

系统会与哪些其他系统相关联?

系统是由谁来维护和管理的?

【任务实现】

1. 设计用例图

教学管理系统具有系部管理、班级管理、用户管理、课程管理和成绩管理等功能。根据这些功能,本系统分为三类用户:管理员、教师和学生。三类用户成功登录系统后,完成各自部分功能的管理。利用 Microsoft Office Visio 工具绘制各类用户的用例图,如图 8-1、图 8-2、图 8-3 所示。

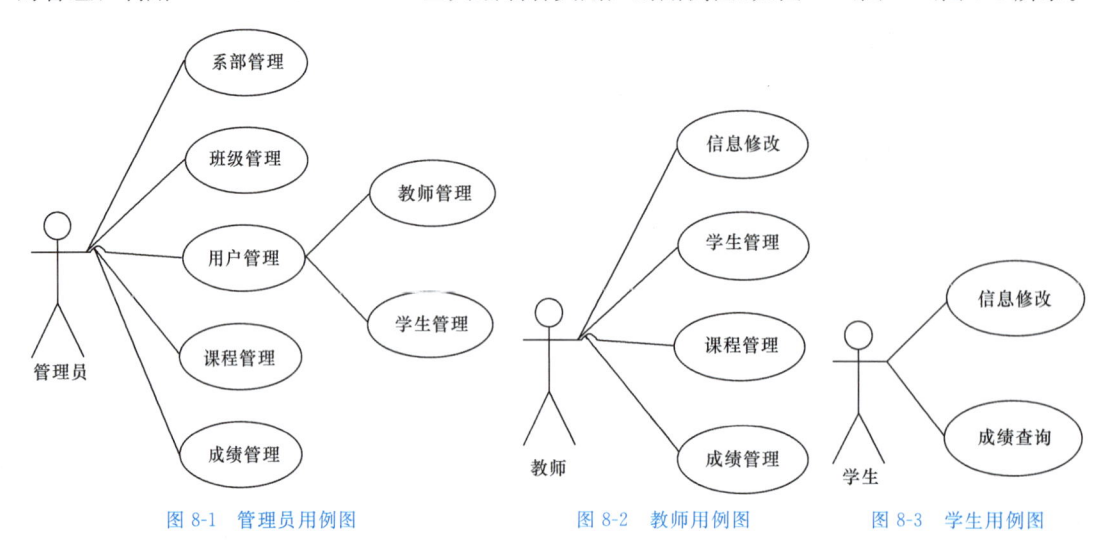

图 8-1　管理员用例图　　　图 8-2　教师用例图　　　图 8-3　学生用例图

管理员:具有系部管理、班级管理、用户管理、课程管理和成绩管理的功能。

教师:具有教师管理中个人信息修改、学生管理、课程管理和成绩管理的功能。

学生:具有学生管理中个人信息修改和成绩管理中成绩查询功能。

2. 设计系统功能模块

通过上述任务的分析,教学管理系统的系统功能结构如图 8-4 所示。

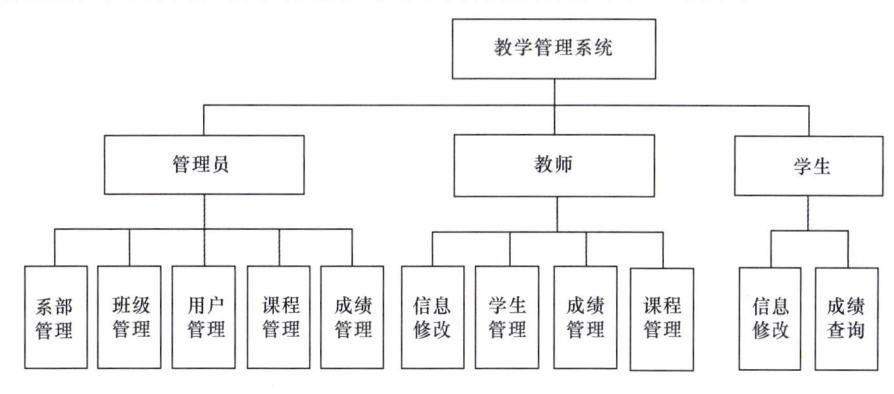

图 8-4 系统功能结构图

（1）管理员用户

主要完成系部、班级、用户、课程和成绩管理。

① 系部管理模块

该模块负责系部管理。主要功能包括增加、删除和修改系部信息,以及对系部信息的查询。

② 班级管理模块

该模块负责班级的管理。主要功能包括增加、删除和修改班级信息,以及对班级信息的查询。学生信息的增加是建立在班级信息维护的基础上,每个学生必定属于特定的班级。这样在管理员或教师对学生成绩查询统计时,可以统计出各个班级的平均分、最高分等。

③ 用户管理模块

该模块主要负责管理教师、学生的相关信息。主要功能包括增加、删除、修改、查找教师或学生的信息。管理员添加完教师和学生后,教师和学生即可登录此系统,教师登录的用户名为教师的编号,学生登录的用户名为学生的学号,两类用户的初始密码均为 123456,在教师或学生登录系统后可对初始密码进行修改。

④ 课程管理模块

该模块负责管理所有课程的信息。主要功能包括增加、删除、修改和查询课程信息。课程的性质分两种:必修课和选修课。

⑤ 成绩管理模块

该模块负责管理成绩信息,教师需给出学生所学的每一门课的学习成绩。主要功能包括增加、删除、修改和查询成绩信息。查询的内容包括课程名称、学分和成绩等。

（2）教师用户

主要完成教师个人信息的修改,学生信息、课程和成绩的管理。

管理员虽然具有课程管理和成绩管理的功能,但这些功能主要由教师用户进行管理与维护。在管理员将课程分配给对应的教师后,每位任课教师负责进行课程管理,学期结束完成成绩的管理。具体模块功能同管理员用户。

(3) 学生用户

主要完成个人信息的编辑修改和课程成绩查询。

学生可修改自己的个人信息,如修改个人的登录密码、家庭地址等信息,同时可浏览相关的课程信息、查询自己的成绩等。

任务 2　系统数据库设计

预备知识

1. 数据库设计的步骤

数据库设计是指对于一个给定的应用环境,构造最优的数据库模式,建立数据库及其应用系统,使之能够有效地存储数据。

数据库设计大致可分为五个步骤:需求分析、概念设计、逻辑设计、物理设计、实施和维护。

需求分析:是通过与用户的沟通和交流获取用户的需求,并对需求进行分析和整理,最终形成需求文档。

概念设计:将需求分析中得到的用户需求抽象为信息结构(即概念模型)的过程就是概念结构设计。在本系统中用 E-R 模型来描述概念模型。它不依赖于任何数据库管理系统。

逻辑设计:将概念模型转换为具体计算机上数据库管理系统(DBMS)所支持的结构数据模型,形成数据库的逻辑模式。它依赖于数据库管理系统。

物理设计:根据设计的关系模式,在计算机上使用特定的数据库管理系统(SQL Server 2008)实现数据库的建立,称为数据库的物理结构设计。

实施和维护:主要是维护数据库的安全性与完整性、监察系统的性能和扩充系统的功能等。

2. E-R 图的绘制

(1) E-R 图

E-R 图又称 E-R 模型,它是直接从现实世界中抽取出实体类型及实体间联系图(Entity-Relationship 图)。

一个 E-R 图(Entity-Relationship)由实体、属性和联系三种基本要素组成。

① 实体

实体是现实世界中存在的,可以相互区别的事物。在 E-R 图中,实体用矩形框表示。

② 属性

实体所具有的某一特性,一个实体可由若干个属性来描述。在 E-R 图中,属性用椭圆形表示,并用无向边将其与相应的实体连接起来;比如学生的姓名、学号和性别都是属性。

③ 联系

联系也称关系,信息世界中反映实体内部或实体之间的关联。实体内部的联系通常是指组成实体的各属性之间的联系;实体之间的联系通常是指不同实体集之间的联系,在 E-R 图中用菱形表示,菱形框内写明联系名,并用无向边分别与有关实体连接起来,同时在无向边旁标上联系的类型($1:1, 1:n, m:n$)。比如学生和课程之间存在选修关系,是多对多的联系。如果联系有属性,则这些属性同样用椭圆表示,用无向边与联系连接起来。

联系可分为以下三种类型:

- 一对一联系(1:1)

如果实体集 A 中的每一个实体在实体集 B 中至多有一个实体与之联系,反之亦然,则称实体集 A 与实体集 B 具有一对一联系,记为 1∶1。

例如,一个学院有一个院长,而一个院长也只能管理这一个学院,学院和院长之间建立起"领导"联系,因此这个联系是一个"一对一"的联系,如图 8-5 所示。

- 一对多联系(1∶n)

如果实体集 A 中的每一个实体在实体集 B 中有 $n(n≥0)$ 个实体与之联系,而实体集 B 中的每一个实体在实体集 A 中至多有一个实体与之联系,则称实体集 A 与实体集 B 具有一对多联系,记为 1∶n。

例如,一个系部有多名教师,而一个教师只能隶属于某一个特定的系部,则系部与教师之间建立起的这种"所属"联系就是一个"一对多"的联系,如图 8-6 所示。

- 多对多联系(m∶n)

如果实体集 A 中的每一个实体在实体集 B 中有 $n(n≥0)$ 个实体与之联系,而实体集 B 中的每一个实体在实体集 A 中有 $m(m≥0)$ 个实体与之联系。实体集 A 与实体集 B 具有多对多联系,记为 m∶n。

例如,一名教师可以讲授多门课程,同时,一门课程也可以由多名教师讲授,因此课程和教师之间的这种"授课"联系就是"多对多"的联系,如图 8-7 所示。

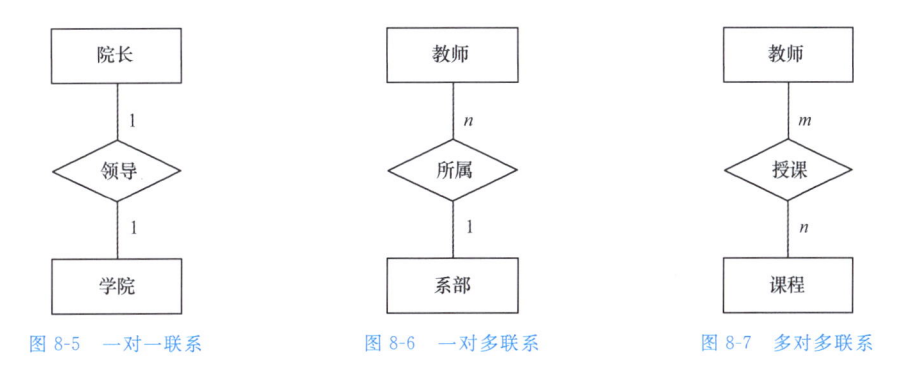

图 8-5 一对一联系　　图 8-6 一对多联系　　图 8-7 多对多联系

(2) E-R 图的设计与绘制

根据需求分析阶段收集到的信息,首先,利用分类、聚集、概括等方法抽象出实体,对列举出来的实体,一一标注出其相应的属性。其次,确定实体间的联系类型(一对一、一对多或多对多),对于实体类型的键,在属于键的属性名下画一条横线。最后使用 Microsoft Office Visio 或 ER_Designer 工具绘制出 E-R 图。

关于现实世界的抽象,一般分为三类:

分类:即对象值与型之间的联系,可以用"is member of"判定。如张英、王平都是学生,他们与"学生"之间构成分类关系。

聚集:定义某一类型的组成成分,是"is part of"的联系。如学生与学号、姓名等属性的联系。

概括:定义类型间的一种子集联系,是"is subset of"的联系。如研究生和本科生都是学生,而且都是集合,因此他们之间是概括的联系。

(3) E-R 模型转换关系模式的一般规则

转换时遵循的规则有:

①将每一个实体类型转换成一个关系模式,实体的属性即为关系模式的属性。

②对于二元联系,按相应的情况进行处理,见表 8-2。

表 8-2　　　　　　　　　　E-R 模型转换关系模式规则表

二元关系	E-R 图	转换成的关系	联系的处理	主键	外键
一对一	A—1—A-B—1—B	（2 个关系） 模式 A 模式 B	有两种： (1) 将模式 B 的主键,联系的属性加入模式 A (2) 将模式 A 的主键,联系的属性加入模式 B	（略）	（依据联系的处理方式） 方式(1)：模式 B 的主键为模式 A 外键 方式(2)：模式 A 的主键为模式 B 的外键
一对多	A—1—A-B—n—B	（2 个关系） 模式 A 模式 B	将模式 A 的主键,联系的属性加入模式 B	（略）	模式 A 的主键为模式 B 的外键
多对多	A—m—A-B—n—B	（3 个关系） 模式 A 模式 B 模式 A-B	联系类型转换成关系模式 A-B 模式 A-B 的属性： (a) 联系的属性 (b) 两端实体类型的主键	两端实体类型的主键一起构成模式 A-B 的主键	两端实体类型的主键分别为模式 A-B 的外键

3. 数据库范式

数据库规范化理论是进行数据库设计的理论基础,只有在数据库设计过程中按照规范化理论方法才能够设计出科学合理的数据库逻辑结构和物理结构,避免数据冗余、删除冲突和数据不一致性等问题。构造数据库必须遵循一定的规则。在关系数据库中,这种规则就是范式。

第一范式(1NF)：表中的每个列属性只包含一个属性值。

第二范式(2NF)：在满足第一范式前提下,当表中的主键是由两个及两个以上的列复合而成时,表中的每个非主键列必须依赖表的主键列(列的集合)的整体,不能只依赖于主键列(列的集合)的子集。

第三范式(3NF)：在满足第一范式和第二范式的前提下,表中的所有非主键列必须依赖表中的主键,而且表中的非主键列不能依赖表中的其他非主键列。

【例 8.1】　假定选课关系表为 Choice(学号,姓名,年龄,课程名称,成绩,学分),其中关键字为组合关键字(学号,课程名称),分析这个关系的规范性。

【分析】

该关系表存在如下关系：

(学号,课程名称)→(姓名,年龄,成绩,学分)

这个数据库表不满足第二范式,因为存在如下依赖关系：

(课程名称)→(学分)

(学号)→(姓名,年龄)

(学号,课程名称)→(成绩)

即存在组合关键字中的字段决定非关键字的情况。

【存在的问题】

由于不符合 2NF,这个选课关系表会存在如下问题：

(1)数据冗余

同一门课程由 n 个学生选修,"学分"就重复 $n-1$ 次;同一个学生选修了 m 门课程,姓名和年龄就重复了 $m-1$ 次。

(2)更新异常

若调整了某门课程的学分,数据表中所有行的"学分"值都要更新,否则会出现同一门课程学分不同的情况。

(3)插入异常

假设要开设一门新的课程,暂时还没有人选修。这样,由于还没有"学号"关键字,课程名称和学分也无法记录入数据库。

(4)删除异常

假设一批学生已经完成课程的选修,这些选修记录就应该从数据库表中删除。但是,与此同时,课程名称和学分信息也被删除了。很显然,这也会导致删除异常。

【解决方案】

将选课关系表 Choice 改为如下三个表:

学生:Student(学号,姓名,年龄)。

课程:Course(课程编号,课程名称,学分)。

选课关系:Choice(学号,课程编号,成绩)。

这样的数据库库表是符合第二范式的,消除了数据冗余、更新异常、插入异常和删除异常。

【任务需求】

依据对教学管理系统的需求分析,接着需要对数据库进行设计,即设计出系统的 E-R 图、数据表等。

系统完成的是各类信息的管理,这些信息需要保存在设计合理的数据表中。为此,需要为系统设计数据表。

【任务分析】

本任务主要是对数据库进行概念设计、逻辑设计和物理设计。

概念设计:将需求分析中得到的用户需求抽象为信息结构(即概念模型)的过程就是概念结构设计。在本系统中用 E-R 模型来描述概念模型。它不依赖于任何数据库管理系统。

逻辑设计:把概念模型转换为具体计算机上数据库管理系统(DBMS)所支持的结构数据模型,形成数据库的逻辑模式。它依赖于数据库管理系统。

物理设计:根据设计的关系模式,在计算机上使用特定的数据库管理系统(本书采用 SQL Server 2008)实现数据库的建立,称为数据库的物理结构设计。

【任务实现】

1.数据库概念设计

本任务中我们采用 E-R 图对数据库进行概念设计,设计时,一般是先根据单个应用的需求,画出能反映每个应用需求的局部 E-R 图,然后将这些 E-R 图合并起来,并消除冗余和可能存在的矛盾,得到全局 E-R 图。

在进行局部 E-R 图设计时,首先,利用分类、聚集、概括等方法抽象出实体。对列举出来的实体,一一标注出其相应的属性。其次,确定实体间的联系类型(一对一、一对多或多对多)。

- 确定实体

经过调研与分析得出教学管理系统的实体有系部、专业、班级、课程、学生、教师、管理员等。

- 确定实体属性

如:学生的相关属性有学号、姓名、性别、出生日期等。

- 定义实体联系

系部和专业之间存在"从属"联系,它是一对多的联系。
班级和学生之间存在"组成"联系,它是一对多的联系。
系部和教师之间存在"聘任"联系,它是一对多的联系。
教师和课程之间存在"授课"联系,它是多对多的联系。
学生和课程之间存在"选修"联系,它是多对多的联系。

在确定了上述三要素后,就可以使用 Microsoft Office Visio 或 ER_Designer 等工具完成局部 E-R 图的设计,下面的 E-R 图采用 Visio 设计完成。

(1)设计局部 E-R 图

①系部和教师的局部 E-R 图,如图 8-8 所示。

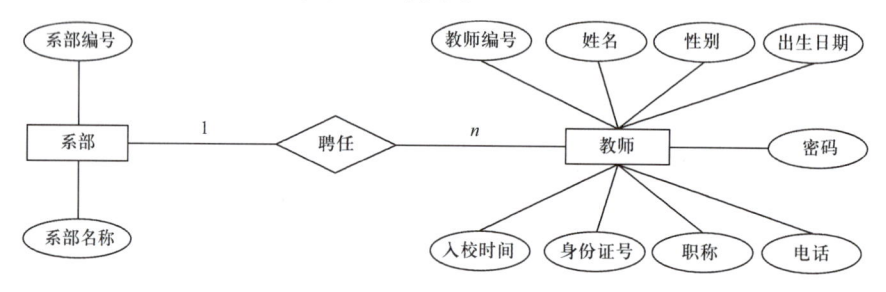

图 8-8　系部和教师的局部 E-R 图

②学生和课程的局部 E-R 图,如图 8-9 所示。

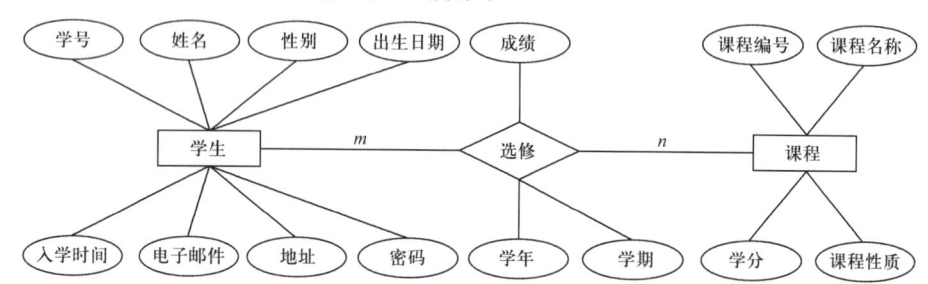

图 8-9　学生和课程的局部 E-R 图

③教师和课程的局部 E-R 图,如图 8-10 所示。

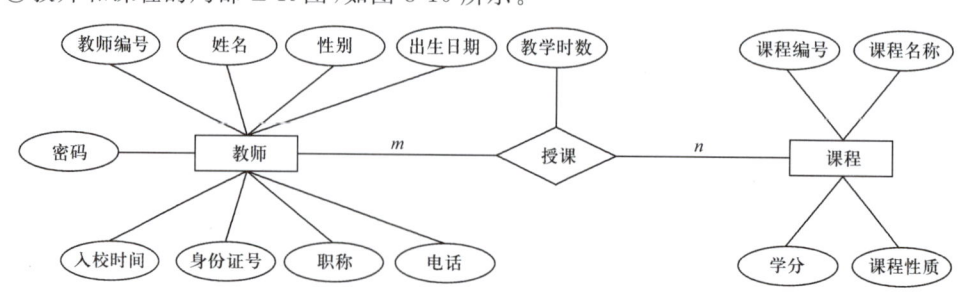

图 8-10　教师和课程的局部 E-R 图

④学生、班级、专业和系部的局部 E-R 图，如图 8-11 所示。

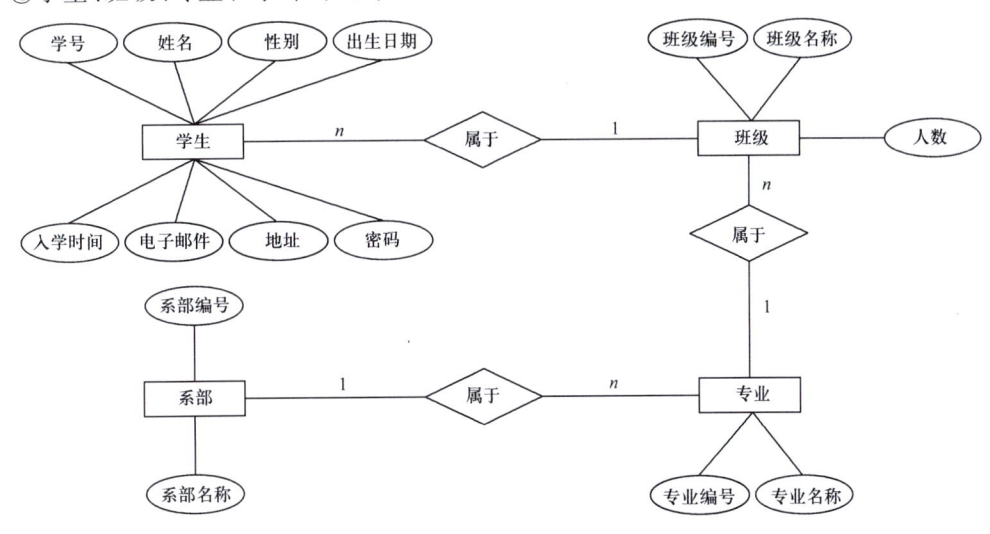

图 8-11 学生、班级、专业和系部的局部 E-R 图

(2)设计全局 E-R 图，如图 8-12 所示。

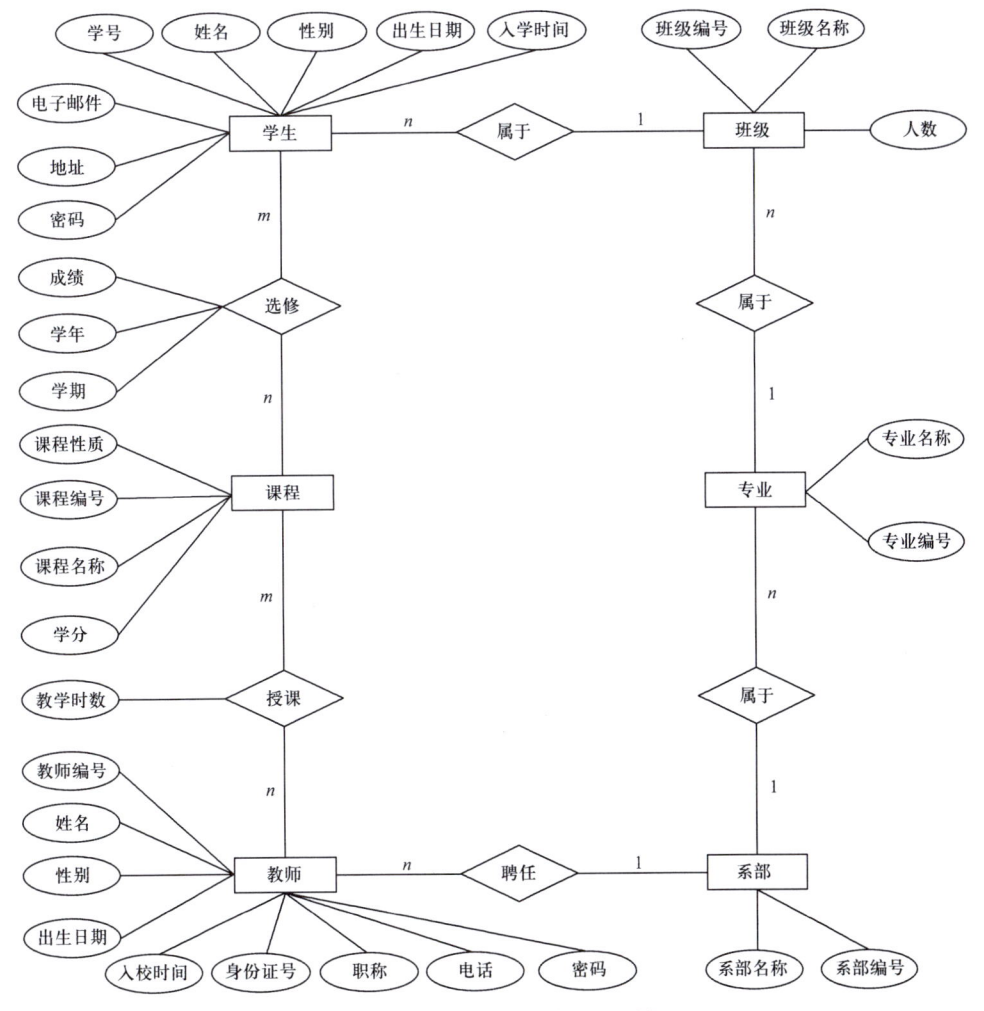

图 8-12 教学管理系统全局 E-R 图

2. 数据库逻辑设计

数据库逻辑设计的任务就是把概念模型转换成某个具体的数据库管理系统所支持的数据模型。本系统是将 E-R 图转换为关系数据库所支持的数据模式(关系模式),将 E-R 图转换为关系模式要解决两个问题,一是如何将实体集和实体间的联系转换成关系模式;二是如何确定这些关系模式和键。

本任务就是将 E-R 图按规则转化为关系模式,即将实体、实体的属性和实体之间的联系转化为关系模式。

对教学管理系统进行分析后,得到如下关系模式:

(1)实体向关系模式的转换

将 E-R 图中的实体逐一转换为一个关系模式,实体名对应关系模式的名称,实体的属性转换成关系模式的属性。系统中共有六个实体,转换成的关系模式如下所示:

学生(<u>学号</u>,姓名,性别,出生日期,入学时间,电子邮件,地址,密码)

班级(<u>班级编号</u>,班级名称,人数)

专业(<u>专业编号</u>,专业名称)

系部(<u>系部编号</u>,系部名称)

课程(<u>课程编号</u>,课程名称,学分,课程性质)

教师(<u>教师编号</u>,姓名,性别,出生日期,入校时间,身份证号,职称,电话,密码)

(2)联系向关系模式的转换

E-R 有三种联系,分别是一对一联系($1:1$),一对多联系($1:n$)和多对多联系($m:n$)。转换时与联系相连的各个实体的码及联系的属性转换为关系的属性,关系的码则根据联系的类型来确定。

$1:1$ 联系:每个实体的码均是该关系的码。

$1:n$ 联系:n 端实体的码是该关系的码。

$m:n$ 联系:m 端实体的码与 n 端实体的码组合构成关系的码。

系统中共有六个联系,其中有两组 $m:n$ 联系,四组 $1:n$ 联系,转换成的关系模式如下所示:

学生-课程(课程编号,学号,成绩,学年,学期)

教师-课程(教师编号,课程编号,教学时数)

系部-教师(<u>教师编号</u>,系部编号)

系部-专业(<u>专业编号</u>,系部编号)

专业-班级(<u>班级编号</u>,专业编号)

班级-学生(<u>学号</u>,班级编号)

(3)关系规范化及优化

将其中具有相同码的关系进行合并,并检查数据库模式是否能满足用户的需求,对关系模式进行规范化及优化后得到如下最终的关系模式:

系部(<u>系部编号</u>,系部名称)

专业(<u>专业编号</u>,专业名称,系部编号)

班级(<u>班级编号</u>,班级名称,人数,专业编号)

学生(<u>学号</u>,姓名,性别,出生日期,入学时间,班级编号,电子邮件,地址,密码)

课程(<u>课程编号</u>,课程名称,学分,课程性质)

成绩(<u>课程编号,学号</u>,成绩,学年,学期)

教师(教师编号,姓名,性别,出生日期,入校时间,身份证号,职称,电话,密码,系部编号)
授课(授课编号,教师编号,课程编号,教学时数)

3. 数据库物理设计

在逻辑模式设计完成后,要设计出尽量减少数据冗余、结构合理的数据表。根据系统需求创建了九张数据表。

(1)数据表

①管理员表:记录管理员的用户名和密码信息,见表 8-3。

表 8-3　　　　　　　　　　　管理员表(Admin)

字段名	类　型	约　束	备　注
adminID	int	主键,自动增量	用户编号
adminName	varchar(16)		用户名
adminPassword	varchar(30)	非空,长度不小于 6	用户密码

②系部表:记录系部的相关信息,见表 8-4。

表 8-4　　　　　　　　　　　系部表(Department)

字段名	类　型	约　束	备　注
DeptNo	char(2)	主键	系部编号
DeptName	varchar(50)	非空	系部名称

③专业表:记录专业的相关信息,与系部表关联,见表 8-5。

表 8-5　　　　　　　　　　　专业表(Professional)

字段名	类　型	约　束	备　注
Pno	char(4)	主键	专业编号
Pname	varchar(80)	非空	专业名称
DeptNo	char(2)	与系部表中 DeptNo 外键关联	所属系部编号

④班级表:记录班级的相关信息,与专业表关联,见表 8-6。

表 8-6　　　　　　　　　　　班级表(Class)

字段名	类　型	约　束	备　注
ClassNo	char(8)	主键	班级编号
ClassName	varchar(50)	非空	班级名称
Num	tinyint	非空,大于等于 15 人	班级人数
Pno	char(4)	与专业表中 Pno 外键关联	所属专业编号

⑤学生表:记录学生基本信息,与班级表关联,见表 8-7。

表 8-7　　　　　　　　　　　学生表(Student)

字段名	类　型	约　束	备　注
Sno	char(10)	主键	学号
Sname	varchar(50)	非空	姓名

(续表)

字段名	类型	约束	备注
Ssex	char(2)	只取男、女，默认值为男	性别
Sbirthday	datetime		出生日期
EntranceTime	datetime	非空	入学时间
ClassNo	char(8)	非空，与班级表中 ClassNo 外键关联	班级编号
Email	varchar(50)	必须包含@符号	电子邮件
Address	varchar(100)	默认值为地址不详	地址
Spassword	varchar(50)	非空	密码

⑥课程表：记录课程的相关信息，见表 8-8。

表 8-8　　　　　　　　　　　　　　　课程表(Course)

字段名	类型	约束	备注
Cno	char(7)	主键	课程编号
Cname	varchar(30)	非空	课程名称
Credits	real	非空	学分
Cnature	varchar(30)	必修或选修	课程性质

⑦成绩表：记录课程成绩的相关信息，与学生表和课程表关联，见表 8-9。

表 8-9　　　　　　　　　　　　　　　成绩表(Result)

字段名	类型	约束	备注
Cno	char(7)	与课程表中 Cno 关联	课程编号
Sno	char(10)	与学生表中 Sno 关联，级联删除	学号
Result	real	成绩在 0 至 100 之间	成绩
Semester	varchar(20)		学年
Term	tinyint		学期

⑧教师表：记录教师的相关信息，见表 8-10。

表 8-10　　　　　　　　　　　　　　　教师表(Teacher)

字段名	类型	约束	备注
Tno	char(4)	主键	教师编号
Tname	varchar(50)	非空	姓名
Tsex	char(2)	只取男、女，默认为男	性别
Tbirthday	datetime		出生日期
AdmittionTime	datetime		入校时间
PID	varchar(18)	长度为15位或18位	身份证号
Ttitle	char(10)		职称
Phone	varchar(20)		电话
TPassword	varchar(50)	非空	密码
DeptNo	char(2)	与系部表中 Deptno 外键关联	系部编号

⑨教师授课表:管理员将课程分配给教师,见表8-11。

表 8-11　　　　　　　　　教师授课表(Teaching)

字段名	类　型	约　束	备　注
Tid	int	自动增量	授课编号
Tno	char(4)	与教师表中 Tno 关联,级联删除	教师编号
Cno	char(7)	与课程表中 Cno 关联	课程编号
Cnum	int		教学时数

(2)数据库关系图

各数据表间的关系,如图 8-13 所示。

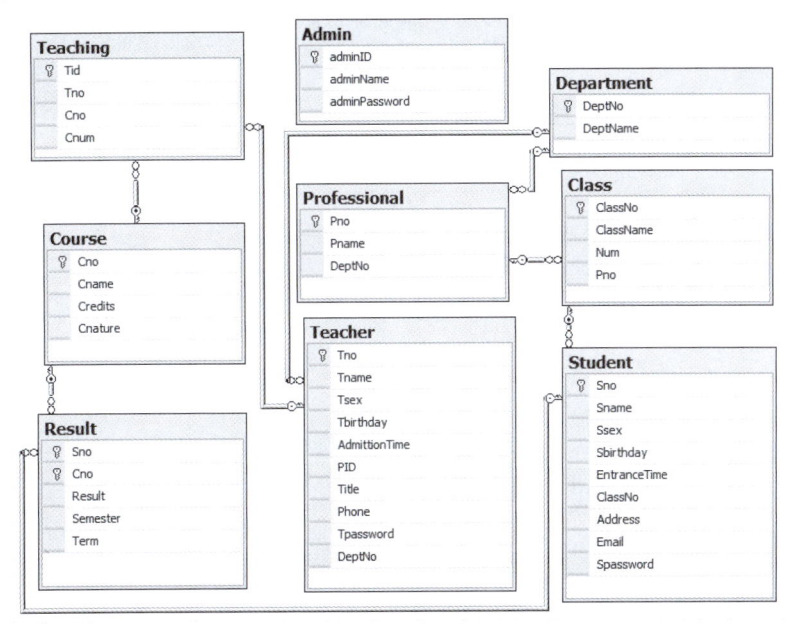

图 8-13　数据关系图

任务 3　系统实现

预备知识

ADO.NET 的基本组件

(1)ADO.NET

ADO.NET 的名称起源于 ADO(ActiveX Data Object),是 Microsoft 主推的数据存取技术,是一组包含在.NET 框架中的类库,用于.NET 应用程序各种数据存储之间的通信。它采用 XML(eXtensible Markup Language,可扩展标识语言)作为数据交换格式,任何遵循此标准的程序都可以用它来进行数据处理和通信,而与操作系统和实现的语言无关,如图 8-14 所示。

(2)ADO.NET 的两个组件

ADO.NET 由两个核心组件构成:数据集(DataSet)和.NET 数据提供程序。其中数据集(DataSet)用于独立于数据源的数据访问。.NET 数据提供程序用于只进、只读访问数据。其

图 8-14 ADO.NET 示意图

中只进是指对于查询出的结果,只能前进,不能后退。例如:前进到了第三条结果,就不能再返回到第一条或第二条结果。只读是指只能读取数据,不能修改数据。两个组件在 ADO.NET 框架中的位置如图 8-15 所示。

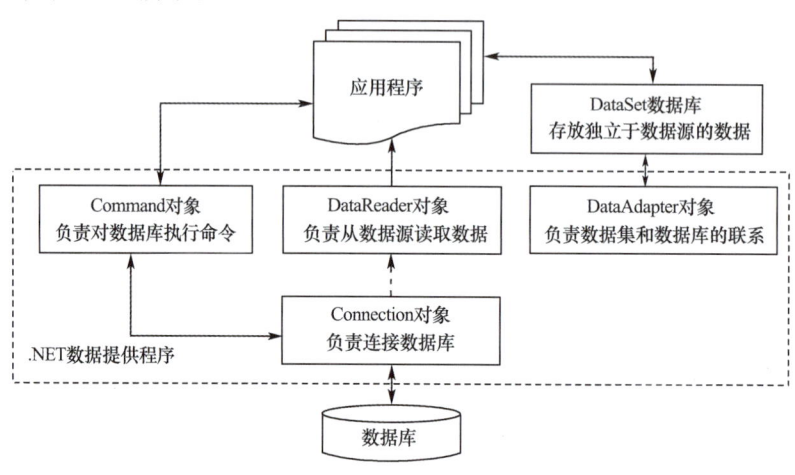

图 8-15 ADO.NET 基本组件

其中 Connection、Command 和 DataReader 对象是必须在数据库连接的情况下才能操作数据库中的数据。DataAdapter 对象和 DataSet 数据集是可以在数据库断开的情况下操作数据库中的数据。

(3).NET 数据提供程序的四个核心对象

① Connection 对象

使用 Connection 对象可以建立应用程序与数据库之间的连接。下面以连接 SQL Server 数据库为例讲解使用 Connection 对象连接数据库。

步骤 1:定义连接字符串

情况一:以 Windows 身份验证方式连接数据库

- Data Source=服务器名;Initial Catalog=数据库名;Integrated Security=SSPI(或 True)

或者

- server=服务器名;database=数据库名;Integrated Security=SSPI(或 True)

情况二:以 SQL Server 身份验证方式连接数据库

- Data Source=服务器名;Initial Catalog=数据库;user id(或 uid)=用户名;pwd(或 password)=密码

或者

- server=服务器名;database=数据库名;user id(或 uid)=用户;pwd(或 password)=密码

步骤 2:创建 connection 对象

SqlConnection conn=new SqlConnection(连接字符串);

步骤3：打开与数据库的连接

conn.Open();

步骤4：与数据库进行数据访问操作（此处略）

步骤5：关闭数据库

conn.Close();

【例8.2】 以SQL Server身份验证方式连接本机上的SQL Server数据库Library。

string constr="server=(local);database=Library;uid=sa;pwd=123456"

SqlConnection conn=new SqlConnection(constr);

②Command对象

Command对象也称为数据库命令对象，Command对象主要执行添加、删除、修改及查询数据操作的命令。也可以用来执行存储过程。用于执行存储过程时需要将Command对象的CommandType属性设置为CommandType.StoredProcedure，默认情况下CommandType属性为CommandType.Text，表示执行的是普通SQL语句。

③DataReader对象

DataReader对象提供一个只读的、单向的游标，用于访问结果集的行数据，它绑定数据时比使用数据集方式性能要高，因为它是只读的，所以如果要对数据库中的数据进行修改就需要借助其他方法将所做的更改保存到数据库。

④DataAdapter对象

DataAdapter对象也称之为数据适配器对象，DataAdapter对象利用数据库连接对象(Connection)连接数据源，使用数据库命令对象(Command)规定的操作从数据源中检索出数据并送往数据集对象(DataSet)，或者将数据集中经过编辑后的数据送回数据源。

（4）数据集DataSet

数据集DataSet用于表示那些储存在内存中的数据，它相当于一个内存中的数据库，可以简单理解为一个临时数据库。DataSet主要用于管理存储在内存中的数据以及对数据的断开操作。由于DataSet对象提供了一个离线的数据源，这样减轻了数据库以及网络的负担，在设计程序的时候可以将DataSet对象作为程序的数据源，它独立于任何数据库。DataSet数据集与仓库的类比关系如图8-16所示。

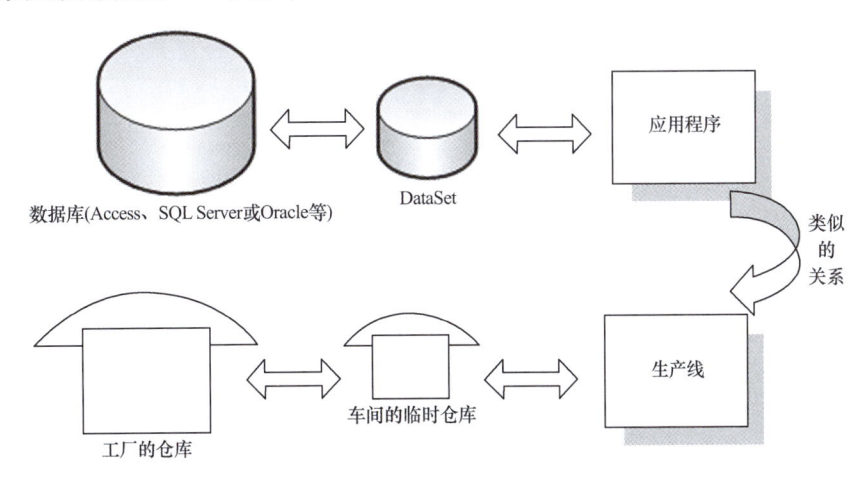

图8-16 DataSet数据集与仓库的类比关系

子任务 3.1　界面原型逻辑关系设计

【任务需求】

依据系统功能结构图，分析得出界面原型之间的逻辑关系，并绘制出界面的逻辑关系图。

【任务分析】

用户在登录窗体（LoginForm）中输入用户名、密码并选取对应的角色。如果管理员登录成功，直接进入管理员主窗体（AdminMainForm），通过管理员主窗体调用系部管理窗体（DeptForm）、班级管理窗体（ClassForm）、教师管理窗体（TeacherForm）、学生管理窗体（StuForm）、课程管理窗体（CourseForm）和成绩管理窗体（ScoreForm）。如果教师登录成功，则通过教师主窗体（TeacherMainForm）调用学生管理窗体、课程管理窗体和成绩管理窗体。如果学生登录成功，则通过学生主窗体（StudentMainForm）调用学生信息编辑窗体（StuInfosForm）及成绩管理窗体的查询功能。

【任务实现】

界面原型间逻辑关系如图 8-17 所示。

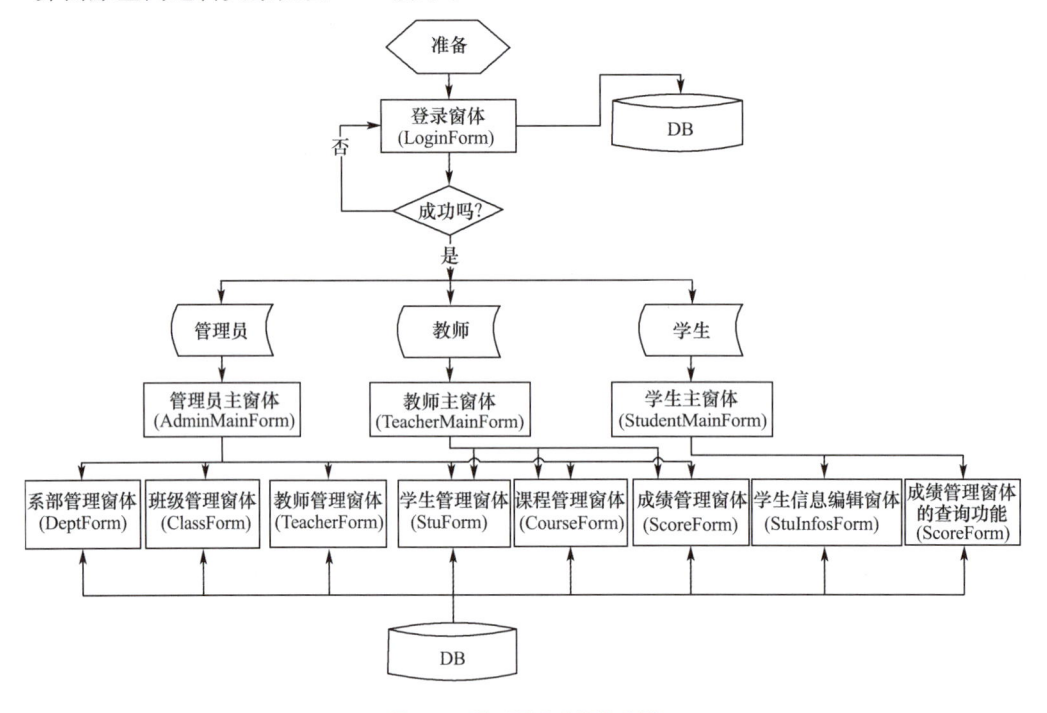

图 8-17　界面原型逻辑关系图

子任务 3.2　数据库操作类设计

【任务需求】

项目中需要的各类信息存放在了数据库的各数据表中。前台应用程序要获取这些信息，必须实现前台应用程序与后台数据库的连接，正确连接后进行数据库中数据的访问和存储。为了避免一些常用代码的重复及便于日后更改，将数据库连接的相应代码放入类中，在需要时进行调用即可。

【任务分析】

.NET 平台是通过 ADO.NET 来进行数据库中数据的访问和存储的。

ADO.NET 是 Microsoft 公司所创建的分布式数据应用程序接口,它是.NET Framework 中不可缺少的一部分。ADO.NET 可以实现对关系型数据库、XML 以及其他数据存储的访问,本书以访问关系型数据库 SQL Server 为例。

数据库连接对象(SqlConnection)负责数据存储以及与.NET 应用程序之间的数据传递。要对数据库中的数据进行增加、修改、查询等管理工作,必须先连接到 SQL Server 服务器,又由于系统中各个模块都使用同一个数据库,所以数据库连接字符串都是相同的。因此,我们可以把数据库连接字符串和数据库连接对象放在一个类中,这样我们在各个窗体中使用数据库连接时,就不需要重复写相同的代码,如果要修改数据库连接,也只要改动这个类即可。

【任务实现】

启动 Visual Studio 2010,新建 Windows 窗体应用程序,命名为 TeachingMIS。在 TeachingMIS 项目中新建一个类,命名为 DBHelper,代码如下:

```csharp
using System;
using System.Collections.Generic;
using System.Linq;
using System.Text;
using System.Data.SqlClient;  //需要增加的引用
namespace TeachingMIS
{
    /// <summary>
    /// 此类维护数据库连接字符串和 Connection 对象
    /// </summary>
    class DBHelper
    {
        //数据库连接字符串(以 Windows 身份验证模式连接)
        static string constr = "server=(local);database=studentDB;integrated security=true";
        //数据库连接 Connection 对象
        public static SqlConnection conn = new SqlConnection(constr);
    }
}
```

子任务 3.3　系统登录模块设计与实现

【任务需求】

完成三类角色(管理员、教师和学生)的登录,其中管理员以姓名作为用户名。教师以编号作为用户名,学生以学号作为用户名,教师和学生的初始密码为 123456。当三类角色登录成功后,各自进入自己的主窗体,完成对应的管理。为了避免用户没有输入信息就进行登录,在登录前需进行用户名和密码不为空及密码长度为 6~20 位的校验。

【任务分析】

当用户选取了某一角色,使用用户名和密码进行登录时,其任务主要是统计用户选取的这种角色的用户名和密码的记录个数,如果记录个数为 1,说明用户名和密码正确,否则就说明用户名或者密码不正确,如果选择了管理员用户就可以使用 SELECT Count(*) FROM Admin WHERE adminName='{0}' and adminPassword='{1}'语句完成数据库的统计查询。

【任务实现】

(1)登录窗体(LoginForm)设计。

登录窗体中主要包括文本框、标签、按钮等控件,设计完成后如图 8-18 所示。

图 8-18 系统登录界面

(2)当用户名和密码不为空且密码长度符合要求后,用户选择自己所对应的角色,单击登录按钮,完成用户的登录。为【登录】按钮添加单击事件,代码如下:

```
private void btnLogin_Click(object sender,EventArgs e)
{
    if(checkInput()==true) // checkInput()方法,用来验证用户名和密码是否为空及密码长度是否
                          符合要求,返回值为 true 时表明框中信息不为空且密码长度符合要求,否则返回 false
    {
        string uName=txtUserName.Text.Trim();
        string uPwd=txtPassword.Text.Trim();
        string uType=cmbUserType.Text;
        DBHelper.conn.Open();//连接并打开数据库
        string sql=null;
        switch(uType)
        {
            case "管理员":
                sql=string.Format("SELECT Count(*) FROM Admin WHERE adminName='{0}' and adminPassword='{1}'", uName, uPwd);
                break;
            case "教师":
```

```csharp
                sql = string.Format("SELECT Count(*) FROM Teacher WHERE Tno='{0}' and
                    Tpassword='{1}'", uName, uPwd);
                break;
            case "学生":
                sql = string.Format("SELECT Count(*) FROM Student WHERE Sno='{0}' and
                    Spassword='{1}'", uName, uPwd);
                break;
        }
        SqlCommand scd = new SqlCommand(sql, DBHelper.conn);  //执行SQL语句
        int flag = (int)scd.ExecuteScalar();
        DBHelper.conn.Close();  //关闭数据库
        if (flag > 0)
        {
            MessageBox.Show("登录成功", "信息提示");
            switch (uType)
            {
                //不同的用户进入不同的窗体
                case "管理员":
                    this.Hide();
                    AdminMainForm af = new AdminMainForm();
                    af.ShowDialog();
                    this.Close();
                    break;
                case "教师":
                    TeacherMainForm tf = new TeacherMainForm();
                    ……
                    break;
                case "学生":
                    StudentMainForm sf = new StudentMainForm();
                    ……
                    break;
            }
        }
        else
        {
            MessageBox.Show("登录失败,请重新登录", "信息提示");
            txtUserName.Text = "";
            txtPassword.Text = "";
            txtUserName.Focus();
        }
    }
}
```

子任务 3.4　管理员之教师管理模块设计与实现

【任务需求】

管理员登录成功后可以完成教师管理、学生管理、班级管理、系部管理、课程管理和成绩管理功能。这里以教师管理为例进行设计与实现。要求能完成教师信息的增加、修改和删除,同时可以按编号或姓名或者二者的组合进行教师信息的查询。要求管理员主窗体作为 MDI 窗体中的父窗体,教师管理窗体作为子窗体。

【任务分析】

管理员主窗体作为 MDI 窗体中的父窗体,MDI(Multi Document Interface)即为多文档窗体,与之对应的 SDI(Single Document Interface)为单文档窗体。如 Excel 就是典型的 MDI 窗体,记事本就是典型的 SDI 窗体。

【任务实现】

(1)设计管理员——教师管理窗体(TeacherForm),设计完成后如图 8-19 所示。

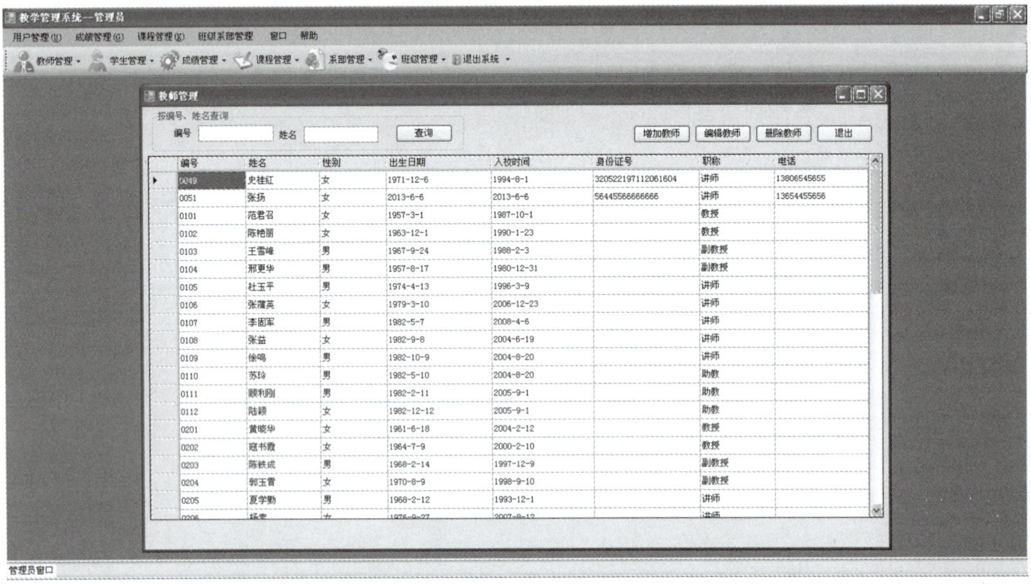

图 8-19　管理员——教师管理窗体

(2)进入管理员主窗体(AdminMainForm),调用教师管理窗体同时设置教师管理窗体(TeacherForm)作为子窗体,在用户单击管理员主窗体工具栏中单击【教师管理】按钮以及执行"用户管理"→"教师管理"菜单命令时,都调出教师管理窗体,同时设置教师管理窗体作为子窗体。

(3)教师管理窗体加载时将数据库中教师除密码外的其他信息显示在 DataGridView 窗格控件中。这里用到的查询语句为:SELECT Tno,Tname,Tsex,Tbirthday,AdmittionTime,PID,Ttitle,Phone FROM Teacher。

①编写方法 RefreshData(),用来完成将除密码外的其他信息绑定在 DataGridView 控件中。代码如下:

```
DataSet ds;
SqlDataAdapter sda;
private void RefreshData()
```

{
　　//书写查询 SQL 语句
　　string sql＝string.Format("SELECT Tno, Tname, Tsex, Tbirthday, AdmittionTime, PID, Ttitle, Phone FROM Teacher");
　　//创建 DataSet 对象
　　ds＝new DataSet();
　　//创建 DataAdapter 对象
　　sda＝new SqlDataAdapter(sql, DBHelper.conn);
　　//调用 Fill 方法将信息填充到数据集
　　sda.Fill(ds, "Teacher");
　　//将数据集中的信息绑定到 DataGridView 控件中
　　dgvTeacherList.DataSource＝ds.Tables["Teacher"];
}

②在窗体加载事件中调用上述方法，完成窗体加载时的信息显示。

private void TeacherManagementForm_Load(object sender, EventArgs e)
{
　　RefreshData();
}

(4)增加教师信息

在教师管理窗体（TeacherForm）中，单击【增加教师】按钮时将调用增加教师窗体（AddTeacherForm），在增加教师窗体中完成输入信息不为空的检测后，单击【增加】按钮可以完成教师信息的入库。

①设计增加教师窗体（AddTeacherForm），设计完成后如图 8-20 所示。

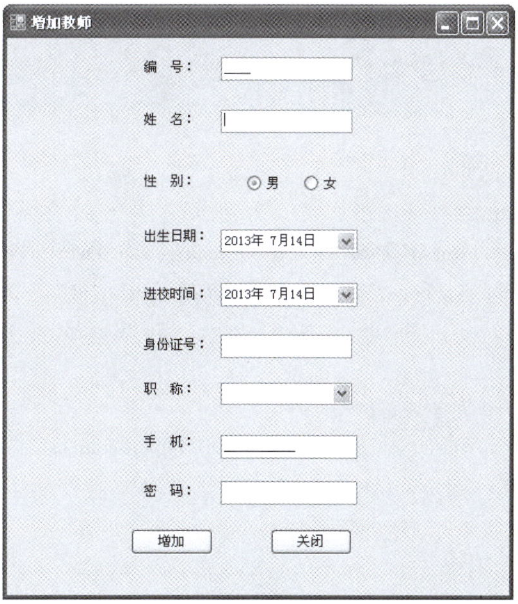

图 8-20　增加教师窗体

②教师管理窗体中【增加教师】按钮单击事件代码如下：

private void btnAddTeacher_Click(object sender, EventArgs e)
{

```csharp
    AddTeacherForm atf = new AddTeacherForm();
    atf.Show();
}
```

③增加教师窗体中【增加】按钮单击事件代码如下：

```csharp
private void btnAdd_Click(object sender, EventArgs e)
{
    if (checkInput() == true)
    {
        //获取用户输入的各项信息
        string tNumber = mtxtNumber.Text.Trim();
        string tName = txtName.Text.Trim();
        string tSex;
        if (rbtnMale.Checked)
        {
            tSex = "男";
        }
        else
        {
            tSex = "女";
        }
        DateTime tBirth = Convert.ToDateTime(dtpBirth.Text.Trim());
        DateTime tEnter = Convert.ToDateTime(dtpEnter.Text.Trim());
        string tID = txtID.Text.Trim();
        string tTitle = cboStage.Text;
        string tPhone = mtxtPhone.Text.Trim();
        string tPassword = txtPwd.Text.Trim();
        //连接并打开数据库
        DBHelper.conn.Open();
        //书写插入语句
        string sql = string.Format("INSERT INTO Teacher(Tno,Tname,Tsex,Tbirthday,AdmittionTime, PID,Ttitle, DeptNo,Phone,Tpassword) VALUES('{0}','{1}','{2}','{3}','{4}','{5}','{6}','{7}','{8}','{9}')", tNumber, tName, tSex, tBirth, tEnter, tID, tTitle, tDeptNo, tPhone, tPassword);
        //创建Command对象，执行SQL语句
        SqlCommand scd = new SqlCommand(sql, DBHelper.conn);
        int flag = scd.ExecuteNonQuery();
        //关闭数据库
        DBHelper.conn.Close();
        //判断执行结果
        if (flag > 0)
        {
            MessageBox.Show("增加教师成功", "信息提示");
            this.Hide();
```

```csharp
            TeacherForm tmff=new TeacherForm();
            tmff.Show();
            this.Close();
        }
        else
        {
            MessageBox.Show("增加教师失败","信息提示");
        }
    }
}
```

(5) 编辑修改教师信息

在教师管理窗体（TeacherForm）中，单击【编辑教师】按钮时将调用编辑教师窗体（EditTeacherForm）。编辑教师窗体加载时从数据库中将教师的基本信息获取到窗体的各控件中。【编辑】按钮的单击事件代码如下：

```csharp
private void btnUpdate_Click(object sender, EventArgs e)
{
    string teaNo=mtxtNumber.Text.Trim();
    string teaName=txtName.Text.Trim();
    string teaSex="男";
    if (rbtnFemal.Checked)
    {
        teaSex="女";
    }
    else
    {
        teaSex="男";
    }
    DateTime teaBirthday=Convert.ToDateTime(dtpBirth.Text);
    DateTime teaEnter=Convert.ToDateTime(dtpEnter.Text);
    string teaID=txtID.Text.Trim();
    string teaStage=cmbStage.Text.Trim();
    string teaPhone=mtxtPhone.Text.Trim();
    string teaPwd=txtPwd.Text.Trim();
    string tDeptName=cmbDept.Text;
    string sqlup = string.Format("SELECT * FROM Department WHERE DeptName='{0}'", tDeptName);
    DataSet ds=new DataSet();
    SqlDataAdapter sda=new SqlDataAdapter(sqlup, DBHelper.conn);
    sda.Fill(ds,"Department");
    string tDeptNo=ds.Tables[0].Rows[0]["DeptNo"].ToString();
    string sqlu = string.Format("Update Teacher SET Tname='{0}',Tsex='{1}',Tbirthday='{2}',AdmittionTime='{3}',PID='{4}',Ttitle='{5}',Phone='{6}',DeptNo='{7}',Tpassword='{8}'
```

WHERE Tno='{9}'", teaName, teaSex, teaBirthday, teaEnter, teaID, teaStage, teaPhone, tDeptNo, teaPwd, Infos. comTeaNo);
DBHelper. conn. Open();
SqlCommand command=new SqlCommand(sqlu, DBHelper. conn);
int count=command. ExecuteNonQuery();
DBHelper. conn. Close();
if (count>0)
{
    MessageBox. Show("信息更新成功");
    this. Hide();
    TeacherForm tmff=new TeacherForm();
    tmff. Show();
    this. Close();
}
else
{
    MessageBox. Show("信息更新失败");
}
}

(6)删除教师信息

在教师管理窗体中单击【删除教师】按钮时完成所选教师的删除。【删除教师】按钮的单击事件代码如下：

private void btnDel_Click(object sender, EventArgs e)
{
    DialogResult result=MessageBox. Show("确定要删除该学生吗?", "信息提示", MessageBoxButtons. YesNo, MessageBoxIcon. Question);
    if (result==DialogResult. Yes)
    {
        //获取所删除行的主键
        int n=dgvTeacherList. CurrentCell. RowIndex;//获取当前被选中的行号
        string tNumber=dgvTeacherList[0, n]. Value. ToString();
        //依据主键书写删除SQL语句
        string sql=string. Format("DELETE FROM Teacher WHERE Tno='{0}'", tNumber);
        //打开数据库
        DBHelper. conn. Open();
        //执行SQL语句
        SqlCommand scd=new SqlCommand(sql, DBHelper. conn);
        int count=scd. ExecuteNonQuery();
        //关闭数据库
        DBHelper. conn. Close();
        //判断执行结果
        if (count>0)

```csharp
        {
            MessageBox.Show("信息删除成功","信息提示");
            RefreshData();
        }
        else
        {
            MessageBox.Show("信息删除失败","信息提示");
        }
    }
}
```

(7)查询教师(按编号、姓名完成查询)

用户输入编号及姓名的相关信息后,单击【查询】按钮完成教师信息的查询。其中姓名可以实现模糊查询,【查询】按钮的单击事件代码如下:

```csharp
private void btnSearch_Click(object sender,EventArgs e)
{
    //定义基本查询语句
    string sql=string.Format("SELECT * FROM Teacher");
    if((txtName.Text.Trim()=="") && (txtNumber.Text.Trim()==""))
    {
        sql=sql+string.Format("WHERE Tno='{0}' and Tname LIKE '%{1}%'",txtNumber.Text.Trim(),txtName.Text.Trim());
    }
    else
    {
        if(txtNumber.Text.Trim()!="")
        {
            //依据用户输入的编号条件完成查询
            sql=sql+string.Format("WHERE Tno='{0}'",txtNumber.Text.Trim());
        }
        else if(txtName.Text.Trim()!="")
        {
            //依据用户输入的姓名条件完成模糊查询
            sql=sql+string.Format("WHERE Tname LIKE '%{0}%'",txtName.Text.Trim());
        }
    }
    ds=new DataSet();
    sda=new SqlDataAdapter(sql,DBHelper.conn);
    ds.Clear();
    sda.Fill(ds,"Teacher");
    dgvTeacherList.DataSource=ds.Tables[0].DefaultView;
}
```

子任务 3.5　教师之学生管理模块设计与实现

【任务需求】

教师登录成功后可以完成学生管理、课程管理和成绩管理功能。这里以学生管理为例进行设计与实现。要求采用与教师管理不同的方法，即采用存储过程的方法来完成学生的增加、修改、删除和查询。

【任务分析】

本任务的功能与教师管理模块类似，这里采用存储过程的方式完成学生管理模块的功能。存储过程是一组为了完成特定功能的 SQL 语句集，经编译后存储在数据库中，用户通过指定存储过程的名字并给出参数（如果该存储过程带有参数）来执行它。所以在实现功能前需先完成存储过程的设计。

【任务实现】

1. 设计存储过程

本系统利用存储过程 InsertStudent 完成学生信息的增加，利用存储过程 ReturnStudentInfos 完成学生信息的查询。存储过程表见表 8-12。

表 8-12　　　　　　　　　　　　　存储过程表

存储过程名	功　　能	备　　注
InsertStudent	依据输入的学生信息，完成学生信息的增加	在学生管理中添加学生时调用该存储过程，完成学生的增加
ReturnStudentInfos	依据输入的系部名称和班级名称，获取本系本班的所有学生的相关信息	在学生管理中依据系部和班级查询指定系部指定班级的学生信息

（1）存储过程 InsertStudent

功能是依据输入的学生相关信息，完成学生信息的增加。

```
USE StudentDB
GO
CREATE PROCEDURE [dbo].[InsertStudent]
(@Sno          [char](10),
@Sname         [varchar](50),
@Ssex          [char](2),
@Sbirthday     [datetime],
@EntranceTime  [datetime],
@Classno       [char](8),
@Email         [varchar](50),
@Address       [varchar](100),
@Spassword     [varchar](50))
AS
BEGIN
INSERT INTO [Student]
([Sno],[Sname],[Ssex],[Sbirthday],[EntranceTime],[Classno],[Email],[Address],[Spassword])
VALUES
(@Sno,@Sname,@Ssex,@Sbirthday,@EntranceTime,@Classno,@Email,@Address,@Spassword)
END
```

说明：

该存储过程的功能是向 Student 表中增加新的学生，具体内容包括学号、姓名、性别、出生日期、入学时间、班级编号、电子邮件、地址及密码信息。该存储过程在增加学生时被调用。

(2) 存储过程 ReturnStudentInfos

该存储过程的功能是输入系部和班级名称，获取本系本班的所有学生的学号、姓名、性别、出生日期、入学时间、班级名称、电子邮件和地址信息。

USE StudentDB
GO
CREATE PROCEDURE [dbo].[ReturnStudentInfos]
(@Deptname varchar(50),
@Classname varchar(50)
)
AS
SELECT A.Sno,A.Sname,A.Ssex,A.Sbirthday,A.EntranceTime,B.Classname AS 班级,A.Email,A.Address FROM Student AS A INNER JOIN Class AS B
ON A.Classno=B.Classno
INNER JOIN Professional AS C
ON B.Pno=C.Pno
INNER JOIN Department AS D
ON C.Deptno=D.Deptno
WHERE Deptname=@Deptname AND Classname=@Classname

说明：

该存储过程的功能是依据用户选取的系部和班级名称，从关联的四张表（Student、Class、Professional 和 Department）中查询并获取学生的相关信息。该存储过程在学生管理中查询学生相关信息时调用。

2. 增加学生信息

执行"学生管理"→"增加学生"命令，可以完成学生信息的增加，如图 8-21 所示。

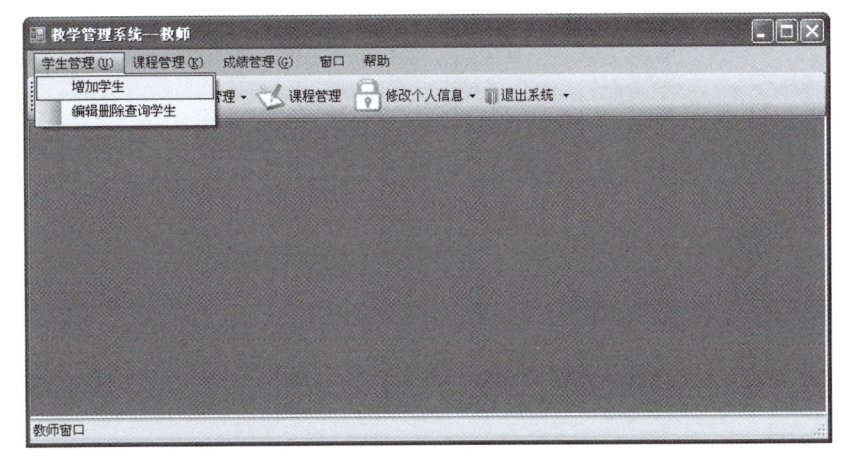

图 8-21 菜单下的"增加学生"命令

(1) 设计增加学生窗体（AddStudentForm），设计完成后如图 8-22 所示。

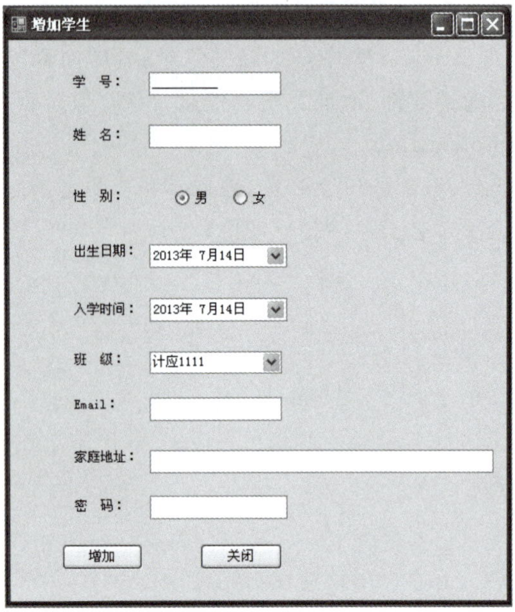

图 8-22 增加学生窗体

(2)增加学生窗体加载时,将班级信息显示在班级所在的下拉列表框中。当用户完成窗体中各项信息不为空的检测后,单击【增加】按钮完成学生信息的增加。

增加学生信息时使用的是存储过程 InsertStudent,【增加】按钮单击事件代码如下：

```
private void btnAdd_Click(object sender，EventArgs e)
{
    if (checkInput()==true)
    {
        string tSex；
        if (rbtnMale.Checked)
        {
            tSex="男"；
        }
        else
        {
            tSex="女"；
        }
        //向存储过程传送参数
        SqlParameter[] sps=new SqlParameter[9]；
        //对每一个参数对象进行实例化,定义其变量名称/变量类型/数据长度
        sps[0]=new SqlParameter("@Sno", mtxtNumber.Text.Trim())；
        sps[1]=new SqlParameter("@Sname", txtName.Text.Trim())；
        sps[2]=new SqlParameter("@Ssex", tSex)；
        sps[3]=new SqlParameter("@Sbirthday", Convert.ToDateTime(dtpkBirth.Text.Trim()))；
        sps[4]=new SqlParameter("@EntranceTime", Convert.ToDateTime(dtpEnter.Text.Trim()))；
        sps[5]=new SqlParameter("@Classno", cmbClass.SelectedValue)；
```

```
sps[6]=new SqlParameter("@Email", txtName.Text.Trim());
sps[7]=new SqlParameter("@Address", txtAddress.Text.Trim());
sps[8]=new SqlParameter("@Spassword", txtPwd.Text.Trim());
DBHelper.conn.Open();
SqlCommand cmd=new SqlCommand();
cmd.CommandText="InsertStudent";
cmd.CommandType=CommandType.StoredProcedure;  //指明存储过程类型
cmd.Connection=DBHelper.conn;
//将参数对象循环添加到 sqlCommand 当中
foreach (SqlParameter item in sps)
{
    cmd.Parameters.Add(item);
}
int count=cmd.ExecuteNonQuery();
DBHelper.conn.Close();
if (count > 0)
{
    MessageBox.Show("学生插入成功!");
    this.Hide();
    StudentForm tmff=new StudentForm();
    tmff.Show();
    this.Close();
}
else
{
    MessageBox.Show("学生插入失败!");
}
}
}
```

3. 编辑、删除或查询学生信息

(1)设计编辑删除查询学生窗体(StudentForm),设计完成后如图 8-23 所示。

(2)窗体加载时,将学生除密码外的所有信息显示在窗体下方的 DataGridView 控件中,同时从数据库中获取系部和专业的相关信息显示在对应的下拉列表框中。

编辑及删除学生功能与编辑及删除教师功能类似,这里略。下面讲解查询学生功能的实现。与查询教师不同之处在于,查询学生采用存储过程 ReturnStudentInfos 完成,这里以系部、班级作为查询条件完成学生的查询为例。代码如下:

```
private void btnSearch_Click(object sender, EventArgs e)
{
    SqlParameter[] sps=new SqlParameter[2];
    //对每一个参数对象进行实例化,定义其变量名称/变量类型/数据长度
    sps[0]=new SqlParameter("@Deptname", cmbDepartment.Text.Trim());
    sps[1]=new SqlParameter("@Classname", cmbClass.Text.Trim());
```

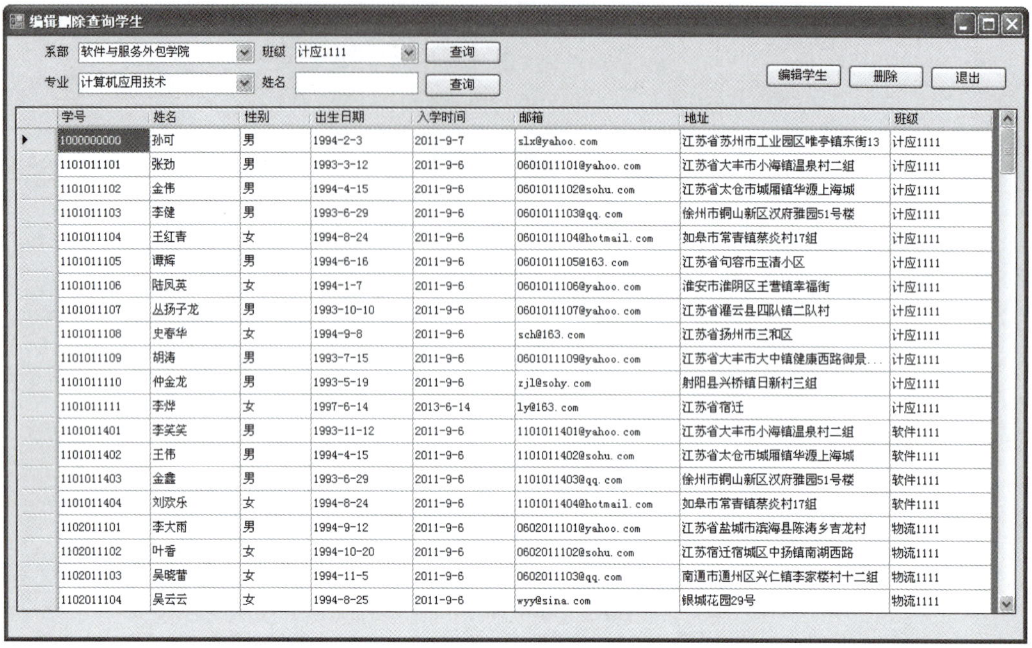

图 8-23 编辑删除查询学生窗体

```
DBHelper.conn.Open();
string procName="ReturnStudentInfos"; //存储过程
SqlCommand cmd=new SqlCommand(procName,DBHelper.conn);
//cmd.CommandText="ReturnClass";
cmd.CommandType=CommandType.StoredProcedure;
// cmd.Connection=DBHelper.conn;
//将参数对象循环添加到 sqlCommand 当中
foreach (SqlParameter item in sps)
{
    cmd.Parameters.Add(item);
}
ds=new DataSet();
sda=new SqlDataAdapter(cmd);
sda.Fill(ds,"Student");
DBHelper.conn.Close();
dgvStuList.DataSource=ds.Tables[0].DefaultView;
}
```

子任务 3.6　学生成绩查询模块设计与实现

【任务需求】

学生登录成功后,可以完成个人信息的编辑及成绩查询。这里讲解"查询条件一",即给出学年、学期及课程名称完成成绩的查询,同时还可以对成绩按学号升序或按成绩降序进行排序。

【任务分析】

本任务集合了排序、组合查询和模糊查询等查询功能。

【任务实现】

(1) 设计成绩查询窗体(ScoreSearchForm),设计完成后如图 8-24 所示。

图 8-24　成绩查询窗体

(2) 依据学年、学期与课程名称完成查询,查询出来的成绩默认按学号升序排列。成绩查询窗体(ScoreSearchForm)【查询】按钮的单击事件代码如下:

```
private void btnSearchScore_Click(object sender, EventArgs e)
{
    string sql = string.Format("SELECT A.Classname AS 班级, B.Sno AS 学号, B.Sname AS 姓名, C.Semester AS 学年, C.Term AS 学期, D.Cname AS 课程, C.Result AS 成绩, D.Credits AS 学分, D.Cnature AS 课程性质 FROM Class AS A INNER JOIN Student AS B ON A.Classno = B.Classno INNER JOIN Result AS C ON B.Sno = C.Sno INNER JOIN Course AS D ON C.Cno = D.Cno WHERE Semester = '{0}' AND Term = '{1}' AND Cname = '{2}'", cmbSemester.Text.Trim(), cmbTerm.Text.Trim(), cmbCourse.Text.Trim());
    if (rbtnNumber.Checked == true)
    {
        sql = sql + string.Format("ORDER BY B.Sno ASC");
    }
    else
    {
        sql = sql + string.Format("ORDER BY C.Result DESC");
    }
    ds = new DataSet();
    sda = new SqlDataAdapter(sql, DBHelper.conn);
    sda.Fill(ds);
    dgvScoreList.DataSource = ds.Tables[0].DefaultView;
}
```

任务 4 系统部署与安装

预备知识

程序部署是软件开发中一个重要的、必需的环节,无论是 Web 程序还是 Desktop 程序,程序员完成产品的开发后,通常都需要经过打包部署后才可以交付给用户使用。用户得到应用程序后,需要通过交互式的安装部署程序将应用程序安装到本地环境中,然后才能正常使用其提供的服务。

在部署应用程序时,可以使用 XCOPY 部署和使用 VS 创建部署两种方式。

方式 1:XCOPY 部署

XCOPY 部署是因 MS-DOS 中的 XCOPY 命令而得名。XCOPY 部署就是使用 XCOPY 命令时将项目工程或应用程序的代码从一个位置复制到另一个目标位置的简单方法。

XCOPY 部署的局限性:

(1)要求具备所有文件,而这些文件必须位于应用程序所在的目录中,以便在运行时使用。

(2)目标计算机必须安装.NET Framework。

(3)不能用于部署需要使用数据库或共享组件的应用程序。需要在其上安装程序的客户计算机,必须安装有数据库和共享组件。

方式 2:VS 创建部署

在 VS 2010 中通过 Visual Studio Installer 完成系统的部署,部署主要分为如下几步:

(1)创建 Windows 安装项目。目标计算机上的文件系统中包含应用程序文件夹、用户桌面和用户的"程序"菜单三个文件夹。应用程序文件夹表示要安装的应用程序需要添加的文件;用户桌面表示这个应用程序安装完,用户的桌面上创建的.exe 快捷方式;用户的"程序"菜单表示应用程序安装完,用户的"开始菜单"中的显示的内容,一般在这个文件夹中,需要再创建一个文件夹用来存放应用程序.exe 和卸载程序.exe。

(2)向"应用程序文件夹"中添加文件。添加的文件一般是已经编译生成过的应用程序项目的 debug 目录下的.exe 文件,添加后,一般它会自动把.exe 程序所需的依赖项也加进来,如各种.dll 文件。

(3)添加应用程序的快捷方式。

(4)添加卸载程序。有安装就有卸载,卸载程序其实是一个 Windows 操作系统自带的程序(C:Windows\System32\Msiexec.exe),只不过是通过给它传特殊的参数命令,来让它执行卸载。

(5)应用程序属性设置,如安装欢迎界面,自定制安装步骤,修改注册表,设置启动条件(比如要求必须先安装指定的.net FrameWork 版本才可以启动)等。

(6)生成 Windows 安装程序,在解决方案文件夹下的 Debug 或 Release 文件夹,可以看到生成的安装文件。生成的 setup.exe 与 setup.msi 的区别:setup.exe 里边包含了对安装程序的一些条件的检测,比如需要.net 的版本是否安装等,当条件具备后,setup.exe 接着调用 setup.msi,而 setup.msi 在条件都具备的情况下则可以直接运行。

【任务需求】

前面开发的教学管理系统,是一个程序集合,它的正常运行要有一系列相关的系统组件类库、开发框架和数据库等信息的支持。不同的信息文件放置的位置有可能不同,有的需要在注册表中进行注册,在处理的过程中比较复杂。在使用过程中往往需要客户自己配置系统和自动升级系统,这就需要在完成项目开发后,对项目进行部署,让客户在安装向导提示下完成安装。

【任务分析】

部署就是创建要分发给用户的安装程序包,而安装程序包是通过向解决方案中添加安装项目来完成的。这样的好处一是保护版权和安装方便;二是安装程序包里是一些配置文件和.dll文件,保护代码;三是部署打包后可以节省空间,基本解决了安全性的问题。本任务通过 Visual Studio 2010 自带的 Visual Studio Installer 完成系统的部署。

【任务实现】

1. 教学管理系统部署

(1)在 Visual Studio 2010 中打开教学管理系统,右击解决方案,在弹出的快捷菜单中选取"添加"→"新建项目"菜单命令,如图 8-25 所示。

图 8-25 新建项目

(2)打开"添加新项目"对话框,在对话框的"已安装的模板"窗格中,展开"其他项目类型"节点,选择"安装和部署"中的"Visual Studio Installer"。在"模板"窗格中,选择"安装向导",在"名称"文本框中输入"教学管理系统",如图 8-26 所示。

图 8-26 Installer 中的安装向导选项

(3)单击【确定】按钮,显示安装向导中的第 1 步,如图 8-27 所示。

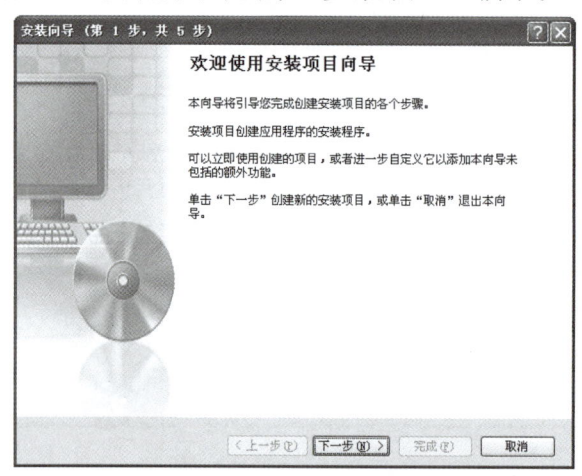

图 8-27　安装向导——第 1 步

(4)单击【下一步】按钮,进入"选择一种项目类型"窗口,这里就默认选择"为 Windows 应用程序创建一个安装程序"选项,如图 8-28 所示。

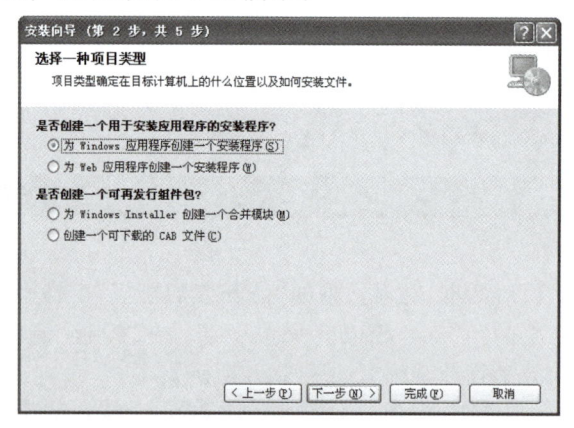

图 8-28　安装向导——第 2 步

(5)单击【下一步】按钮,进入"选择要包括的项目输出"窗口,由于是简单打包,选择应用程序所在的主输出即可,如图 8-29 所示。

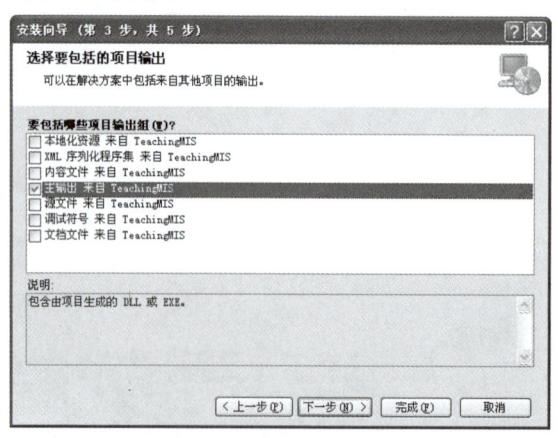

图 8-29　安装向导——第 3 步

(6)单击【下一步】按钮,显示"选择要包括的文件",这里可以将要包括的附加文件添加进来,若没有就直接单击【下一步】按钮,我们这里直接单击【下一步】按钮,如图 8-30 所示。

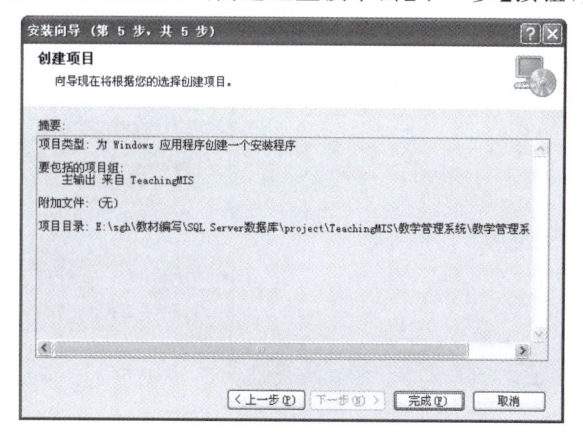

图 8-30　安装向导——第 5 步

确认无误后,单击【完成】按钮。

(7)开始创建部署项目系统自动生成项目和需要关联的文件,同时打开部署文件系统编辑器,如图 8-31 所示。

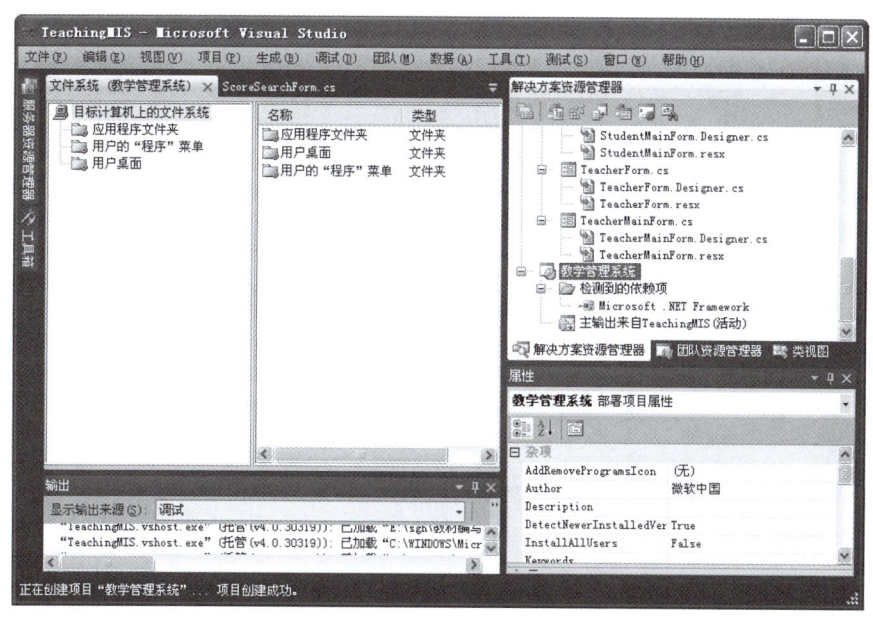

图 8-31　部署文件系统编辑器

2. 创建开始菜单

(1)在文件系统编辑器中,右击目标计算机上文件系统中"用户的'程序'菜单"项,在弹出的快捷菜单中,选择"添加"→"文件夹"菜单命令,创建一个名为"教学管理系统"的文件夹,如图 8-32 所示。

(2)在左窗格中选取"教学管理系统"文件夹,在其对应的右侧窗格内右击空白处,在弹出的快捷菜单中选取"创建新的快捷方式"命令,如图 8-33 所示。

(3)在"选择项目中的项"对话框的"查找范围"下拉列表框中选取"应用程序文件夹",如图 8-34 所示。

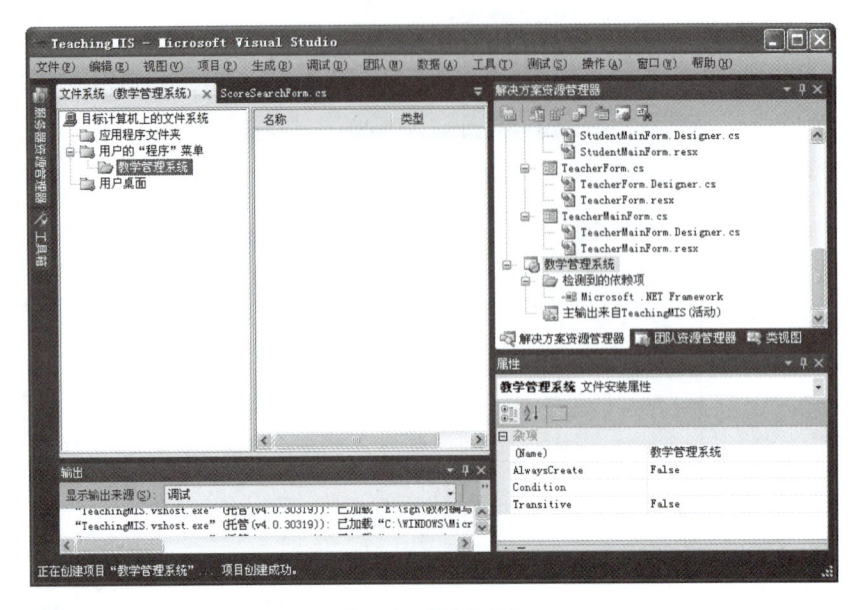

图 8-32 创建文件夹

图 8-33 创建新的快捷方式

图 8-34 应用程序文件夹

选择应用程序文件夹中的"主输出来自 TeachingMIS(活动)"项,如图 8-35 所示,单击【确定】按钮。

图 8-35　主输出来自 TeachingMIS(活动)

(4)修改快捷方式的名称为"教学管理系统"。这样就创建好了在目标机器上的"开始"菜单快捷方式,如图 8-36 所示。

图 8-36　"开始"菜单快捷方式

3. 增加卸载功能

(1)右击"应用程序文件夹",在弹出的快捷菜单中选取"添加"→"文件"菜单命令,如图 8-37 所示。

(2)在弹出的"添加文件"对话框中,将 C:\WINDOWS\system32 下的 msiexec.exe 文件添加进来,如图 8-38 所示。

(3)右击"应用程序文件夹"包含的 msiexec.exe 文件,在弹出的快捷菜单中选取"创建 msiexec.exe 的快捷方式"命令,将创建完成的快捷方式重命名为"卸载",如图 8-39 所示。将快捷方式移动到"用户的'程序'菜单"中的"教学管理系统"文件夹中,如图 8-40 所示。

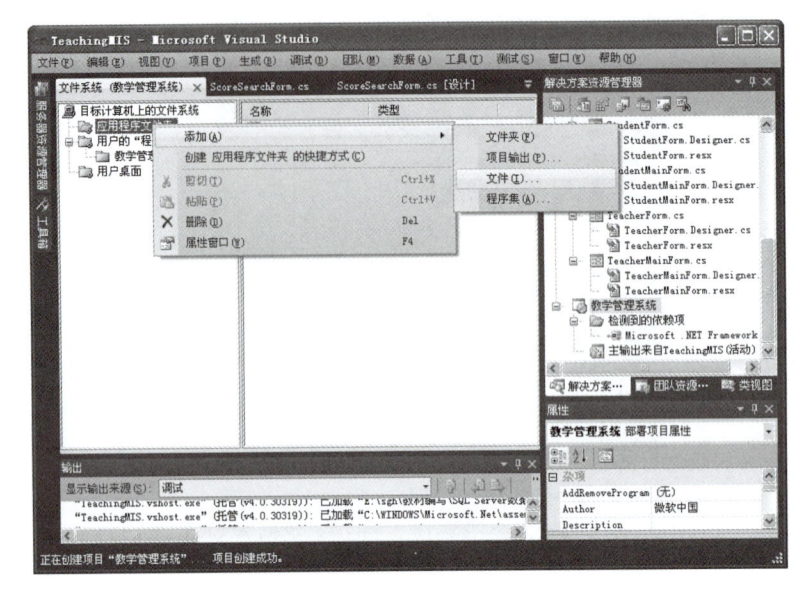

238 SQL Server 数据库技术及应用

图 8-37 添加文件

图 8-38 选取 msiexec 文件

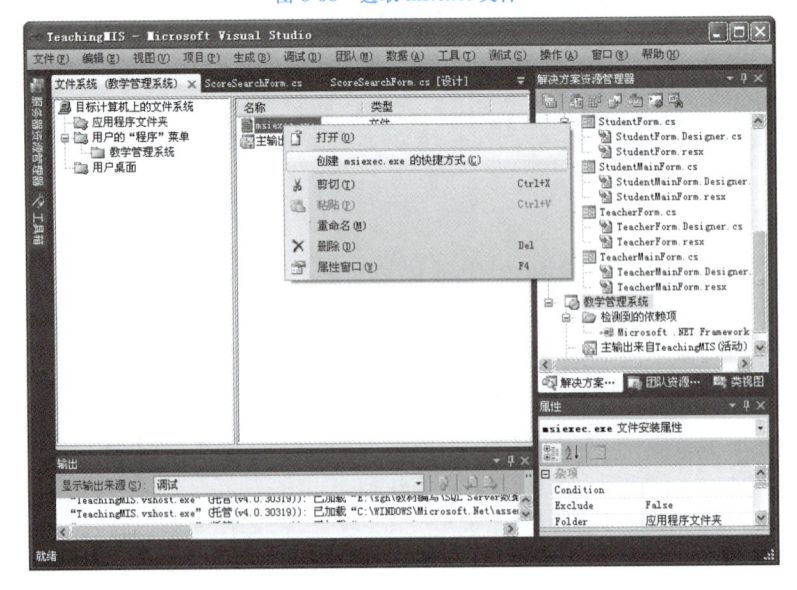

图 8-39 创建"卸载"快捷方式

图 8-40 移动"卸载"快捷方式

4. 应用程序属性设置

(1) 在"解决方案资源管理器"中选取"教学管理系统",在其下侧出现的部署项目属性中找到 ProductCode,复制其中的内容(连同大括号在内),如图 8-41 所示。

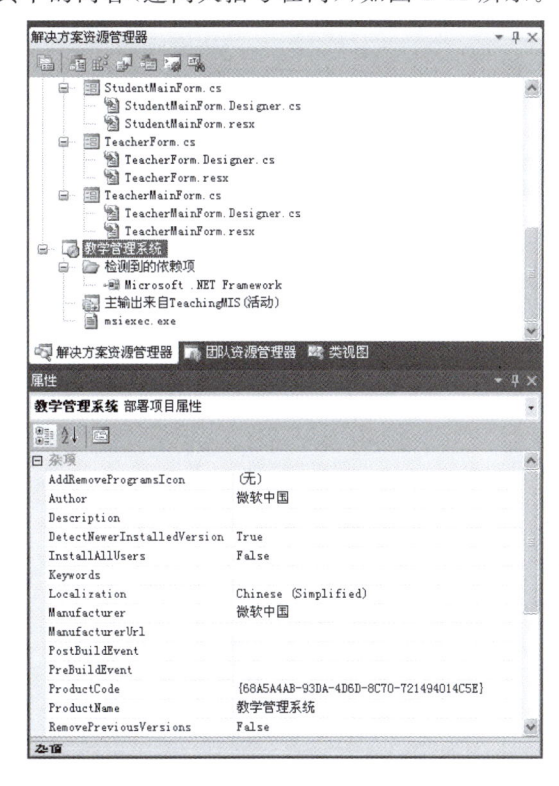

图 8-41 ProductCode 内容

(2) 在文件系统编辑器中，选取"用户的'程序'菜单"下"教学管理系统"文件夹中的"卸载"快捷方式，在其对应的属性窗口中把刚才复制的 ProductCode 内容复制到 Arguments 中并在其前面加上/x 空格(/x＋空格＋ProductCode 内容)，如图 8-42 所示。

图 8-42　Arguments 内容

(3) 系统必备组件的安装。在解决方案资源管理器中右击"教学管理系统"项，在弹出的快捷菜单中选取"属性"命令，在弹出的"教学管理系统属性页"对话框中单击【系统必备】按钮，如图 8-43 所示。

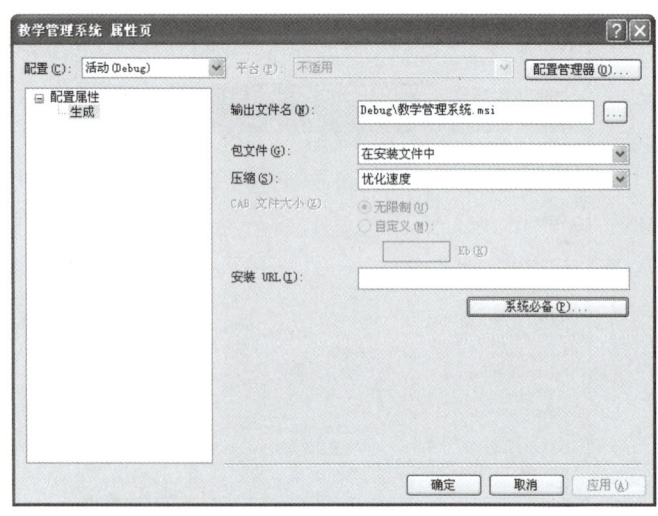

图 8-43　"教学管理系统属性页"对话框

(4)在弹出的"系统必备"对话框中选取"从与我的应用程序相同的位置下载系统必备组件"选项,其余取默认设置后单击【确定】按钮,如图 8-44 所示。

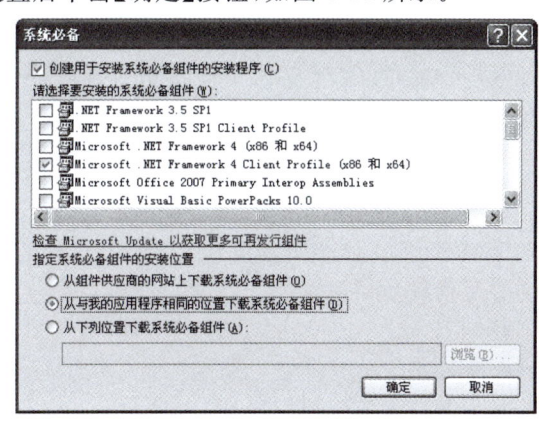

图 8-44　系统必备对话框

5. 生成 Windows 安装程序

在解决方案资源管理器中右击"教学管理系统"项,在弹出的快捷菜单中选取"生成"命令。这时可以在部署所在文件夹的 debug 文件夹内找到部署完成的应用程序文件,至此,完成了系统的部署,如图 8-45 所示。

图 8-45　应用程序文件

利用 setup.exe 文件即可完成教学管理系统的安装。

项目小结

本项目利用 C#程序设计语言和 SQL Server 2008 数据库完成了一个教学管理系统,在该系统中将前面所学的数据库相关的知识与技能进行了运用。通过该系统的设计与实现,能够使初学者清楚前台应用程序对后台数据库中信息的调用、处理与显示,为完成较为复杂的应用系统奠定了良好的基础。

同步练习与实训

一、选择题

1. 在数据库设计中使用 E-R 图工具的阶段是(　　)。
   A. 需求分析阶段　　　　　　　　B. 数据库物理设计阶段
   C. 数据库实施　　　　　　　　　D. 概念结构设计阶段

2. 假定一位医生可以医治多位病人,一位病人也可由多位医生医治,医生与病人之间的关系是(　　)
   A. 一对一的关系　　　　　　　　B. 一对多的关系
   C. 多对一的关系　　　　　　　　D. 多对多的关系

3. 当将 E-R 模型转换为关系模型时,对于两实体间存在 $m:n$ 联系,必须对"联系"单独建立(　　),用来联系双方实体。
   A. 一个实体　　　B. 一个属性　　　C. 一个指针　　　D. 一个关系

4. 现实世界中,事物的一般特性在信息世界中称为(　　)。
   A. 实体　　　　　B. 属性　　　　　C. 实体键　　　　　D. 关系键
5. 下面(　　)不是数据库规范化要达到的效果。
   A. 改善数据库的设计　　　　　　B. 实现最小的数据冗余
   C. 可以用一个表来存储所有的数据,使设计及存储更加简化
   D. 防止更新、插入及删除的时候产生数据丢失
6. 关系数据库的规范化理论指出,关系数据库中的关系应满足一定的要求,最起码的要求是达到 1NF,即满足(　　)。
   A. 主关键字唯一标识表中的每一行
   B. 关系中的行不允许重复
   C. 每个非关键字列都完全依赖于主关键字
   D. 每个属性都是不可再分的基本数据项
7. 数据库的逻辑结构设计任务是把(　　)转换为与所选用的 DBMS 支持的数据模型相符合的过程。
   A. 逻辑结构　　　B. 物理结构　　　C. 概念结构　　　D. 层次结构
8. 用二维表来表示实体之间联系的数据模型称为(　　)。
   A. 实体-联系模型　　B. 层次模型　　C. 网状模型　　　D. 关系模型

二、填空题

1. 在 E-R 图中,用矩形表示实体,用_____表示联系,用_____表示属性。
2. 实体之间的联系类型有三种,分别为一对一、_____和_____。
3. 数据库设计过程的六个阶段:_____、概念结构设计、逻辑结构设计、数据库物理设计、数据库实施、数据库运行和维护。
4. 在关系模型中,把数据看成一个二维表,每个二维表称为一个_____。
5. 设学生关系模式为:学生(学号,姓名,年龄,性别,专业),则该关系模式的主键是_____。
6. 用_____方法来设计数据库的概念模型是数据库概念设计阶段广泛采用的方法。

三、简答题

1. 什么是 E-R 图,它的基本符号有哪些?
2. 简要阐述三个范式的含义。
3. 要开发一个医院住院管理系统,请根据下面的需求,确定有关实体的属性,绘制详细的 E-R 图,并转换成关系模式。具体如下:
   (1)医院住院部有若干科,每科有若干医生和病房。
   (2)每个医生只能属于一个科,每个病房也只能属于一个科。
   (3)一个病房可住多个病人,一个病人由固定医生负责治疗,一个医生负责多个病人。
4. 要开发一个图书借阅管理系统,请根据下面的需求,确定有关实体的属性,绘制详细的 E-R 图,并转换成关系模式。具体如下:
   (1)图书馆有多种不同类型的书籍,分别由不同的出版社出版。
   (2)读者分为不同的种类,每种读者的借阅时间不一样。
   (3)读者每次可以借阅多本书籍。
   (4)如果读者超期不还或者损坏图书的话,要缴纳罚金。

四、实训题

下面的操作在 TeachingMIS 项目及 StudentDB 数据库中完成。

在教学管理系统的编辑删除查询窗体（StudentForm）中，输入专业和姓名完成学生信息的查询，要求采用存储过程完成（存储过程命名为 proc_StudentInfo）。

具体要求：

(1) 当没有输入姓名时，给出友情提示，如图 8-46 所示。

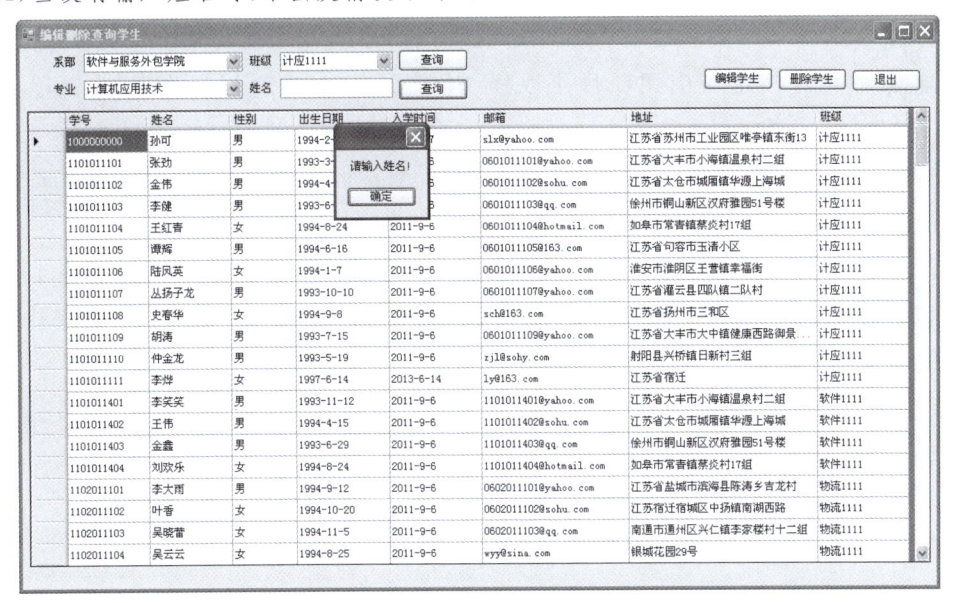

图 8-46　输入姓名提示框

(2) 当用户名输入后，能完成查询（可实现具体查询和模糊查询），如图 8-47 所示。

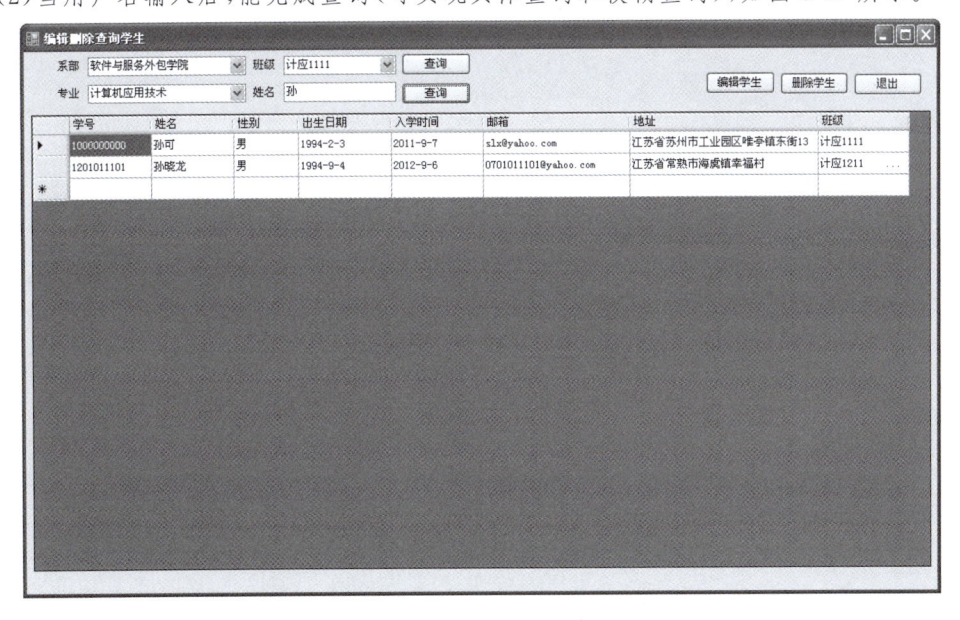

图 8-47　查询窗体

参 考 文 献

［1］陈承欢.SQL Server 2008 数据库设计与管理［M］.2 版.北京:高等教育出版社,2015.

［2］杨学全.SQL Server 实例教程［M］.3 版.北京:电子工业出版社,2014.

［3］岳国英.数据库技术与应用项目化教程:SQL Server 2012［M］.北京:中国电力出版社,2014.

［4］许健才.SQL Server 2008 数据库项目案例教程［M］.北京:电子工业出版社,2013.

［5］刘志成.SQL Server 实例教程［M］.北京:电子工业出版社,2012.

［6］徐人凤.SQL Server 2008 数据库及应用［M］.4 版.北京:高等教育出版社,2014.

［7］北京阿博泰克北大青鸟信息技术有限公司职业教育研究院.C♯语言和数据库技术基础［M］.北京:科学技术文献出版社,2011.

［8］北京阿博泰克北大青鸟信息技术有限公司职业教育研究院.使用 C♯语言开发数据库应用系统［M］.北京:科学技术文献出版社,2011.

［9］胡光永.SQL Server 数据库技术及应用［M］.北京:高等教育出版社,2014.

［10］SQL Server 开发人员中心.http://msdn.microsoft.com/zh-cn/sqlserver.

附 录

附录1　数据库设计说明书

1. 引言

1.1 编写目的
说明编写这份数据库设计说明书的目的,指出预期的读者范围。

1.2 背景
说明:
(1)待开发的数据库的名称和使用该数据库的软件系统的名称。
(2)列出本项目的任务提出者、开发者、用户以及将安装该软件和该数据库的单位。

1.3 定义
列出本文件中用到的专门术语的定义和缩写词的原词组。

1.4 参考资料
列出要用到的参考资料,如:
(1)本项目的经核准的计划任务书或合同、上级机关的批文。
(2)属于本项目的其他已发表的文件。
(3)本文件中各处引用的文件、资料,包括所要用到的软件开发标准。
列出这些文件的标题、文件编号、发表日期和出版单位,说明能够得到这些文件资料的来源。

2. 外部设计

2.1 标识符和状态
联系用途,详细说明用于唯一地标识该数据库的代码、名称或标识符,附加的描述性信息也要给出。如果该数据库属于尚在实验中、尚在测试中或是暂时使用的,则要说明这一特点及其有效时间范围。

2.2 使用它的程序
列出将要使用或访问该数据库的所有应用程序,给出这些应用程序的名称和版本号。

2.3 约定
陈述一个程序员或一个系统分析员为了能使用该数据库而需要了解的标号、标识的约定,例如用于标识数据库的不同版本的约定和用于标识库内各个文件、记录、数据项的命名约定等。

2.4 专门指导

向准备从事该数据库的生成、测试和维护的人员提供专门的指导,例如将被送入数据库的数据的格式和标准、送入数据库的操作规程和步骤,用于产生、修改、更新或使用这些数据文件的操作指导。

如果这些指导的内容篇幅很长,列出可参阅的文件资料的名称和章节。

2.5 支持软件

简单介绍同该数据库直接有关的支持软件,如数据库管理系统、存储定位程序和用于装入、生成、修改、更新数据库的程序等。说明这些软件的名称、版本号和主要功能特性,如所用数据模型的类型、允许的数据容量等。列出这些支持软件的技术文件的标题、编号及来源。

3. 结构设计

3.1 概念结构设计

说明本数据库将反映的现实世界中的实体、属性和它们之间的关系等原始数据形式,包括各数据项、记录、文件的标识符、定义、类型、度量单位和值域,建立本数据库的用户视图。

3.2 逻辑结构设计

说明将上述原始数据进行分解、合并后重新组织起来的数据库全局逻辑结构,包括所确定的关键字和属性、重新确定的记录结构和文件结构、所建立的各个文件之间的相互关系,形成本数据库的数据库管理员视图。

3.3 物理结构设计

建立系统程序员视图,包括:
(1)数据在内存中的安排,包括对索引区、缓冲区的设计。
(2)所使用的外存设备及外存空间的组织,包括索引区、数据块的组织与划分。
(3)访问数据的方式方法。

4. 运用设计

4.1 数据字典设计

对数据库设计中涉及的各种项目,如数据项、记录、文件、模式、子模式等一般要建立数据字典,以说明它们的标识符、同义词及有关信息。在本节中要说明对该数据字典设计的基本考虑。

4.2 安全保密设计

说明在数据库的设计中,将如何通过区分不同的访问者、不同的访问类型和不同的数据对象,进行分别对待而获得的数据库安全保密的设计考虑。

附录 2　习题参考答案

项目 1　安装和体验数据库

一、选择题

1. C　2. C　3. D　4. A　5. D　6. C　7. C　8. D　9. B　10. A

二、填空题

1. 工作组版、开发人员版、精简版

2. 关系型

3. 控制台命令、"计算机管理"对话框窗口、SQL Server 配置管理器

4. MS SQL Server

5. 网络协议

三、简答题

1. (1) 数据库管理系统(DBMS)：是一种操纵和管理数据库的软件，用于建立、使用和维护数据库。它对数据库进行统一的管理和控制，以保证数据库的安全性和完整性。

(2) 数据库(DB)：是由文件管理系统发展起来的，是依照某种数据模型组织起来的数据集合。这种数据集合具有如下特点：尽可能不重复，以最优方式为某个特定组织的多种应用服务，其数据结构独立于使用它的应用程序，对数据的增、删、改和检索由统一软件进行管理和控制。

(3) 数据库系统(DBS)：是存储介质、处理对象和管理系统的集合体，通常由软件、数据库和数据库管理员组成。

(4) 数据库管理员(DBA)：负责创建、监控和维护整个数据库，使数据能被任何有权使用的人有效使用。

2. 常见数据库管理系统除了 Microsoft SQL Server 外，还有甲骨文公司的 Oracle 系统、MySQL 系统，IBM 公司的 DB2 系统、Informix 系统，赛贝斯公司的 Sybase ASE 系统，微软公司 Access 系统。

3. 需要在本地计算机上注册远程计算机的 SQL Server 数据库服务器。

成功注册服务器的前提条件：首先确保服务器端的 SQL Server 数据库服务已经启动，其次在 SQL Server 配置管理器中已经启用 TCP/IP 通信协议。

四、实训题

略。

项目 2　创建教学管理系统数据库及数据表

一、选择题

1. D　2. C　3. A　4. A　5. A　6. B　7. C　8. A　9. D　10. B

二、填空题

1. int、tinyint

2. 引用(参照)完整性

3. 输入列的值

4. 主键

5. 检查、PRIMARYKEYS

三、实训题

略。

项目 3　数据简单查询

一、选择题

1. C　2. D　3. B　4. B　5. C　6. B　7. A　8. B　9. B　10. A

二、填空题

1. 删除字符表达式的前导空格

2. ORDER BY

3. 'ab'

4. DISTINCT

5. LIKE

三、简答题

1. SELECT 语句的基本语法格式：

SELECT select_list

[INTO new_table_name]

FROM table_list

[WHERE search_condition1]

[GROUP BY group_by-list]

[HAVING search_condition2]

[ORDER BY order_list[ASC | DESC]]

(1)SELECT 子句相当于关系代数中的投影运算，后面可以跟随 DISTINCT 关键字来消除重复列，select_list 是结果里面的属性列。

(2)FROM 子句是要进行投影操作的基本表或视图，可以针对一个表或者多个表操作。

(3)WHERE 子句是条件表达式，即属性列要满足的条件，通过筛选选出满足条件的元组。

(4)GROUP BY 句的作用是将查询结果按分组属性划分为若干组，同组内的所有元组在分组属性上具有相同值。

(5)HAVING 子句是将分组后的结果按照条件进行选择。

(6)ORDER BY 子句的作用是将结果按照目标列升序(ASC)或降序(DESC)排列。

2. (1)数学函数能够对数值表达式进行数学运算，并能够将结果返回给用户。

(2)字符函数可以实现字符串的查找、转换等。

(3)日期时间函数用来对日期或时间型数据进行转换。

(4)系统函数用来获取 SQL Server 中对象和设置的系统信息。

3.常用的聚合函数及其功能见下表。

聚合函数	功　能
AVG	返回组中值的平均值
COUNT	返回组中项目的数量
MAX	返回表达式的最大值
MIN	返回表达式的最小值
SUM	返回表达式中所有值的和
STDEV	返回表达式中所有值的统计标准偏差
VAR	返回表达式中所有值的统计标准方差

四、实训题

略。

项目 4　数据复杂查询

一、选择题

1.D 2.D 3.C 4.A 5.B 6.D 7.B 8.C 9.D 10.A

二、填空题

1.AVG()

2.INSERT

3.GROUP BY

4.分组

5.MIN()

三、简答题

1.(1)内连接仅选出两张表中互相匹配的记录。

(2)外连接将不满足条件的记录的相关值变为 NULL 加以显示。外连接有三类:左外连接、右外连接和全外连接。

(3)交叉连接将左表作为主表,并与右表中的所有记录进行连接。

2.子查询比较灵活、方便,适合用于作为查询的筛选条件;而表连接更适合于查看多表的数据。

3.聚集索引是将数据行的键值在表内排序并存储对应的数据记录的一种索引。非聚集索引完全独立于数据行的结构,其数据排列顺序与数据表中的排列顺序不一定相同。唯一索引是索引键不包含重复值的索引。全文索引是由全文引擎生成和维护的一种基于标记的功能性索引。视图索引是在视图上创建唯一聚集索引后,能将结果集永久存储在数据库中的索引,对应的视图也被称为索引视图,并且还能在视图中创建非聚集索引,从而提高视图的查询效率。空间索引是针对 GEOMETRY 数据类型的字段建立的索引,能更高效地操作字段中的空间对象。XML 索引是针对 XML 数据类型的字段建立的索引,可以对 XML 实例的所有标记、值和路径进行索引,分为主索引和辅助索引。

四、实训题

略。

项目 5　数据管理

一、选择题

1. A　2. B　3. C　4. D　5. C　6. B

二、填空题

1. Structured Query Language

2. Data Definition Language

3. Data Manipulation Language

4. select,update,insert,delete

三、简答题

1. (1)可以使用 INSERT INTO...SELECT 语句,并使用 UNION 集合运算将多条记录同时插入数据表中。如插入三条记录到班级表,代码如下:

INSERT INTO Class

SELECT '12010312','软件 1212',35,'0103' UNION

SELECT '12010411','安全 1211',45,'0104' UNION

SELECT '12020212','会计 1212',42,'0202'

(2)使用 INSERT INTO 语句,逐条插入,代码略。

2. TRUNCATE TABLE 在功能上与不带 WHERE 子句的 DELETE 语句相同,二者均删除表中的全部行。但 TRUNCATE TABLE 比 DELETE 速度快,且使用的系统和事务日志资源少。DELETE 语句每次删除一行,并在事务日志中为所删除的每行记录一项。

3. 两者都可以进行数据的复制。

(1)INSERT INTO...SELECT 语句要求目标表必须存在,语句格式为:

INSERT INTO Table2(field1,field2,...) SELECT value1,value2,... FROM Table1

(2)SELECT...INTO 语句目标表可以不存在,语句格式为:

SELECT value1, value2 INTO Table2 FROM Table1

四、实训题

略。

项目 6　管理教学管理系统数据库

一、选择题

1. B　2. C　3. D　4. B　5. B

二、填空题

1. 存储

2. SQL Server

3. 当数据库出错时,使用备份文件还原数据库

4. FOR XML

5. RAW

三、简答题

1. 角色相当于 Windows 系统中的用户组,可以集中管理服务器或者数据库的权限。角色

分为服务器级别角色、数据库级别角色和应用程序角色等。固定的服务器角色有 sysadmin、serveradmin 等,固定的数据库角色有 db_owner、db_datareader 等。

2. 数据备份类型分为完整备份、差异备份和事务日志备份三种。

3. 通过 OPENXML 函数和 SQL server 中的两个系统存储过程 sp_xml_preparedocument 和 sp_xml_removedocument 将 XML 文档映射为相应的字段,插入数据库。

四、实训题

略。

项目 7 数据库高级应用

一、选择题

1. C 2. B 3. C 4. C 5. B 6. C 7. D 8. B 9. D 10. B

二、填空题

1. UPDATE

2. inserted、deleted

3. CREATE TRIGGER

4. IF、CASE

5. @@、@

三、简答题

1.(1)存储过程只在创建时进行编译,以后每次执行存储过程都不需再重新编译,而一般 SQL 语句每执行一次就编译一次,所以使用存储过程可提高数据库执行速度。

(2)当对数据库进行复杂操作时(如对多个表进行增、删、改、查时),可将此复杂操作用存储过程封装起来与数据库提供的事务处理结合一起使用。这些操作,如果用程序来完成,就变成了一条条的 SQL 语句,可能要多次连接数据库。而换成存储过程,只需要连接一次数据库就可以了。

(3)存储过程可以重复使用,可减少数据库开发人员的工作量。

(4)安全性高,可设定只有某些用户才具有对指定存储过程的使用权。

2. 触发器(trigger)是 SQL server 提供给程序员和数据分析员来保证数据完整性的一种方法,它是与表事件相关的特殊的存储过程,它的执行不是由程序调用,也不是手工启动,而是由事件来触发。

3. 局部变量是在当前批处理中有效的变量,批处理完成就失去作用,在 SQL 中以 @ 开头。全局变量就是在整个 MS SQL 中都可以访问到的变量,以 @@ 开头。

四、实训题

略。

项目 8 使用 C♯ 开发教学管理数据库应用程序

一、选择题

1. D 2. C 3. D 4. B 5. C 6. D 7. C 8. D

二、填空题

1. 菱形、椭圆

2.一对多、多对多

3.需求分析

4.关系

5.学号

6.实体-联系(E-R)

三、简答题

1.E-R 图又称 E-R 模型,它是直接从现实世界中抽取出实体类型及实体间联系图(Entity-Relationship)。一个 E-R 图(Entity-Relationship)由实体、属性和联系三种基本要素组成。实体用矩形框表示,属性用椭圆形表示,联系用菱形表示。其中联系可分为一对一联系(1∶1)、一对多联系(1∶n)和多对多联系(m∶n)。

2.数据库规范化理论是进行数据库设计的理论基础,只有在数据库设计过程中按照规范化理论方法才能够设计出科学合理的数据库逻辑结构和物理结构,避免数据冗余、删除冲突和数据不一致性等问题。三大范式:

第一范式(1NF):表中的每个列属性只包含一个属性值。

第二范式(2NF):在满足第一范式前提下,当表中的主键是由两个及两个以上的列复合而成时,表中的每个非主键列必须依赖表的主键列(列的集合)的整体,不能只依赖于主键列(列的集合)的子集。

第三范式(3NF):在满足第一范式和第二范式的前提下,表中的所有非主键列必须依赖表中的主键,而且表中的非主键列不能依赖表中的其他非主键列。

3.E-R 图如图 1 所示。

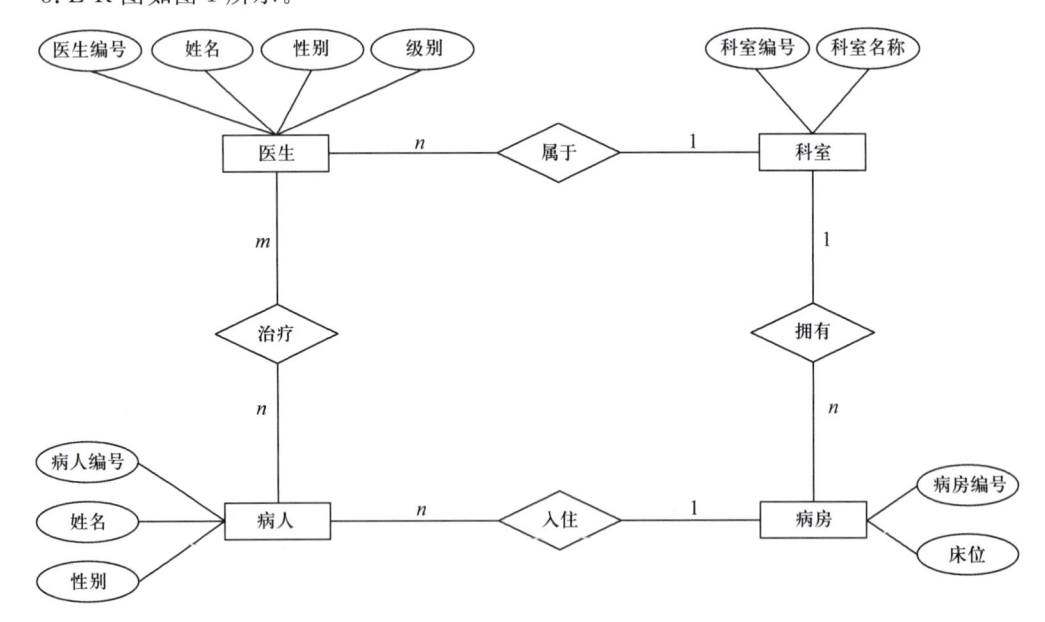

图 1　医院住院管理系统 E-R 图

关系模式如下:

医生(<u>医生编号</u>,姓名,性别,级别,科室编号)

科室(科室编号,科室名称)
病房(病房编号,床位,科室编号)
病人(病人编号,姓名,性别,病房编号)
治疗(医生编号,病人编号)

4. E-R 图如图 2 所示。

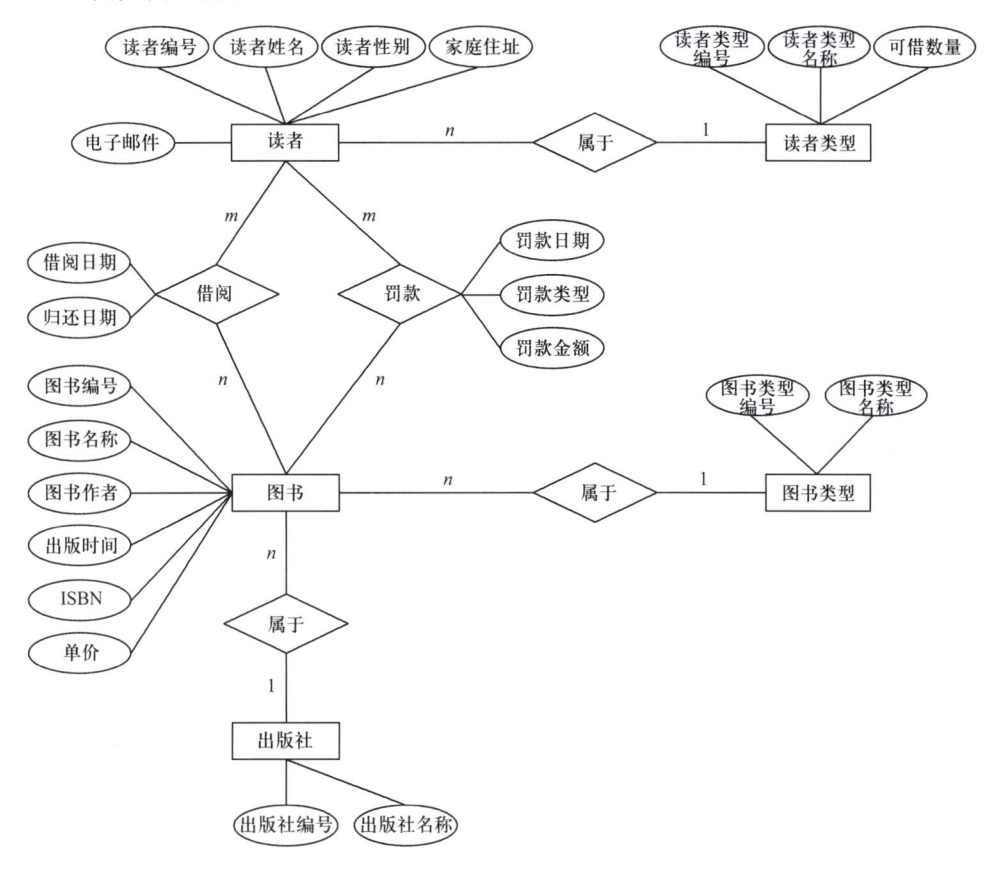

图 2　图书借阅管理系统 E-R 图

关系模式如下：

读者(读者编号,读者姓名,读者性别,读者类型编号,家庭住址,电子邮件)

读者类型(读者类型编号,读者类型名称,可借数量)

图书(图书编号,图书名称,图书作者,出版社编号,出版时间,ISBN,单价,图书种类编号)

图书类型(图书类型编号,图书类型名称)

出版社(出版社编号,出版社名称)

借阅(图书编号,读者编号,借阅日期,归还日期)

罚款(读者编号,图书编号,罚款日期,罚款类型,罚款金额)

四、实训题

略。